ETOS
江戸東京研究センター
Hosei University Research Center for
Edo-Tokyo Studies

陣内秀信 監修　法政大学江戸東京研究センター 編

［ETOS叢書 1］

新・江戸東京研究

近代を相対化する都市の未来

New Edo-Tokyo Research: Relativizing Modernity for Redefining the Future of Cities

法政大学出版局

ＥＴｏＳ叢書1　新・江戸東京研究——近代を相対化する都市の未来◉目次

セッションIII

新・江戸東京研究——近代を相対化する都市の未来

［ETоS叢書 1］

新・江戸東京研究の展望

陣内秀信

皆さん、おはようございます。早朝から、そして年度末のお忙しい時期にお集まり下さり、ありがとうございます。私たち法政大学江戸東京研究センターＥＴｏＳの設立を記念する国際シンポジウムを始めたいと思います。私は初代研究センター長の陣内秀信です。

先ず最初に、研究センター設立の目的とそこでどのような研究を行うのかをお話しし、今日のシンポジウムの位置づけができればと思います。

東京についての関心は、オリンピックが近づいたこともあり、国際的にも非常に高まっていると思います。そもそも江戸を下敷きとする東京の都市は、世界の中でも非常に特徴があります。私たち自身もあまりそれを自覚してこなかったのですが、都市東京のアイデンティティーをより深く認識し、世界に向けてその魅力を発信する上で、歴史から学び、過去から受け継いだものをさらに発展させることが重要と考え、この研究センターをつくりました。

そもそも都市史が広く研究の対象となり、人々が関心を持つようになったのは、世界的に見ても比較的新しいことと言えます。日本では、高度成長を遂げて少しゆとりが生まれ、自分たちのアイデンティティーを振り返ろうとする一九七〇年代に登場しました。東京では、一九八〇年代前半に、「江戸東京学」という考え方が小木新造氏によって提唱され、様々な分野の人達の共感を得ました。一九八五―八六年に江戸東京ブームが到来。一九八七年には『江戸東京学事典』（図1）が刊行され、その勢いで江戸東京博物館が一九九三年にできました。

振り返ると、日本の都市の歴史理解に関しては、長い間、特殊な状況がありました。一九七〇年頃まで、日本には西欧の中世自治都市のような市民が主体となる都市はなかった、という見方が一般的でした。例えば、増田四郎氏の著名な『都市』（一九七〇年）にも、「日本には、市民の自治が中心になっている都市というのはなかった」、そして、「逆にヨーロッパには、なぜそれが成立したんだろう」と書かれています。

しかしその後、時代が移り、フランスのアナール派の考え方も日本に紹介され、社会史の分野も重要になり、文化人類学の考え方もそうでしたが、世界の多様性が重視されるようになる。その中でアジアにも、そして日本にも、それぞれの国、地域に独自の価値をもつ都市が歴史的につくられてきたという自覚が出てきました。網野善彦氏の『無縁・公界・楽』は、日本の中世にも都市の芽生えがあって、自由な空間が成立していたという見方を示し、大きな影響を与えました。こうして、徐々に日本のなかに自分らしい都市の歴史を見出す動きが生まれ、中世都市のブームに繋がり、さらには江戸を単に封建的な都市と考えるのではなく、そこには市民の様々

図1　小木新造他編『江戸東京学事典』三省堂、一九八七年

図2　奥野健男『文学における原風景――原っぱ・洞窟の幻想』集英社、一九七二年

な活動があり、そこから独自の文化が生まれたとする認識が広がりました。

文学の側からの都市の掘り起こしが意欲的に行われ、一九七〇年代に入ると優れた著作が続々と登場し、都市のなかに込められた歴史の記憶や人々の共通の思い出を原風景から描く試みが大いに行われました。奥野健男氏の『文学における原風景』（一九七二年）（図2）の果たした役割が大きく、槇先生をはじめ建築の世界のそうそうたる方々が四十代にこの本と出会い、大きなインスピレーションを受けたようです。一九七〇年代終わりから一九八〇年にかけて、川添登氏の『東京の原風景』、芦原義信氏の『街並みの美学』、槇文彦先生の『見えがくれする都市』（図3）という素晴らしい著作が次々に出版され、日本の都市においても歴史の記憶や場所の意味が重要になってきました。私も幸い奥野氏の晩年にお会いする機会があり、彼の原風景にあたる恵比寿の高台を案内してもらいました。

日本の都市を巡るもう一つの特殊性は、学問の世界で、江戸＝近世と東京＝近代を完全に分けて考えることが長らく支配的だったことです。江戸を研究する人は江戸だけ、文明開化以後の近代を研究する人はそれしかやらないという傾向が強く、文学も建築も美術も歴史学も、全て同じ状態でした。しかし、それを打ち破る動きが一九七〇年代後半、一九八〇年代に登場します。建築の分野では、私と同世代の初田亨氏が『都市の明治』

図3　槇文彦『見えがくれする都市』鹿島出版会、一九八〇年

図4　初田亨『都市の明治――路上からの建築史』筑摩書房、一九八一年

（図4）のなかで、大工棟梁がつくり出した和洋折衷の建築を高く評価し、当時の日本にしかないユニークな独自の文化であると論じました。一方、美術史家の酒井忠康氏は、最期の浮世絵師と言われる小林清親の明治の東京の風景画を分析し、江戸から続く空間のコンテクストに思いを寄せながらも、同時に新たに出現する文明開化の要素に大きな関心を向け、新旧が融合した独自の世界を画面に描いたことを明らかにしました。こうして、江戸から近代を同じパースペクティブのなかで見ていこうという趣旨の「江戸東京学」が八〇年代に誕生しました。

しかし、学問としての「江戸東京学」はその後やや停滞気味であり、また、当時から三〇年ほどが経過する間に、諸々の状況が変わりました。日本は人口減少、高齢化社会の状況を迎え、従来の高度成長型の開発志向の強い都市の在り方には、価値観の大きな転換が迫られています。そして、益々強まるグローバリゼーションの進展に対して固有の文化力を発揮するためにも、また、持続可能な地球社会を実現するにも、江戸の都市の在り方へ八〇年代とは違う新たな眼差しが向けられつつあります。同時に、江戸を下敷きにする独自の歴史に裏打ちされた東京について、この都市にふさわしい近未来像を描くことへの期待も膨らんでいるのです。

そのような状況のもとで、江戸東京研究の先端的・学際的拠点として、法政大学に「江戸東京研究センター」が設立されました。幸い文部科学省の私立大学ブランディング事業に採択され、それが実現したのです。そもそも法政大学には、従来からこの分野での大きな蓄積がありました。先ずは、法政大学の顔、田中優子総長は江戸文化研究のまさに第一人者で、『江戸の想像力』という本を一九八六年に出版しています。その田中氏が所属する国際日本学研究所は、日本文化の特質に関し国際的共同研究を積み重ねてきた実績をもちます。一方、私自身も一九八五年に『東京の空間人類学』を出し、その後創設されたエコ地域デザイン研究所（二〇一七年度よりエコ地域デザイン研究センター）を拠点に、多くの仲間とともに、東京の都市の特徴を歴史とエコロジーの立場から国際的に比較研究してきました。この二つの研究グループが一緒になって、今回、学際的な大きな研究組織、法政大学江戸東京研究センターが誕生したのです。

この開かれた舞台では、一九八〇年代に生まれた従来の「江戸東京学」を現代的な視点で乗り越え、都市東京のユニークな特質を生み出す基層構造をハードとソフトの両面から解き明し、西洋型の都市モデルとは異なる二十一世紀に相応しい都市の在り方を研究していくことが目指されています。この研究センターは四つの研究プロジェクトからなります（図5）。過去を振り返るだけではなくて、近未来の東京の都市像を提示しつつ、世界に発信できるようにしたいと考えています。その視点の新しさ、誇るべき特徴や独自のねらいを説明しておきます。

図5　江戸東京研究センターの組織図

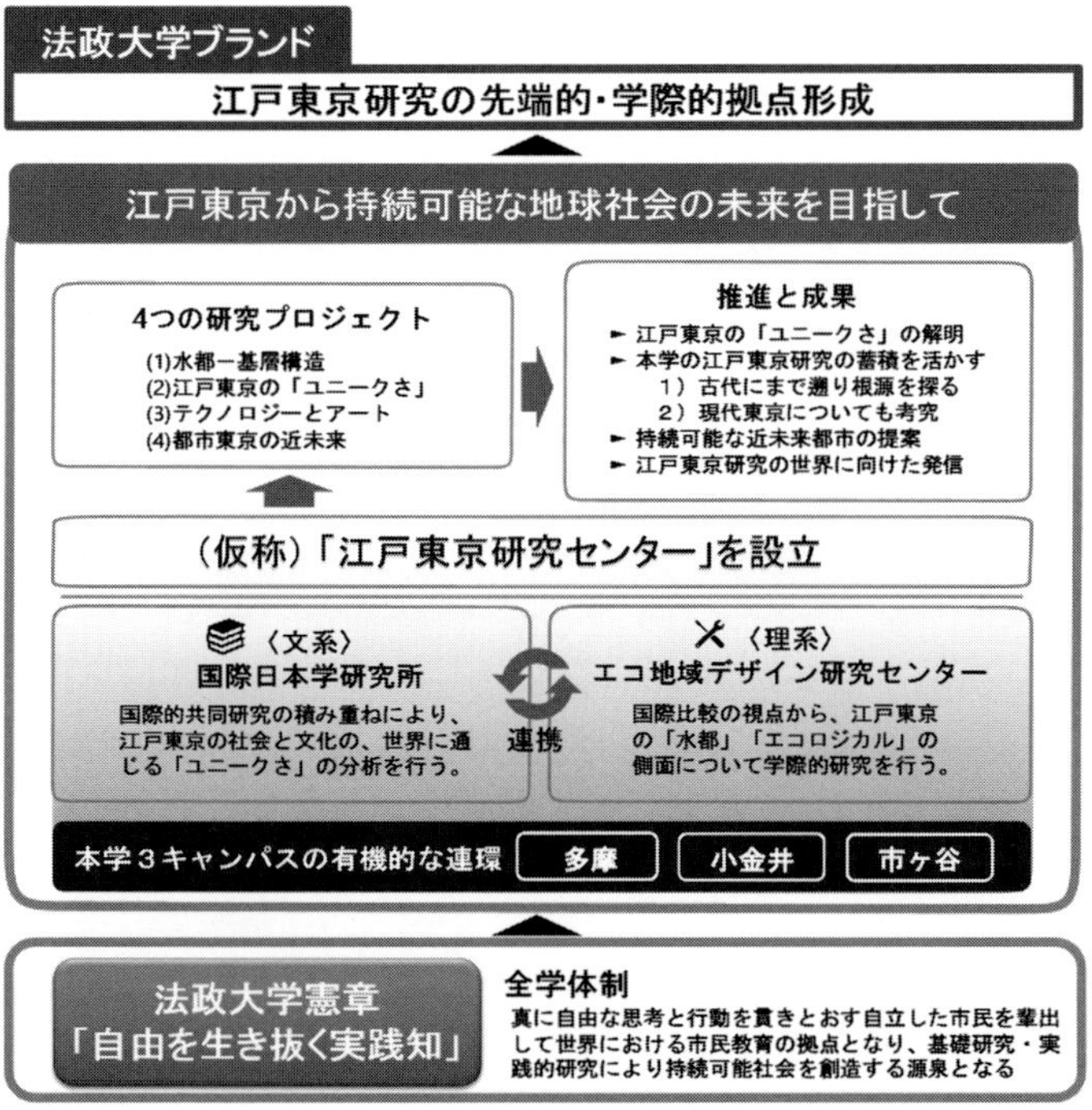

まず、一九八〇年代の江戸東京学は、江戸と東京をつないで理解することに主眼があり、その扱う範囲は、ほぼ山手線の内側にあたる江戸の都市エリアが中心でした。それに対しわれわれは、東京はもっと長い歴史をもち、徳川家康よりずっと古い時代から様々な要素が広範囲にすでに存在したことに注目し、研究対象を古代へ、中世へ広げようとしています。江戸東京の基層に光を当てるべく、古代・中世の原風景を再考します（図6）。同時に、江戸東京学では扱えなかった一九八〇年代以後の時期も考察の対象とし、東京が独自の面白い展開を見せ、世界に発信していることも研究対象としています。現在の東京にその背景として江戸の、あるいはそれ以前からの経験が反映されているからこそ、西洋文化とは違う独自なものを世界に発信できるのだろうと考え、現代にまで時代を広げています。当然扱う空間的な範囲も、江戸の都市エリアだけではなく、武蔵野・多摩にも、葛飾を中心とする東の低地の水辺にも広がります。

　研究ジャンルとしては、江戸東京学が開拓したように、都市史ばかりか民俗学、考古学、文学、美術史、哲学、地理学など、あらゆる分野の交流を大切にし、最近注目される凹凸地形、都市の地盤、地質などの領域とも深く結びつけたいと考えています。

　実際、一九八六年創刊の雑誌『東京人』の企画は、もともとは江戸及び

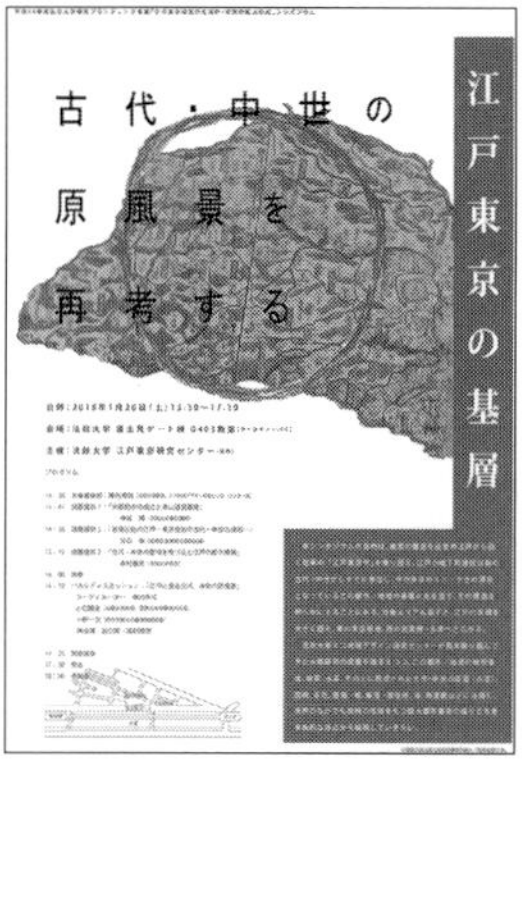

図6　ＥＴｏＳシンポジウム「古代・中世の原風景を再考する」のイベントポスター（二〇一八年一月二〇日開催）

東京の昭和初期ぐらいまでの内容が多かったのですが、今は状況が変わりました。「東京地形散歩」（図7）という特集が大ヒットし、増刷を重ねました。「東京の古道を歩く」という特集も反響が大きく、東京に関する知的好奇心が広がり、深まっていることがわかります。

　こうした文脈のなかで、私たちの水の都市・東京の研究テーマも新たな展望のもとで大きく拡大・発展させていきます。江戸の町に限らず、近代の東京にも水の都市が受け継がれ、発展したということも、先ず重要な視点です。今日、基調講演をされる川田順造先生が、小名木川の高橋という所で生まれ育ったご自身の個人的体験にもとづき、最近、素晴らしい本を二冊出されています。「近代に受け継がれた川向こう」と書かれた、隅田川の向こう側に位置し、周辺とも水のネットワークでつながる水の下町。その土地の記憶を掘り起こすべく、文化人類学のフィールド調査の方法で地元の方々に聞き取りを行い、自己の経験と重ねて書き上げた『母の声、川の匂い』（筑摩書房）（図8）。そして『江戸＝東京の下町から』（岩波書店）。これらを読むと、近代になっても戦前まで、この界隈に水と密接に結びついた下町の暮らしがあったことがよくわかります。

　一方、本日の最初の基調講演者、槇文彦先生は、逆に、もうひとつの東京である山の手の港区のご出身で、その起伏のある変化に富んだ空間感覚、

図7　『東京人』（特集・東京地形散歩）二〇一二年八月号

図8　川田順造『母の声、川の匂い』筑摩書房、二〇〇六年

トポス感覚を根底にお持ちです。その個人的な体験が、建築を考え、都市について語る場合にも、先生の発想の重要なベースになっているように思えます。ということで今日は先ず、お二人の先生の基調講演として、「山の手」から見た東京論、「下町」から見た東京論をうかがえるという、何とも贅沢な構成となっています。

水の都市に関して話を続けると、東京は、変化に富んだ独特の地形と結びついた巨大な水のネットワーク都市だったということが言えます。大きな河川に加え、湧水が生む池を源とする中河川が幾つもあり、江戸城＝皇居を囲んで二重の濠があり、低地には掘割、運河、そして海がある。

さらに多摩川から取水した玉川上水は分水し農地を潤わせながら、都心に飲料水、庭園の池の水、濠や堀を維持する環境用水を供給していました。東京をこうした「水循環都市」として再度、捉え直そうという動きが近年、生まれています（図9）。

このようにして江戸東京の都市と地域の根幹には水がベースとして存在しているという認識が生まれてきました。われわれは東京の低地ばかりか、山の手に、そして武蔵野や多摩にまで水を軸に地域構造を捉える発想を広げ、新たな「東京水都像」を描きたいと考えています。ＥＴｏＳの一つ目のプロジェクトは「水都――基層構造」と銘打ち、高村雅彦氏がリーダ

図9　江戸東京の水循環システム（作製・神谷博）

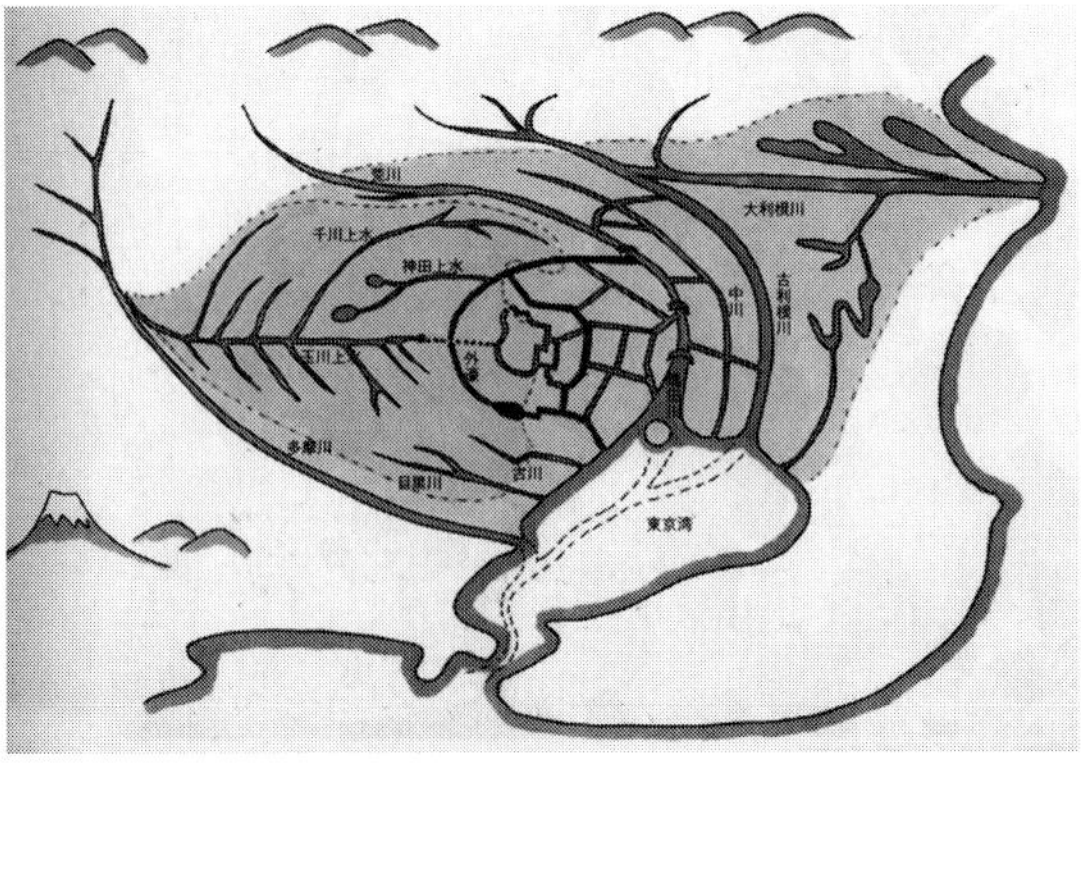

ーとなってこのようなテーマを探求します。本日は、午後の第三セッション「水都の再評価と再生を可能にする哲学と実践」で水の都市の問題を議論します。

またETоSでは、近未来の東京の在り方も研究します。この「都市東京の近未来」のプロジェクト・リーダーの北山恒氏は、二〇一〇年にヴェネツィア・ビエンナーレ建築展の日本館でのコミッショナーとして「メタボライジング」という東京に関する実に刺激的な展示（図10）を行なった経験を発展させ、この課題に取り組みます。東京では、ヨーロッパの都市のような大きなグランド・ビジョンのもとでアヴェニューをつくり、壮大な都市の美を生み出すという考え方とは大きく異なり、逆にボトムアップで小さな建物、建築が集合して、緩やかに変わりながら自律的に生活環境が更新されていく。こうしたメタボライジングの発想に立つ新たなクオリティーを持った居住の形式をつくり出すことに挑戦します。本日の第二セッション「江戸東京の巨視的コンセプト Post Western/Non Western」は、その北山氏がコーディネートします。

そして、東京が発信するテクノロジーとアートの最先端の動き、これもおそらく江戸からの伝統、日本らしい自然との対話など、いろいろな形があって、西洋とは異なる日本固有の発信があるだろうと思います。例えば

図10　北山恒・塚本由晴・西沢立衛『トウキョウ・メタボライジング』TOTO出版、二〇一〇年

今、下町の雰囲気が残る清澄・白河の町で面白い試みがなされています。近くの木場の跡地にある東京都現代美術館が改修工事で閉館中なのを逆に活かし、学芸員たちが下町の雰囲気の残る清澄・白河の町に繰り出して、古い建物を見つけ、そのなかでアーティストが土地の歴史、記憶、人々の思い出を感じながら作品を生み出すというものです（図11）。実に東京らしい現代アートの新しい展開だと思います。午後の第一セッション「江戸東京のモデルニテの姿——自然・身体・文化」のコーディネーターの安孫子氏は、ＥＴｏＳの「テクノロジーとアート」のプロジェクト・リーダーをつとめます。

今日は、私たちの掲げる「新・江戸東京研究」を目指すＥＴｏＳの考え方にぴったりの先生方に国内外からたくさんお集まりいただいてシンポジウムを開催することになりました。午前中の槇文彦先生、川田順造先生による二つの基調講演、午後の三つのセッションを通じて、江戸東京の都市の在り方を現代の視点から研究する面白さ、その価値、意義を感じ取っていただきたいと思います。

図11　ＭＯＴサテライト　二〇一七春　往来往来・展覧会　イベントポスター

基調講演

細粒都市　東京とその空間

槇 文彦

江戸から東京へ

ご紹介いただいた槇です。私も生まれ故郷の東京に非常に関心を持っており、いくつか作品をつくる機会もありました。そのたびにいろいろと考えたことをお話しすると同時に、やはり、この東京という町が世界の中でどうあるべきかについて、少し皆さんと考えてみたいと思います。

十八世紀の江戸というのは、ご承知のように真ん中に江戸城があり、その前に位の高い大名が住み、少し下の旗本などが城の西から北にかけた辺りの高台にいました（図1）。それから、寺町もその周辺にあり、東側の低地を中心にご承知のように町人地が広がっていました。そこには掘割が巡り、すぐ東京湾に面するという構図がありました。江戸は外へ向かって拡大しましたが、特に近代化とともに急速に市街地が外へ伸びていく。ところが、一つ特徴的だったのは、人口が増えるに従って、単に外へ向かうのではなくて、内へ向かったということです。

つまり、明治維新で武家階級が崩壊すると、その大きな敷地の中はどんどん細分化されていく。それから、町人地もけっこう内部に余地があったので、奥に向かって伸びていく。こうしてできたのが路地です（図2）。大きな敷地をもつ大名屋敷もまた中に向かって、小さな道をいくつも引き込み、どんどん細かく分かれていく（図3）。

図1　一八世紀の江戸の都市空間

そういう状態が、江戸から明治時代にかけての大きな特徴でした。

それとも関係し、奥野健男さんが『文学における原風景』という著書のなかで論じたように、下町に住む子供たちにとっては路地が彼等の原風景であり、一方、山手に住む子供たちには原っぱが原風景だった。私も子供の時代、今と違って原っぱがたくさんありました。そこは、塀で管理されるのではなくて、誰が遊びに行っても構わない。ですから、友達が来ると、小さな自分の庭で遊ぶのではなくて、大きな原っぱで遊ぶ。そういう習慣がかなりあって、おそらく、奥野さん自身もそういう経験を持たれたので、原っぱに原風景を感じられたのではないか。

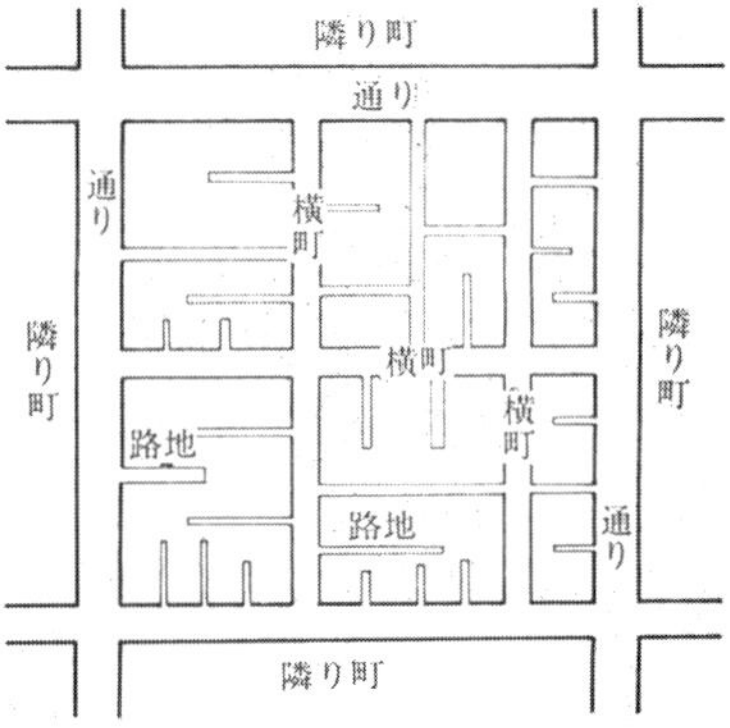

図2　路地が入り込む町人地の構造

図3　山の手の大名屋敷の細分化

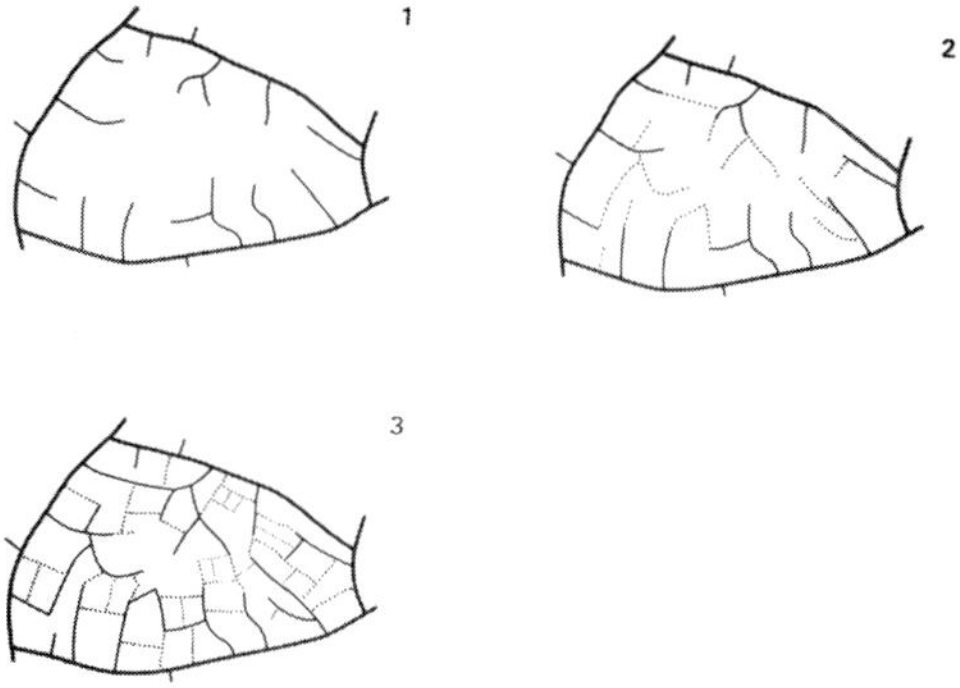

細粒都市としての東京

いずれにしても、こうした敷地の細分化の結果、東京は結局、非常に細かい細粒都市になっていったと言えます。例えば一九二〇年の地図を見ると、中央線と山手線ができていて、これがその後の東京の骨格を作っていくのですが、単にこの二つの路線にとどまらず、いまや東京では稠密なパブリック・トランスポーテーション・システムのネットワークができ上がり（図4）、われわれの生活の基盤をつくっている。おそらく、どの国に行っても、メトロも含めて、これだけパブリック・トランスポーテーション・ネットワークが発達した都市はないわけで、人身事故でも

図4　現在の公共交通ネットワーク図

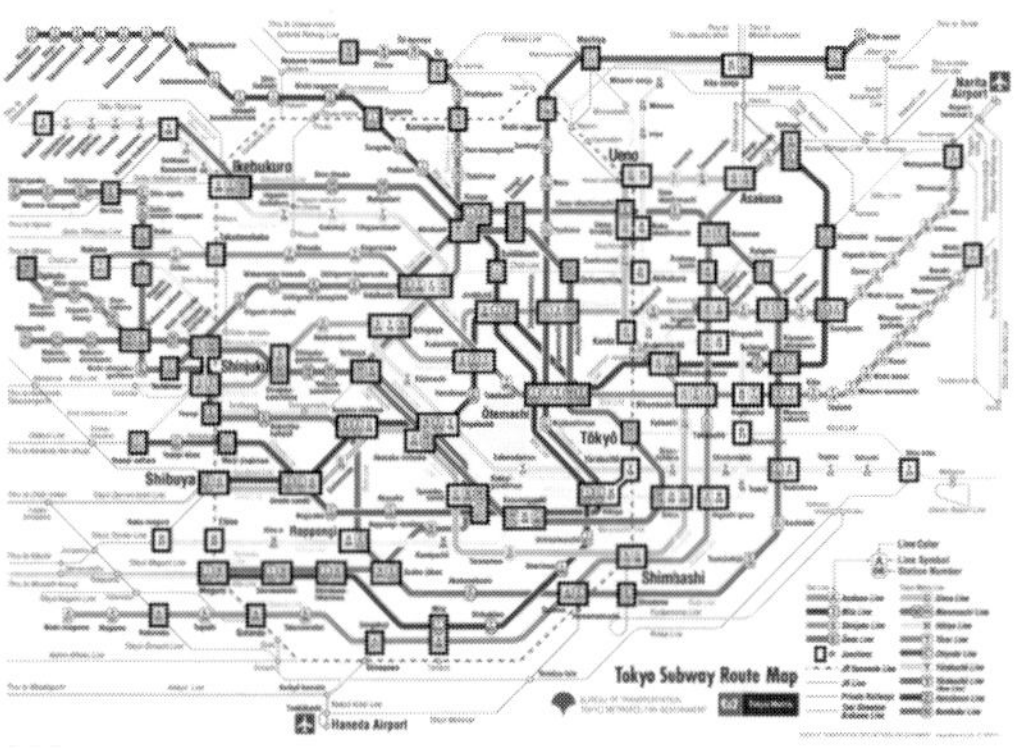

ない限りは、非常にパンクチュアルな輸送手段がわれわれの生活を支えています。

　その結果、商業施設、あるいはパブリックな施設を地図の上にプロットしてみても、細粒都市というのにふさわしい密な状況がよく浮かび上がり、しかもまた、これが日本人の生活に比較的合っているのです。何か原則を定めてその上に住むというよりも、自ずと細粒都市が形づくられ、細かいところは自分で工夫して緑地をつくってみたり、飾りを加えたりする。そのようなものが日本の文化ではなかったかと思います。

　バリー・シェルトンという、もともとオーストラリアの大学で教えていた先生が出版した*Learning from the Japanese City*のなかに、おもしろい図が載っています（図5）。奥さまが日本人で、大の日本通の方です。この本は後に、名古屋大学の片木先生の訳で鹿島出版会から刊行されています（『日本の都市から学ぶこと——西洋から見た日本の都市デザイン』二〇一四年）。名古屋について書かれていて、私もこれを読んで非常に面白かったのは、結局、この図が示しているように、大きな道に沿ったところには、容積率や高さの制限が比較的緩やかなので、大きな建物がくる。私の言い方をしますと、どちらかというと恵まれた建築家、あるいは組織事務所は、みんなここら辺で仕事をしている。ところが、中に入ると、先ほど言ったように

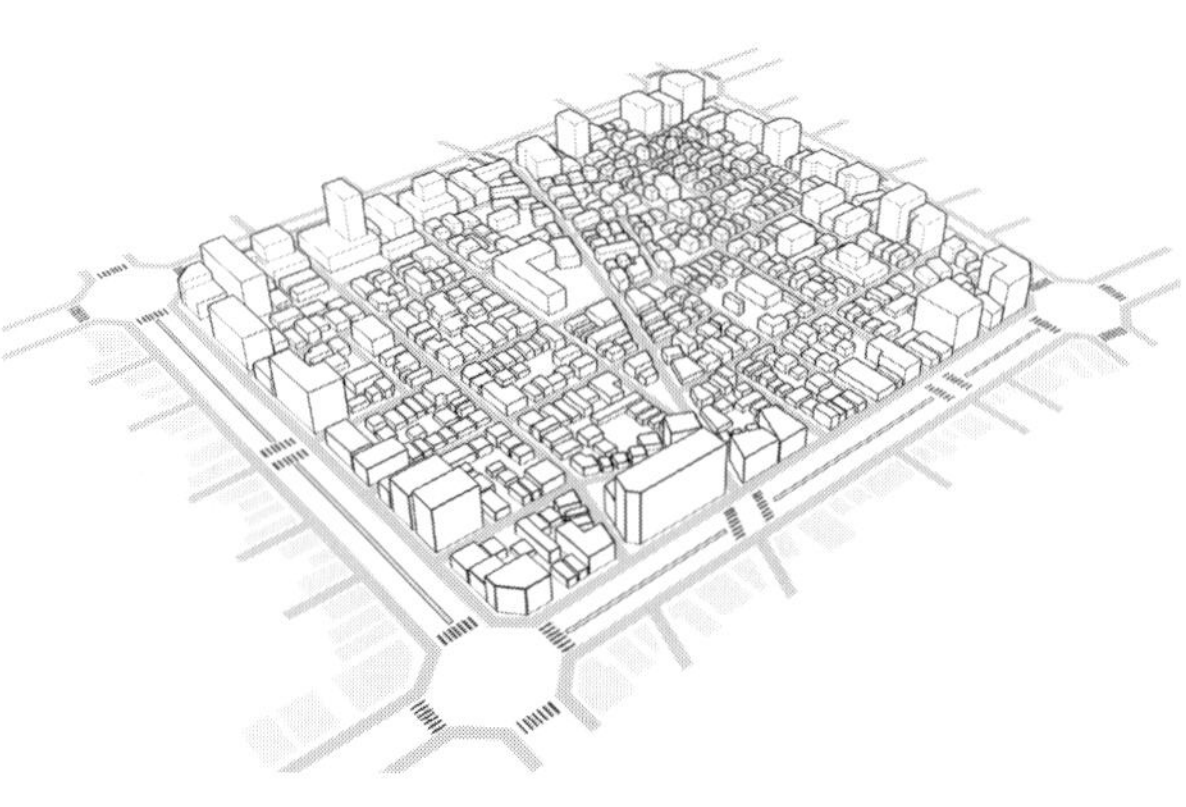

図5　名古屋のある街区の構造　バリー・シェルトンによる

細粒都市の現状が残っていて、ここでは最近、若い建築家が何かとてもおもしろいことを始めています。

このように、外側と内側があるということは、名古屋に限らず、東京の都市空間にとっても際立った特徴ではないでしょうか。例えば、私は代官山に事務所があって、一時間ぐらい歩けば東五反田のうちへ帰れるのですが、表の広い道だけを通って帰るのではない。こういう内側の部分を通り、時々、広い道に出なくてはいけないけれども、また内側を行くという歩き方です。東京の場合、散歩道はこういう空間のシステムからできていることが多い、と言っておきたいと思います。

ヒルサイドテラスの景観が生まれた背景

ここで、私たちがつくったヒルサイドテラスを見てみましょう（図6、7）。広い道に対して、このような内側がはりついたのがヒルサイドテラスの特徴です。つまり、私たちがこれをつくったときには、いまの旧山手通りである広い道路がすでにありました。しかし、この周辺の建物は第一種住専地区。ご存じのように、高さが一〇メートルまでしか建てられない。

図6　ヒルサイドテラス　東京　一九五九―一九九二

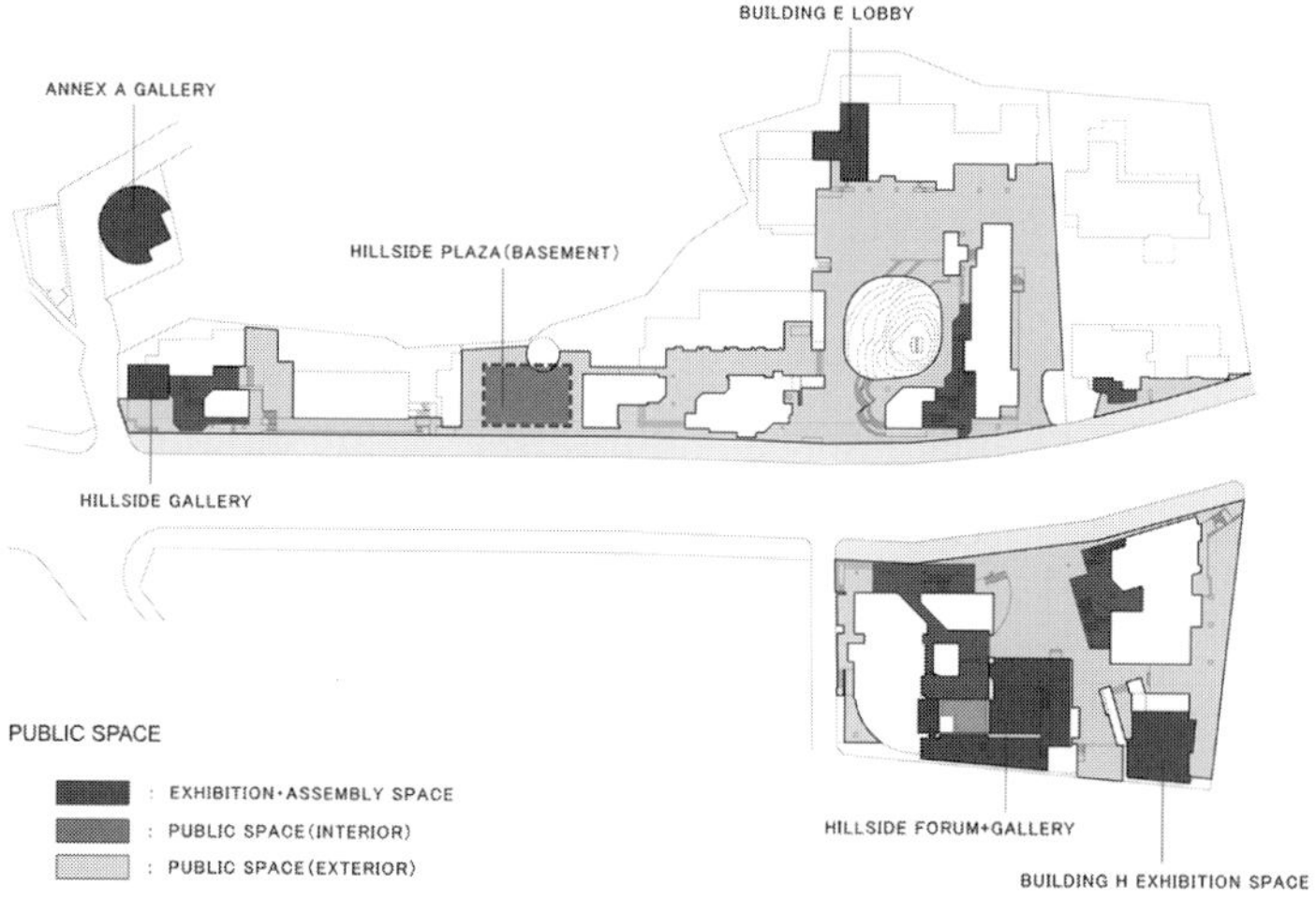

図7　ヒルサイドテラスのパブリックスペース

そのあとで、少し高く建てられるようになったのですが、容積率も低く非常に厳しい状況のなかで、初めてヒルサイドテラスが誕生したのです。なぜそのようなことが起きたかと言うと、われわれの施主であった朝倉不動産の先祖が、大正時代に「これからは道を広くしないといけない。これまでは非常に狭い道だったので、広くしよう」と考えたからです。自分の土地も提供して、いまの旧山手通りができたのです。

　それからもう一人、とある政治家がいまして、「広

図8　様々なパブリックスペース

い道路があるからといって大きな建物を建てるようなことはやめたらどうだ」と主張してくれたおかげで、ずっと一種住専のシステムがここに長く存在しました。政治家はあまりいいことをしない場合が多いのですが、この場合は、二人の政治家が旧山手通りとその周辺の景観を生んでくれたと言えます。したがって、われわれはかなり自由にいろいろな施設をつくることができた。一種住専であるがために、様々なパブリックな広場や、少し奥まったサンクンガーデン、さらに広いコートを実現できました。古い神社も取り込まれていて、このような形でパブリック・スペースがつねに広い道沿いにあります（図8）。道が広いとやはり、路地と違って、ギャラリーやいいレストランなどがやってくるのです。こうして、皆さんご存じのヒルサイドテラスの環境と景観が生まれたというわけです。

第一期のときにコーナープラザをつくり、第二期で囲まれた広場を設け、第三期では、現存する神社の丘を残しながら建設する。第六期では、南に向かった広場を生み出すことができました。いまお話しした空間のシステムが初めて可能になったわけです。普段は比較的ひっそりとしているのですが、ときにお祭りなどがあると、たくさんの人が集まる（図9）。これも東京の特徴です。一人でいてもいいし、いっぱい人がいてもいいような、人間の振る舞いが自然に展開する。それがやはり細粒都市の一つの特徴で

図9　イベントの日の情景

図10　旧山手通りの景観比較　上は現状、下は同じ道路幅であれば普通ありうる景観

はないか。細粒都市だからわれわれは何かこうしたらいい、というのではなくて、できたものを見て、なるほどこうだったのだと経験的に感じることが非常に多いのです。

旧山手通りは二二メートル幅があります。東京の中心部ですから、当然、容積率が高く設定され、普通ならば、高い建物の並んだどこにでもある風景となりがちですが、幸いここには、容積率と高さが比較的制限されたヒルサイドテラスならではの風景が生み出された（図10）。二人の政治家のそのような努力によって、ヒルサイドテラスの質の高い都市環境を生み出せたと言ってもいいでしょう。

人々の振る舞いを生むヒルサイドウエスト

もう一つ、五〇〇メートルぐらい西に行ったところに、ヒルサイドウエストが一九九八年にできました。ここも、われわれのヒルサイドテラスの施主であった朝倉不動産が、もっている大きな住宅地を人に貸していました。ところが、一九九〇年代に同じ朝倉不動産が旧山手通りに面した敷地を買うことができ、この高台を通る旧山手通りと、その背後の一段低い所を通る道にはさまれたその一帯を開発しようという計画が生まれました（図11）。

その結果、外のオープン・スペースに加え、内部化されたパサージュをつくって、普段は人がここを通り、自由に行き来できるようにしました（図12）。この周りに三つの小さな建物をつくり、オフィスにしたり、人が

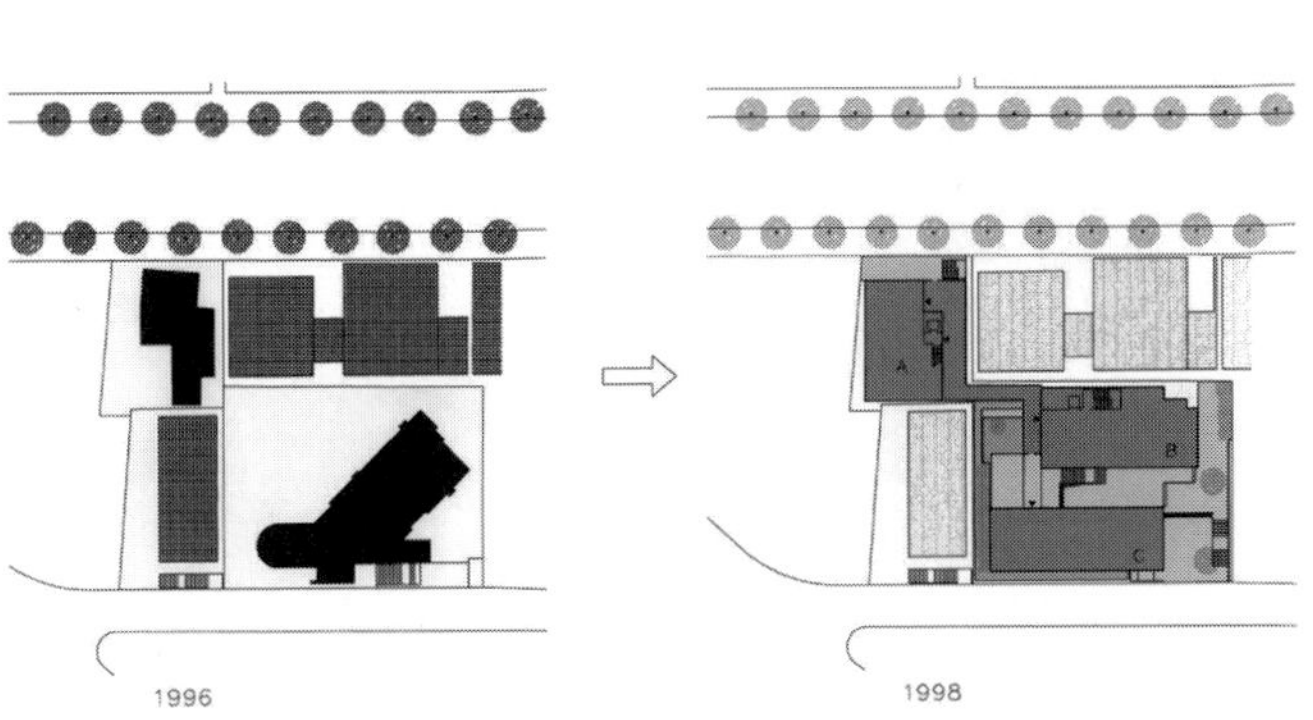

図11 ヒルサイドウエスト 東京 一九九八

住むようにする。パサージュは夜の一〇時から朝の七時までは閉じますが、普段は誰もが行き来できる。その途中にエレベーター・ロビーなどがあるのですが、これはニューヨークだったら絶対に許されない。つまり、夜遅くまで、警備もないところを誰もが行ったり来たりすることは考えられない。

　ところが、東京は比較的安全な都市なので、こういうこともやれる。できたのが九八年で、ちょうど今年で二〇年になるのですが、いまだもって、誰か変な人がエレベーター・ロビーから上へやってくるということはありません。それは東京という町の安全性を教えてくれています。もちろん、そのようなことが今後ないとは言えませんが、今までのところうまくいっています。

　私の事務所はこの中にあります。その前にちょっとしたオープン・スペースをつくったのがおもしろい効果を生み、材料やいろいろなものを日の当たるところで見たいときなどは、事務所のスタッフがここへ持ってきて、さまざまな作業をしています（図13）。

　さらにおもしろいのは、ヒルサイドウエストの下のほうにレストランがあって、そこにウェディング・レセプションが時々あります。そうすると、新郎新婦がここへ来て写真を撮っている風景が、土曜日のお昼ごろにはよ

図12　ヒルサイドウエスト　正面と内部通路

く見られます（図14）。そうかと思うと、こうやって寝ている女性がたまにいたりします（図15）。私が黙って撮ってしまったのですが。比較的狭いところでありながら、いろいろな人間の振る舞いが起きているのが非常におもしろいと思います。

図13　事務所作業に使われるオープンスペース

図14　新郎新婦の写真撮影に使われるオープンスペース

図15　オープンスペースで眠る女性

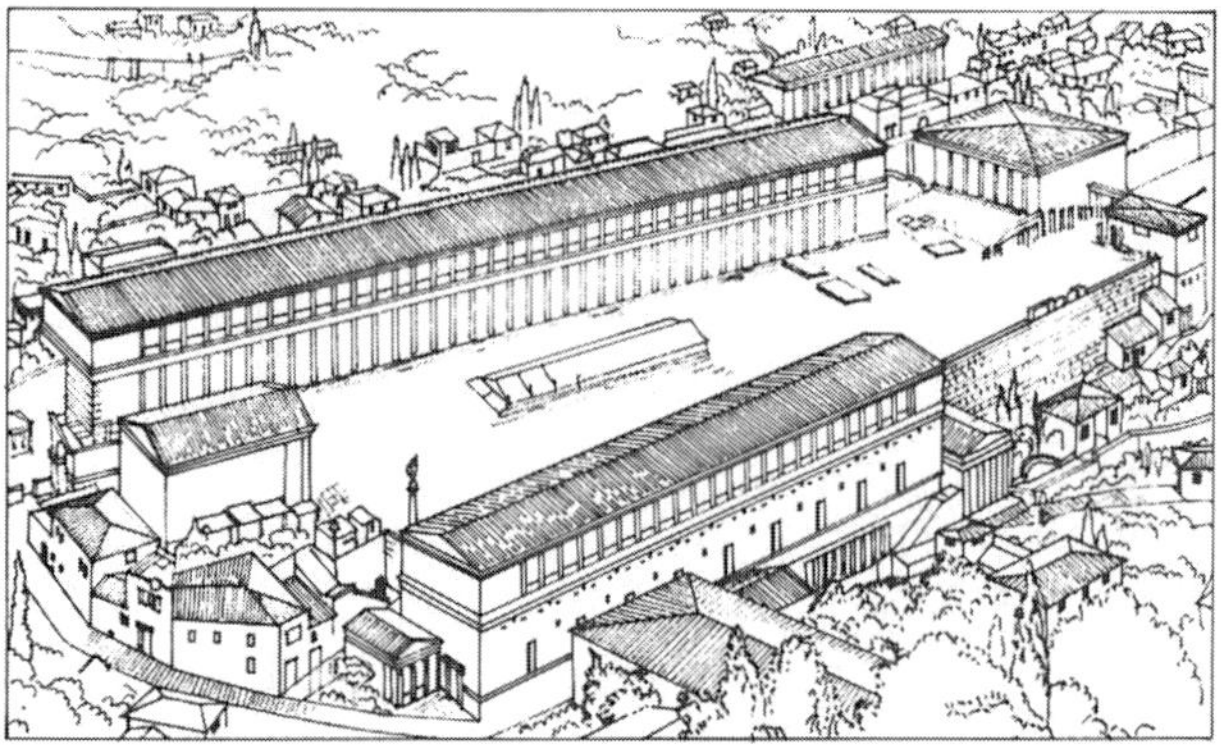

図16　ギリシャのアゴラ

名所が分散する都市構造

細粒都市の特性をもう一つの観点から見てみましょう。歴史的に、例えば、ご存じのようにギリシャの都市国家では、中心の一つの場所に大勢の市民が集まり、そこで商いが行われる。スポーツもある。ときに賢者が来て、ありがたい話をする。それがアゴラの役割です（図16）。ところが徳川幕府は、人を集めるということは——近年のアラブの春ではないですが——革命の拠点にもなりかねないので、恐れてそれを許さなかった。しかし、一方で江戸時代には、見晴らしのいい場所を選んで、たくさんの名所ができました（図17）。富士山もよく見えました。そして、神

図17　江戸の名所　広重『名所江戸百景』

図18　小さな神社のあとの鳥居

社仏閣も多くはそういうところに立地しました。名所が分散して数多く存在したのは、細粒都市の一つの特徴だったと思います。

　こうしたアゴラと名所の違いは、政治的な意図の相違から生まれたのでしょうが、小さな中心が分散してたくさんあるというのは、江戸時代からの特徴だったと言えます。

　小さな宗教施設を見てみましょう。これは私が銀座で撮影した小さな鳥居で、小さな神社のゲートになっています（図18）。参拝する人の姿はあまりないけれども、みんな鳥居があることで安心感を持っている。それから、もう一つ面白い例として、私が六本木ヒルズの隣にテレビ朝日の大きな建物をつくったときのことで

図19　テレビ朝日の社屋と屋上の稲荷

す。ここにも昔、神社があったのです。クライアントからこの屋上に立派な鳥居をつくってくれと頼まれて、つくったわけです（図19）。これは、毎日誰かが来て拝んだりするわけではないのですが、その存在に安心感がある。これも東京の一つの特徴ではないか。

都市と繋がる大学キャンパス

次に、最近われわれがつくった東京電機大学のキャンパスを取り上げます（図20）。かなり高密度のキャンパスで、二期にわたり六年間かけてできました。かつてここは、ＪＴの囲まれた大きな工場と社宅でした。足立区から、ここをぜひオープンな大学にしてほしいと頼まれました。ということは、中の部分を誰もが通り抜けできるようにしたいということだと考えました。ですから、普通のキャンパスとは違い、ここには塀がないし、ゲートもない。誰もが自由に一階から二階までのさまざまな施設に入れて、先生や学生は自分のカードで、エレベーターでロビーから上階へ行ける形になっています。

塀もないかわりにそこを緑地化しています。中央の道路をはさんで東側

図20　東京電機大学千住キャンパス　二〇一一―二〇一七

に大学に中心的広場がありますが、学生食堂があります。また、中央道路の末端もちょっとした広場があり、北千住駅から歩いていけます。我々はその奥をイタリアントマトというレストランにアウトソースし、その前にイタリアの都市にいくとよくある都市の吹き抜け空間ロッジア（図21）のようなものをつくりました。住民のおばさんたちがここで話をしたり、学生がバンド演奏をしたり、この部分はいろいろなことができ、実に多様に使われています（図22）。

おもしろいことに東側の広場には最近、ここに近くの保育園の先生がしょっちゅう子供たちを連れてくるのです。保育園が狭いので、こういうところへ来ると、やはり子供たちがのびのびと動き回る。ここでわれわれが発見したのは、子供は丸柱をとても喜ぶということでした（図23）。おそらく、子供のときにお母さんに抱かれていた、あるいはお母さんに抱き着いた、そういうイメージが残っているのでしょう。子供は丸が好きなのだということをここで発見したので、最近われわれが幼稚園などを設計することはないのですが、若い建築の方は幼稚園を設計するときはぜひ、四角い柱はやめて、丸柱にしたらいいと思います。建築をやっていておもしろいのは、こういうことを経験で知ることなのです。

図21　ボローニャの柱廊空間

図22 ロッジアでくつろぐ住民たち

図23 のびのび動き回る子供たち

日本文化のもつ穏やかさ

さらに、日本の文化のDNAは何かといえば、ジェントルネス、穏やかさということが一つ言えると思います。例えば、集落の後ろに山があって、それを里山と呼ぶとき、自然は人工的なものと対比されるものではなくて、むしろ融合されるものではないかと強く感じます（図24）。これを見ていて、もう一つ、日本の特性は言葉にある。仮名と漢字があって、例えば雨の状況を知らせるときに、漢字は非常に概念的で、理性的です。例えば、豪雨である、驟雨《しゅうう》である、それから、秋の雨など。ところが、仮名による音声的《フォネティカル》なものは、「ぽつぽつ」、「ぱらぱら」、「しとしと」という雨のサウンドを本当にそのまま表現する。そういう仮名と漢字のミックスが、きめの細かい表現を可能にし、それはやはり、どこかでジェントルネス、穏やかさともつながっていく。

それからもう一つ、日本には長いあいだ農村社会の時代があって、よそから侵入されることなく、農村社会の掟などのシステムが熟成しました。それが都市に持ち込まれて、現在でも生きている。もう一つは、仏教、それから神道が比較的平和な宗教だということです。かつてインドで仕事をしていて思ったのですが、ビハール州の州立美術館を設計したときに、そ

図24　里山の風景

の周辺から多くの仏像の遺跡が出てきて、仏教も盛んなところでしたが、現在はヒンズーと、それからイスラムによってかなり駆逐されてしまっている。一番古い、ナーランダという仏教の大学はイスラムが来て、完全に破壊して、いま再建しようとしているのですが、結局、イスラムとヒンズーのコンフリクトが現在のインドでは大きな問題になっている。テロリズムの要因にもなっているとのことで、先ほど申しましたように、この日本の穏やかさや、ヒルサイドウエストのところで言った安全性がやはり、日本文化の、そして日本の都市生活の基本にあるのではないかということがわかります。

パブリック・スペースで孤独を楽しむ

有名なジョルジュ・スーラの「グランド・ジャット島の日曜日の午後」を見ましょう（図25）。シカゴのアートセンターにこの作品があるのですが、ちょうどルーブル美術館の「モナ・リザ」のように、この絵だけが部屋にあって、前にソファが置いてあるのです。これは当時のベル・エポックのパリの風雅な情景で、パリジャンが日曜になるとセーヌ川に来て、余暇を

図25　ジョルジュ・スーラ「グランド・ジャット島の日曜日の午後」

楽しんでいる場面であると一般に言われてきたのですが、ある美術評論家によると、そうではないという。ここでそれぞれの人の視線に注目すると、みんな別なところを見ている。彼らは孤独なのだと。逆に孤独を楽しんでいるのではないかということなのです。イヌもネコも別なほうを見ている。そう考えるならば、人間は、やはり孤独をパブリックなスペースの中で楽しむものだということが一つ言えるのではないでしょうか。

私の経験として、これは皆さんもご存じかもしれませんが、東京のスパイラルという建物ができたときに、一階から三階のホワイエにホールがあるのですが、そこへ行くのにエスプラナードというのをつくった。その窓ぎわに、マリオ・ボッタの椅子をいくつか置きました。この建物はできてからもう三〇年以上たち、いろいろ内部が変化しているのですが、ここの風景だけは変わらない。誰かが必ずこの椅子に座って前の青山通りを見ている。あるいは、本を読んでいる。本当にこの風景だけは変わらないのです（図26）。この写真をオーストラリアのシドニーでの講演で見せたときに、終了後、若いオーストラリアの女性が来て、「私は東京にかつて住んでいましたが、いつもここで本を読んでいました」と語ってくれました。

もう一つ非常に面白かったのは、ヒルサイドテラスのなかに朝倉不動産が経営しているカフェがあり、あまり人は入っていないのですが、ある中

図26　スパイラル内のエスプラナード　東京　一九八六

老の人がいつも同じところでお昼ご飯を食べている。四分の一の赤ワインをまず注文する。それが半分になったときにサンドイッチに手をつける。それからコーヒーを飲んで、外を見ている。彼もそういったパブリック・スペースで孤独をエンジョイしているのではないかと思います（図27）。

有名なフリードリヒ・ニーチェの言葉に、「孤独が私の故郷だ」というものがあります。つまり、こういう場所がもしあれば、みんなそこで自分のささやかな孤独を楽しむのではないかなと、そういう気がするのです。ちょうど、パブリック・スペースにおける孤独について短い文章を書いたときに、後でこのカフェのアテンダントに「いったいこの人はどういう人なのか」と聞いたら、近くの教会の牧師さんとのこと。掲載された記事と写真を差し上げたら、とても喜んでくれました。ところが、最近見えないので、どうなったのだと聞いたら、お亡くなりになったとのことでした。われわれは建築をやっていると、いろいろな経験をすることがあるのです。

孤独のすばらしさを持つものとして、イスファハンにあるチャハールバーグ通りをあげたいと思います（図28）。私が一九五九年にイランに行ったときに撮った写真なのですが、一〇〇メートル道路があります。脇にはサイドウォークがとられて、店や人の住むところがあり、そこは普通のところなのですが、この都市空間が目を奪うのは、真ん中に人間のための美しい堂々たる歩道を見事につくっていることです。これが少し車道よりも上がっている。街路樹もきれいに植えてます。近くに有名なモスクもあり、川に向かって約二キロもまっすぐ伸びている。夕方になるとみんなここにやって来て、豊かな孤独の時間をゆっくりと過ごす。商業施設の並ぶサイドウォークと違って、人間が孤独を楽しみ、ある種のディグニティを持ってここを歩くことができるのです。おそらく世界で最も美しいブールバールだと私は思っています。

図27　ヒルサイドテラス内のカフェ

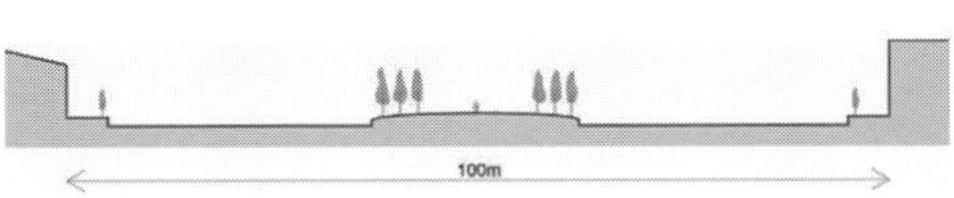

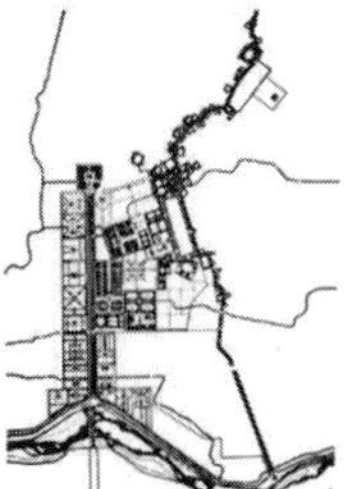

図28　イスファハーンのチャハールバーグ通り

モダニズムの船から投げ出され大海原に

いろいろな話があるのですが、ここでは、かつてチャールズ・ジェンクスがモダニズムを大きな船に喩えた話に触れましょう。そのモダニズムという船にはあらゆる建築家、例えば、ル・コルビュジエ、ミース・ファン・デル・ローエ、ヴァルター・グロピウス、フランク・ロイド・ライトのような有名建築家もゲストオーナーとして乗船している。われわれもこの船の中にいますが、この一艘の船がどこかへ向かっていくというのが七〇年代までのモダニズムでした。そのなかで友達もできれば、あるいは敵もできる。そんな状況でメタボリズム、それからアーキグラムやチームXなど仲のいい連中がマニフェストをつくるというのが一つの趨勢でした。これがやがて、モダニズム自身が大きなインフォメーション・センターになったために船もなくなって、いまやわれわれは大海原に投げ出されている状態にある。一人一人が自分の行く道を探し出していかなくてはいけない。

しかし大海原はフラットではないのです。必ずうねりがあるので、そのうねりを頼りにしながら泳いで行く。うねりの一つに、ヒューマニズムの建築があるのではないかと私は思います。しかし、それもいまや隣の知り合った建築家とどうということではなくて、インターネットを通じて、共感によってさらに広まっていく。

この点で面白いのは、*Architectural Review* 誌が、二〇一三年に世界の若い建築家たちの作品を検証した記事です。そのなかで、二〇一一年に日本には大きな津波があってそれが影響を与えたこと、また、いまスペインのように仕事がないところでも、変わらず若い建築家の作品が多く出てきていることに注目できます。あとは、スリランカやエストニアのように、ニューヨークやロンドン、パリといった強力な文化中心でないところから、ぽつぽつと注目すべき動きが生まれてきた。そういう人たちの作品を見ていておもしろいと思ったのは、子供のための作品が多かったということです（図29）。子供というのはどこかで、世界共通のふるまいを見せているので、このようなものを各地の審査員が共感をもって選んだのでしょう。ですから、これからの時代はどのようにして共感を育てていくかがやはり大事だということがわかります。

奥の概念

この辺で、〈奥〉の概念についてお話ししましょう。日本の場合、〈中心〉を見せないという特徴があります。集落において、奥に神社仏閣があるのですが、その存在が見えないのです。むしろ、アプローチする過程を楽しむ。そういうところから奥の概念が生まれる（図30）。

例えば、京都の町家を見てみますと、〈裏〉ではないのです。〈奥〉なのです。道に面した入口から入って奥座敷に至るまで、〈奥〉ということを感じさせます。ところが、中国北京の中庭を囲む四合院では、完全に〈表〉と〈裏〉という概念なのです（図31）。この点に関し、いろいろな国の住居を観察しても、必ず〈表〉、〈裏〉というものを見てとれますが、日本の空間や場所のさまざまな次元に見出せる〈奥〉の概念とは異なります。

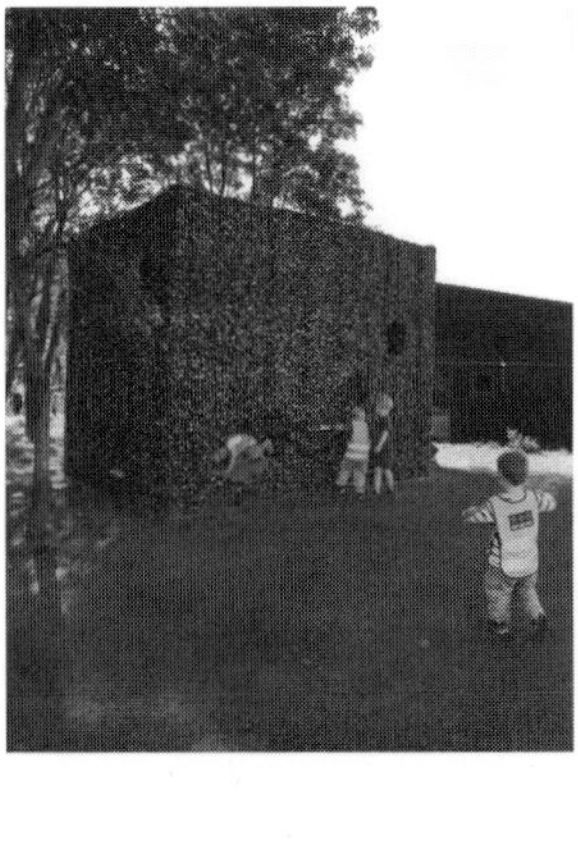

図29　子供の遊び場としての建築作品

図30 神社への参道

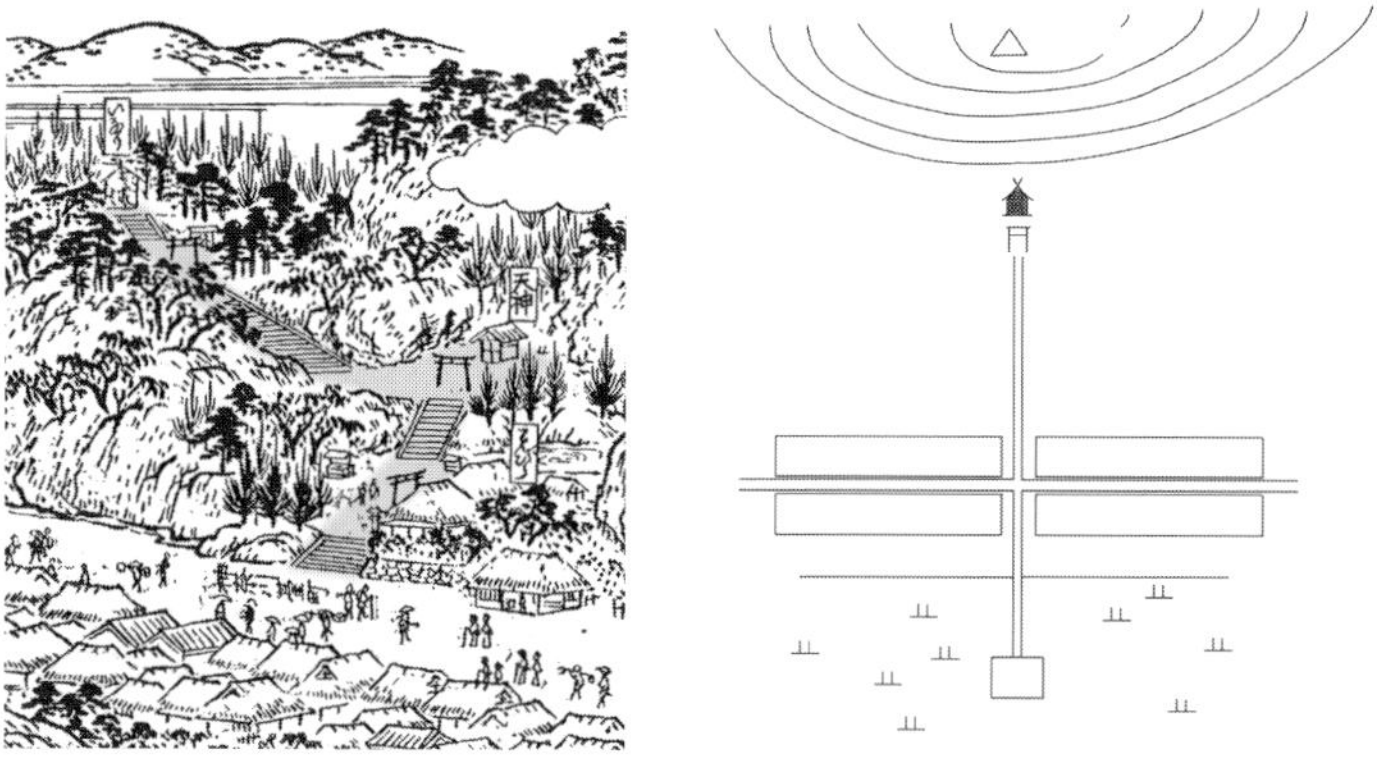

図31 京都の町家と北京の四合院

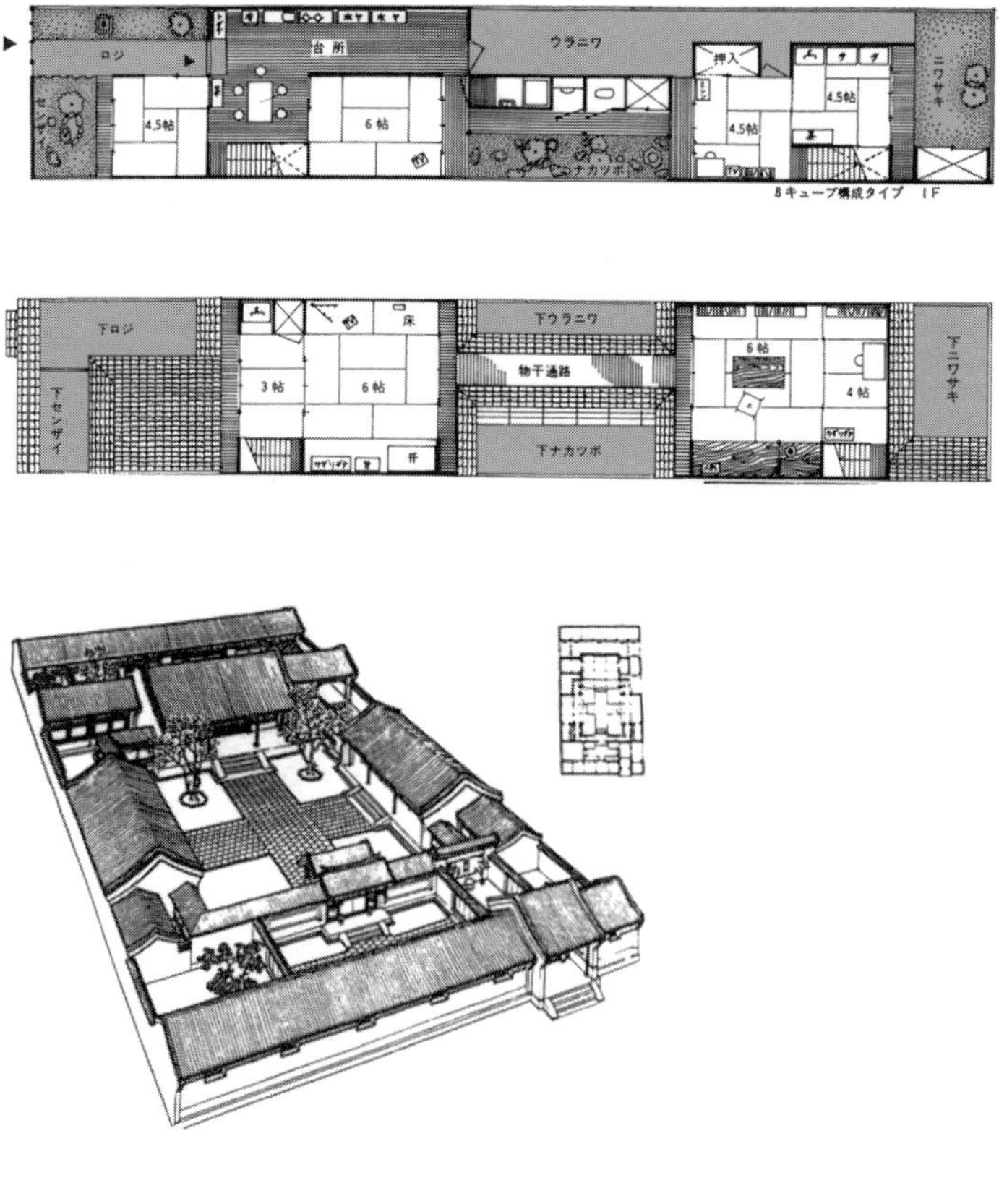

〈奥〉についてもう少し説明します。見えない中心という言い方ができますが、鳥居を潜って樹木に包まれたアプローチをたどり、重要な場所に向かって〈奥〉へ進む。そういう文化的な様態が日本にある。われわれがつくったヒルサイドテラスにおいても、やはり、樹木は一つのバリアと言いますか、層なのです。レイヤーです。つまり、空間はいろいろなレイヤーをつくることによって、ある深みを生み出すことができる（図32）。日本人は、そういうものに対してセンシティブに今までもやってきたし、これからもやっていくのではないかと思います。

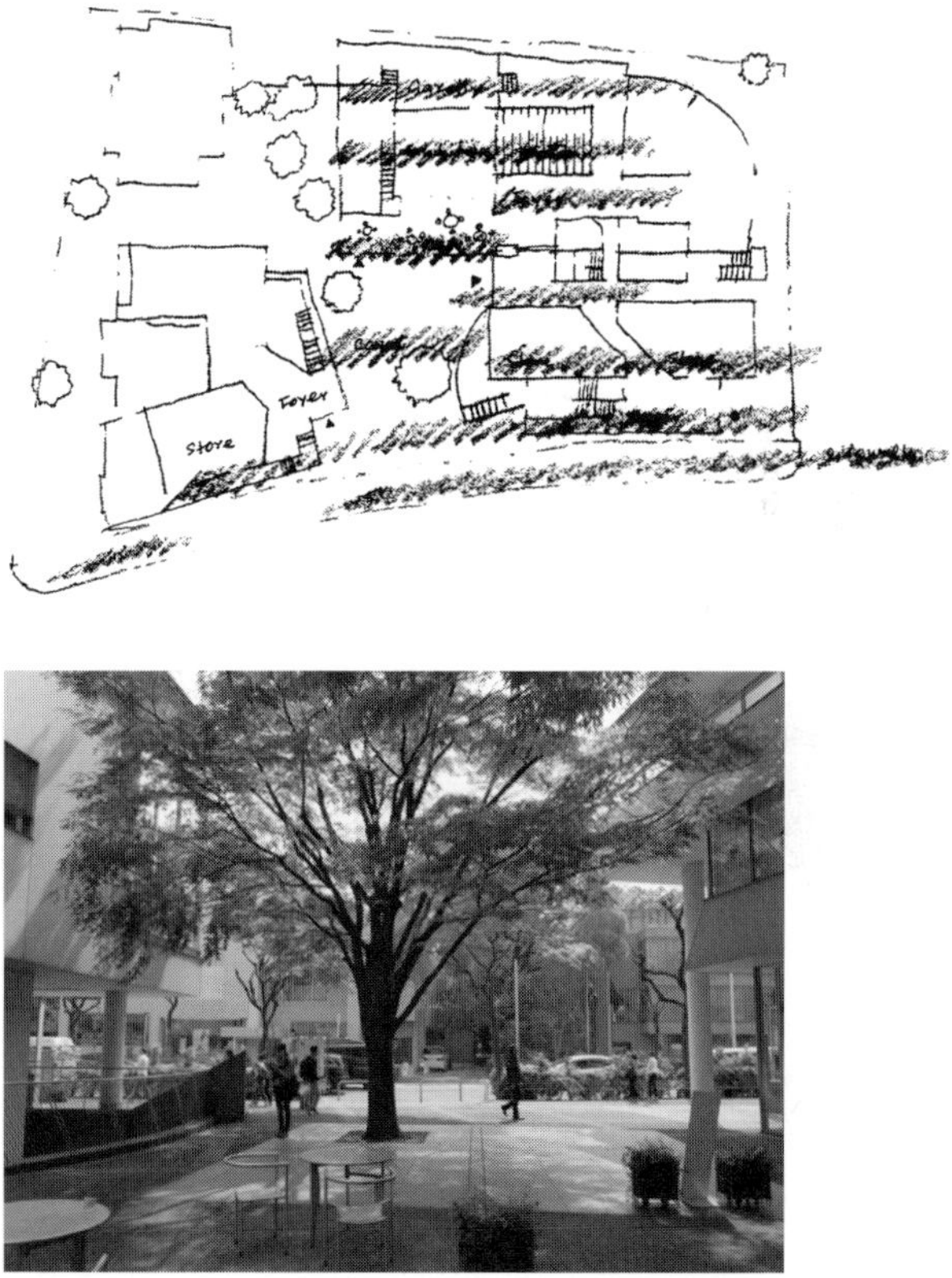

図32　ヒルサイドテラスの樹木のレイヤー

オープン・スペースの大切さ

そのように考えると、やはり、オープン・スペースが非常に大事なのだとあらためて感じます。われわれは近代都市において、建築をつくることばかりを考え、ユートピアをつくるのに失敗してきた。だからこそ今、もっとみんながいろいろなことを自由にできるオープン・スペースを考えることがさらに大事になるのです。

私はニューヨークにも住みましたし、仕事の関係でしょっちゅう行くのですが、向こうでの私にとっての原風景は、やはり広場です。まずはセントラル・パークがある。それからMoMAの彫刻ガーデン。それからロックフェラー・プラザにあるスケートリンク。それから、ワシントン広場です（図33）。周りの建物がどう変わっても、これらの広場は変わらず私にとってニューヨークでの原風景をつくり出しています。そのくらいオープン・スペースにはパワーがある。ニューヨークには、山のように有名なスカイスクレイパーができてきていますが、それ以上にやはり、私にとってオープン・スペースが大事な原風景だということです。

ここで一つ、軽井沢にできた、原っぱを中心とした南原別荘地のお話をします（図34）。南原の大きな地主さんが、かつて市村今朝蔵さんという早稲田の先生だった。彼が、我妻榮という友人の、東大の先生と留学中に一緒になって、自分は大きな土地を持っているのだけれども、ここを開発するのに知恵を貸してくれと相談した。二人とも学者だったのです。軽井沢のほかの場所にあるような塀と門がない、子供たちもすぐに玄関まで遊びに来られるような場所にしようと考えました。

もう一つの原則は、真ん中に原っぱを設けるアイデアを考えました。ただ、午前中は学者はみんな勉強したいので、子供や孫がいるとうるさい。だから、原っぱに小さな学習塾を設けることを提案したのです。こういうものをつくった結果、非常に成功しました。原っぱができたことによって、子供たちや老人が集まる。そこでは運動会や花火大会も開かれる（図35）。

　これからのオープン・スペースは、このようなものを考えてもいいし、同時に、今あるわれわれの細粒都市の

図33　ニューヨークの広場　MoMA彫刻ガーデンとワシントン広場

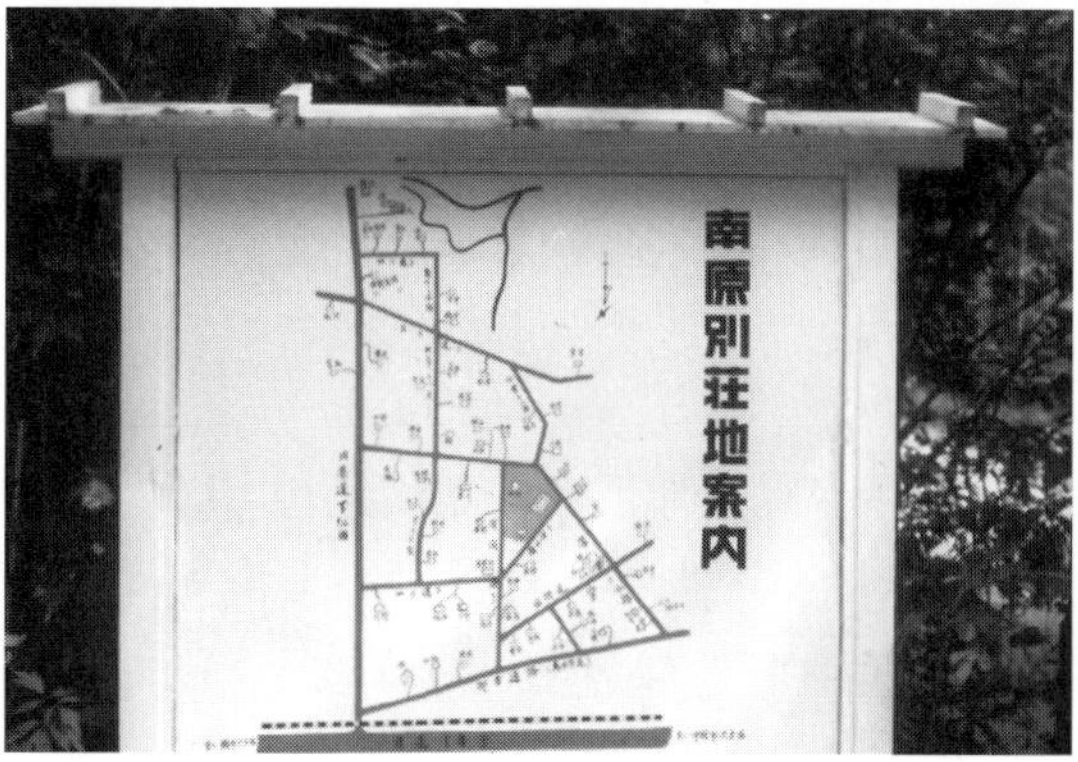

図34　原っぱを中心とした南原別荘地

図35　南原の原っぱ

中に、もっと積極的に広場をつくる必要もある（図36）。あるいは、日本は地震がありますから、地下に自家発電や緊急のときのＷＣをつくるといいのではないか（図37）。あるいは、メビウスの輪のような、もう少しユーモアのある施設にしてもいいのではないか（図38）。

　かつてわれわれは、新国立競技場の国際コンペで選ばれたザハ・ハディドの施設案は大きすぎるのではないかということで問題提起をし、その後、いろいろな動き、議論がありました。再度行われたコンペで選ばれた案で、いま建設が進んでいるのですが、私たちの提案では二〇七〇年、税金でこういう大きなものを維持できなくなったときには、広いオープン・スペースにし

図36　広場を通して都市のファブリックを生む

図37　メザニンのあるオープンスペースと地下利用

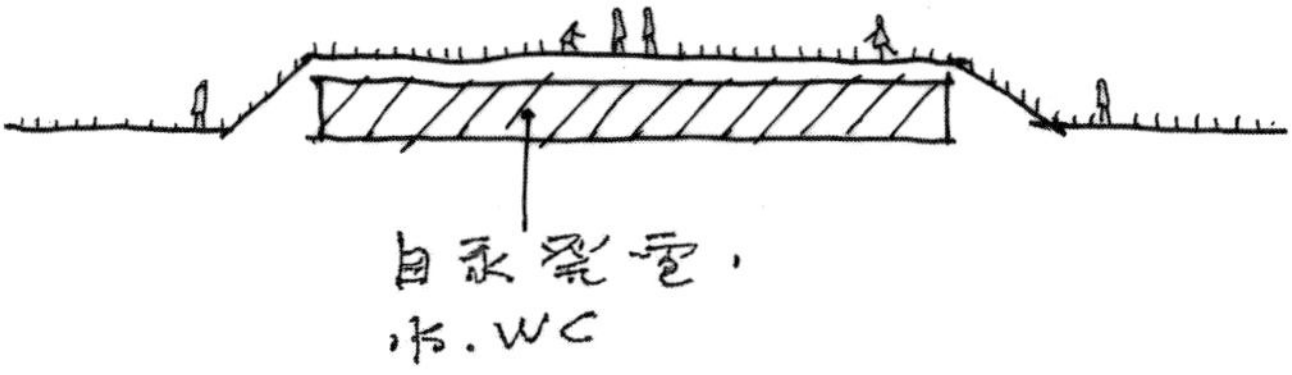

て、スタジアムと一万人分くらいの芝生の観客席を残してもいいのではないかと考えました。あとは子供と大人のスポーツ広場として解放するということです(図39)。

しかし、人間の欲望には際限がない。ニューヨークのマンハッタンに登場した432パーク・アベニューは、九〇億円ものお金を払った人だけが住め素晴らしい眺望に満足できる超高級な住宅です(図40)。一方、中国の重慶《ジュウケイ》には、高架橋の下の大きな隙間の空間に大規模なアパートを建てて、劣悪な環境の中でも安く住んでいる人もいる(図41)。つまり、こうした対比的な人間の欲望を今後どういうふうに調整していくかが大事なのです。

図38　ユーモアのあるオープンスペース

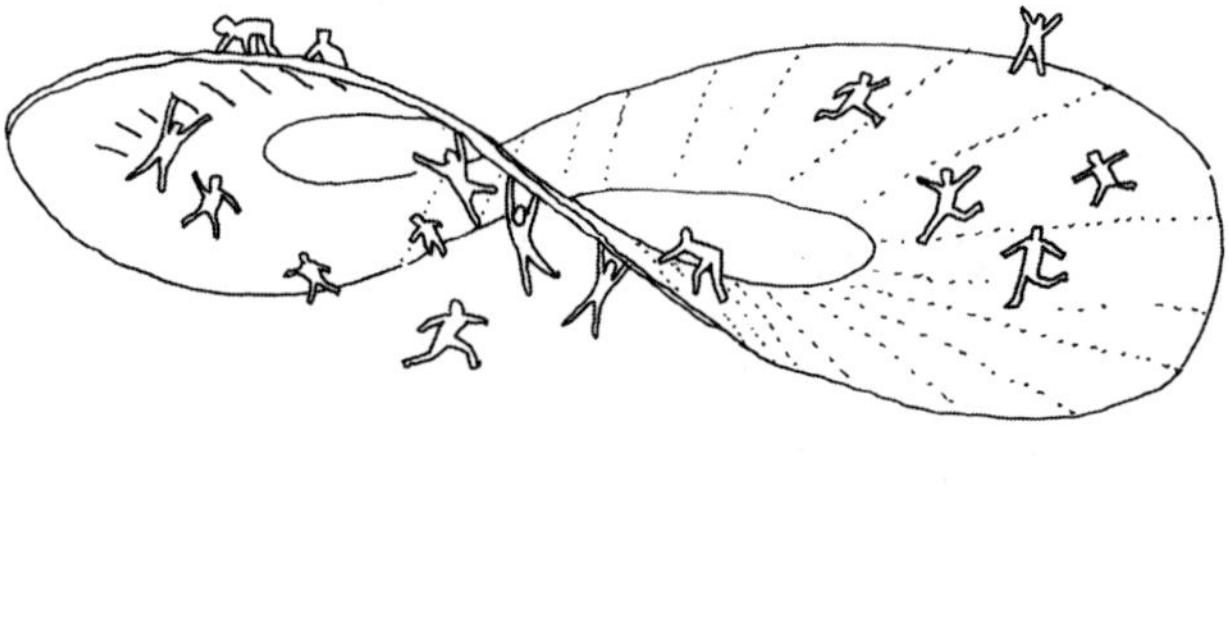

図39　二〇七〇年の旧国立競技場跡

図40　432パーク・アベニュー　ニューヨーク

図41　高架橋下の集合住宅　中国

真の文化を生む無償の愛

最後にお話ししたいのは、数年前、マドリードにいる私の友人を訪ねた時の経験です。ピアッツァ・サンティアゴで、正面にあるオペラハウスに設置された小さなスクリーンをみんな見ているのです（図42）。友人に「あれは何だ？」と言ったら、ドミンゴが今、ヴェルディのオペラを歌っている。ドミンゴをただで見られるというのです。私は、そのときにやはり文化は無償の愛、アンコンディショナルラブから出てくるのではないかと思いました。

そのことを象徴する最もすばらしい例をご紹介します。一九五九年に私がアテネで撮った写真なのですが（図43）、パナティナイコ競技場、ここで初めてオリンピックが行われました。これが衝撃だったのは、オープンだということなのです。競技場の光景がオープンなのです。非常に感銘を受けたのは、一〇年前、アテネで再びオリンピックがあったとき、この風景がまったく同じように姿を見せたことでした。当時は射撃か何かの会場になって、メインスタジアムではなかったのですが。これがすばらしいのは、人がいても一つの風景が生まれるし、いなくても存在感をもっている。これはおそらく、世界で最高のアーバン・デザインの一つではないかと思い

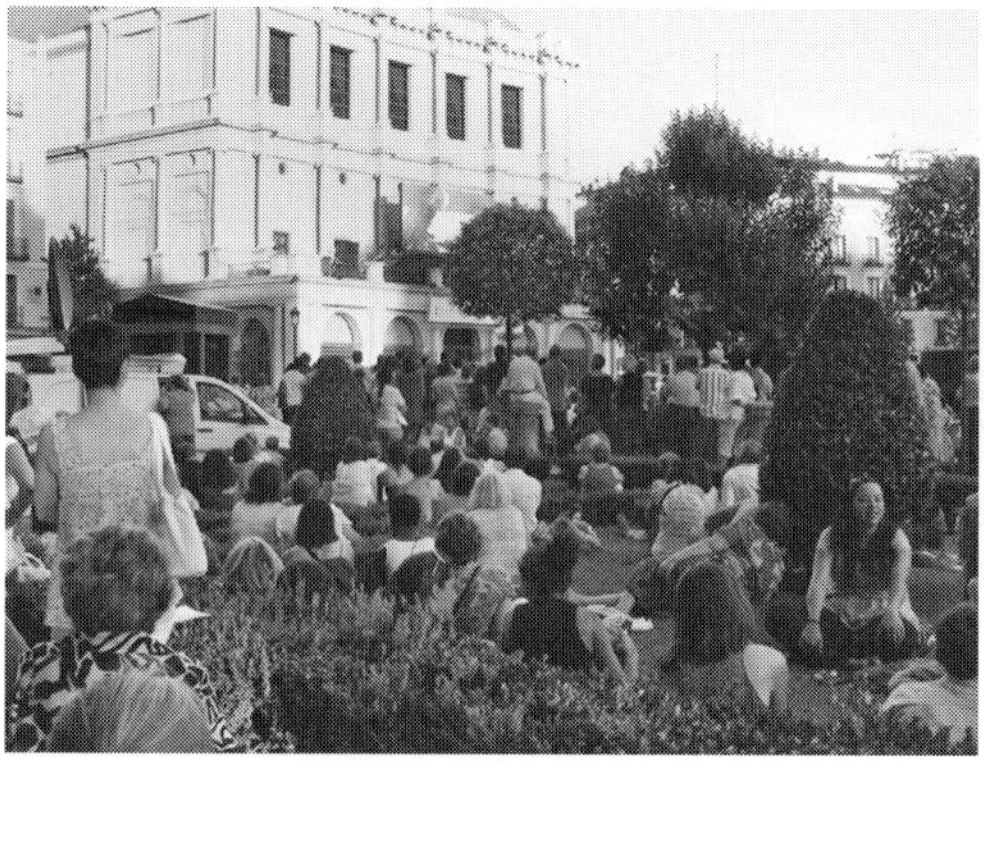

図42　ピアッツァ・サンティアゴ　マドリッド　二〇一一年撮影

ます。

それが、結局、無償の愛、アンコンディショナルラブということです。この考え方は聖書にもよく出てくるといいます。残念ながら政治の世界はみんなコンディショナルラブ。つまりその結果、皆さんも知っているように、ドナルド・トランプはアメリカを二つに分けてしまっています。それは全部、コンディショナルラブだからです。やはり、われわれの文化は基本的に、アンコンディショナルラブから生まれてこなければいけないということが、建物を設計するにしても、広場をつくるにしても大事ではないかというのが、私の考えです。

ご清聴ありがとうございました。

図43　パナティナイコ競技場と前面ひろば　アテネ　一九五九年撮影

川向こうをめぐる断想

川田順造

ただ今ご紹介にあずかりました川田順造です。

私の研究の特徴は、文化の三角測量、地測の方法を比喩的に文化に当てはめた、私が考案した呼び方ですが、日本とヨーロッパとアフリカと、その三つの点を参照点とする三者関係から、ある事柄の人間にとっての意味を探ろうとして来たことです。初めから方法論として意図したわけではなく、研究の過程で自然に身についたものです。

私はアフリカに通算して十年近く暮らしました。フランスでは、パリ第五大学ソルボンヌで一九七一年、当時アフリカ研究で日本人としては初めて、学位を取得しています。その後、パリに教えに行ったり、調査研究で、フランスにも通算して九年以上暮らしました。フランスでは地方を訪ねて、樽作りなど職人の調査をしました。日本の祭りや芸能、技術、とくに船大工や船釘作りの調査は、学部学生の頃から続けて来ました。

このようにして二十代の後半以後私は、日本とアフリカ、ヨーロッパの三つの地域を、行ったり来たりしながら暮らして来たことになります。ですから、三つの地域を比較するというのが、私のごく当たり前の物の見方になりました。

私はもともと、生物としてのヒトに興味がありました。東京大学でも初めは当時の理科Ⅱ類（現在では理科Ⅲ

類）という、医学や人類学に進むコースに入ったものの、途中で後期課程の教養学科に文化人類学分科というのができて、そこを卒業しました。

けれども大学院生の時からずっと、当時の日本民族学会（現在の日本文化人類学会）と同時に、自然人類学の日本人類学会にも入っていて、進化人類学分科会と、キネシオロジーという人間の体の使い方を実証的に研究する分科会に属して、進化人類学の分野では山極寿一さんなどと一緒に、『近親性交とそのタブー』（藤原書店、二〇〇一年、改訂版二〇一八年）にまとめたシンポジウムを実施したり、キネシオロジー分科会では、故蘆澤玖美さんや、足立和隆さん、楠本彩乃さんなどこの分科会の会員と共同して、日本の都市や山村、漁村、西アフリカで、多くの計測をし、結果を日本や海外の学会誌に発表して来ました。西アフリカでは、異なる地域と生業形態五〇〇人余りのヒトの、計測を実施しました。それだけの人を集めてパンツ一つになってもらって計測というのは、よほど土地の人と土地の行政との信頼関係がなければできない、空前、そしておそらく絶後のことだと思います。その結果も日本語だけでなく、フランス語や英語の学術刊行物に発表してきました。

ただ私にとってやはり、東京下町風に言えば「あたし」にとって「やっぱし」、研究の一番の原点は、東京深川の高橋《たかばし》なのです。その深川高橋、まぎれもない「川向こう」について、今日はお話したいと思います。

「川向こう」という言葉そのものは、ご存じのように、江戸＝東京で江戸城のある「御府内」から見て、隅田川の「向こう側」を指して呼ぶ、一種の蔑称《べっしょう》です。ただ、「拓《ひら》けた」前後関係から言えば、むしろ「川向こう」の方が先行していたとも言えます。徳川家康が江戸に居を定めるに当たって、まず塩の確保が大事だということで、浦安行徳の塩を江戸に運ぶための、当時澪《みお》だった小名木川を開削《かいさく》させたのです。ですから、これからお話しするわが小名木川などは、徳川以後の江戸開発にとって、先端的な役割を果したと言えます。

あたしは、まさにその小名木川に架かっている、高橋という所で生まれました。葛飾北斎が描いた、高橋の橋桁の間から富士を望む絵があります(図1)。小名木川に架《か》かるこの高橋のすぐ右下(東側)に、わが家は三代前からあり、あたしが生まれ育ったのもここです。橋は、その名のように弓なりに反《そ》っていました。今はもう電車は通っていませんが、当時は東京市の市電が走っていて、電車が高橋にさしかかると坂を上るので、ゴオーッという音が高くなるのです。それがよく聞こえたことが、幼時の記憶に刻まれています。

高橋の東南岸、わが家の側には「蒸気場《じょうきば》」と呼ばれていた、焼玉エンジンの「ポンポン蒸気」の発着所があって、毎朝その蒸気場に行徳・浦安から来る魚屋や八百屋のおばさん達が大勢降りるので、賑やかで、よく見に行きました。鷹匠《たかじょう》だの、三味線を持ち鬢《びん》付け油の匂いをさせた姐《あね》さん被りの旅芸人の一団が上陸したことがあるのも、よく憶えています。けれども、何といっても蒸気場の一番の思い出は、店の仕事の合間に父親があたしをおぶって蒸気場に行き、売店で細長い三角形の豆餅を買ってくれたことです。

図1 葛飾北斎 高橋の橋桁

北斎の高橋の絵では、人が上から下を見ていますけれども、あたしも子どもの頃、橋に行って下を通る船を眺めるのが大好きでした。あれは五歳くらい、幼稚園に上がる前でしたが、震災後には橋が鉄の欄干になっていました。その欄干の間から首を出して夢中で下を通る船を見ているうちに、首が挟《はさ》まって欄干から抜けなくなりました。じたばたしていますと、通りがかりの人が見つけて、「ジョウセンのせがれだ」と言います。うちは安永年間に上州から江戸に出て、あたしで九代目ですが、上州屋という屋号で本所と深川で商売をして、上州屋仙之助というのが代々の名前で、略して「上仙」、近所の人も皆うちのことを「上仙」と呼んでいたのです。通りがかりの人が、首が挟まってじたばたしている子どもが「上仙の倅《せがれ》」ということに気付いて、すぐうちに知らせに行ってくれました。それで祖母と姐《ねえ》やがお湯と石けんを持って駆け付け、首を抜いたのです。

なぜそのことをわざわざ言いたいか、当時も勿論いろいろな人が橋を渡ったわけですけれども、上仙のせがれということに気付いてくれた人がいて、すぐうちに知らせてくれたことに、感動するのです。今なら、じたばたしていれば、一一九番でピーポーと救急車が来て抜いてくれて、うちに連れていって、監督不行届ということで散々油を絞るでしょう。けれども、そうならなかったことからも、その頃の高橋のあたりは、東京市内でもまだ、住民の共同体意識のぬくもりのようなものがあった一例として、忘れられないのです。

そのように、「ポンポン蒸気」とも結びついて、あたしの幼時の記憶と切り離せない小名木川も、家康が浦安・行徳の塩を江戸に運ぶために開削させたのですが、現代までその記憶が高橋に生きる人のなかに遺っているさまを、あたしも発起人の一人だったタウン誌『高ばし』に、昭和五十九年から六十二年まで七回連載したインタビュー記事、「高橋に生きる女性」の二人のお話から拾ってみましょう。

その一は、洋菓子店「アップル」の、大正三年生まれのおばあちゃん長谷川寿美さん。昭和九年、はたちの時に、行徳の塩作りの旧家から、小名木川を船でお嫁入りなさいました。「ネギとか前栽《せんざい》ものを商《あきら》う市が夕方立つんですよ。ショバザル（塩場笊）っていう、ひと抱えもある円い目のつんだ笊《ざる》に入れて持ってくるんです。それを女の人が仕入れて、あくる朝船で、浦安に寄って魚や貝を売る人たちを乗せて、高橋へ来るんですね。」「実家は、塩焼町（今は本行徳）にあった塩つくりの家でした。おじいさんは、塩を取るのが上手でしてね、仙台の塩釜の方まで、教えに行ったことがあるんです。」「あたしは塩田を見たことはありません。塩田を持っていた家は、近所に四軒あったらしいですが、みんな処分しちゃってました。同じところから嫁に来た姑が若い頃は、塩を取る水を樽に入れて運んだ話とか、熊手のようなものでならして塩をとった話なんか、よく聞かされました。」「父の代の途中で塩作りをやめて、石炭の問屋を始めたんです。やっぱし小名木川を船で運んだんですね。」

その二は、お話を伺った昭和六十年当時八十八歳、明治三十二年行徳原木《ばらき》生まれの大久保いねさん。「うちは百姓でした。きょうだいは五人、あたしは上から三番目です。うちをまわしちゃよそへ働きに行きました。原木の村は〝しょたれ〟（塩作り）が多かったから仕事があって、百姓が小さくても、食うには不自由なかったんですね。〝しょたれ〟のとこは小僧も二、三人いて、若い衆が大勢いるんですよ。ご飯たきも、子守もいるしね。夏は塩作りで大忙し。百姓も大きくやってるんです。だからうちをまわせば、そういうところへ働きにいくんです。あたしも十四、五の頃、ご飯炊きに行きましたっけよ。」

「行徳一丁目からポッポ蒸気が出るんです。その船に乗るのが楽しみでね。高橋へはちょいちょい来ました。叔父が財部《さいべ》塩工場で働いてましたからね。塩工場の仕事に、原木の人が大勢来てました。」夫となった仁三郎さんも、はじめ小さな舟で塩を運んでいたが、行徳へ養子に行き、ポンポン蒸気の運転手になって、叔父・叔母が塩工場で懇意にしていた縁で結ばれ、十人の子持ちに。年の離れていた仁三郎さんとは早く死に別れ、三月十日の東京大空襲で幼い子を二人なくされましたが、立派に成長されたお子さま方に支えられ、お話を伺った当時孫一三人、曾孫五人の子福者で、医師をしているお孫さんの車で、行徳の仁三郎さんのお墓参りにも行くという、幸せな老後を迎えておられました。

あたしが生まれた頃にはありませんでしたけれども、小名木川に沿って五本松というものがあったらしく、歌川広重が「名所江戸百景」の秋の部で「小奈来川五本松」として描いています（図2）。

図2　歌川広重　名所江戸百景
小奈来川五本松

小名木川というのは、徳川時代に上総に河口を移した利根川下流とも連結する、水上交通の一つの幹川《かんせん》でした。さらに、隅田川を溯って川越に江戸時代初期の川越藩主松平信綱が開削させた新河岸川に至る舟運でも、重要な役割を果たし続けました（図3）。この徳川時代の小名木川を中心とした、下総利根川水系から川越の新河岸に至る水運は、奇《く》しくも川田家の血に刻み込まれたものでもあります。

徳川時代最初期の天和《てんな》年間に書かれた、信憑性の高い『加沢記』に拠りますと、川田家の先祖は、現在の群馬県沼田市川田町に史蹟として遺《のこ》る、川田城の城主だったそうですが、天正七（一五七九）年に小田原北条氏、翌年に真田昌幸に攻められて落城、城主の川田四郎光清は仏門に入り、娘の円珠《えんじゅ》を開基として、沼田市下川田町に現存する、私も度々お詣りしている浄土宗遷流《せんりゅう》寺が生まれたそうです。

その川田一族の末裔《まつえい》久兵衛が、安永二（一七七三）年に上州から江戸本所に出て来て、上州屋という屋号で米屋を始め、四代前からは深川に住み、三代前からは小名木川の川っぷちに倉庫を建てて、住居も倉庫に入れ子になったような家になり、あたしも小名木川のほとりの深川高橋で生れ、八つの時までそこで育ったことは、すでにお話しした通りです。

長子が男でない場合、惣領娘に婿を取る習わしだった上仙（四代前の幕末に、御家人株を買って名字帯刀を許されて川田を名乗る前は、上州屋は初代以来、「仙」の付く名を名乗り続けました）では、働き者で八十歳まで生きた四代目の喜兵衛は、利根川から小名木川へ江戸時代に開削《かいさく》された運河沿いの村七次《ななつぎ》から婿養子に来ましたし、六代目の仙之助を名乗った、酒飲みで胃潰瘍を患った、私にとっての曾祖父も、下総の鎌ケ谷から養子に来た人です。

この六代目仙之助の後妻壽ゑ《すえ》が、新河岸川の肥料問屋から嫁いで来た縁で、七代目仙之助の妻、私の祖母も、新河岸川の肥料問屋から船で、浜町の今村家を中宿《ちゅうやど》にして、小名木川岸の川田家に嫁入りしました。隅田川の上流の川越と舟運で結ばれていたのです。ちなみに、川田家と遠い縁続き

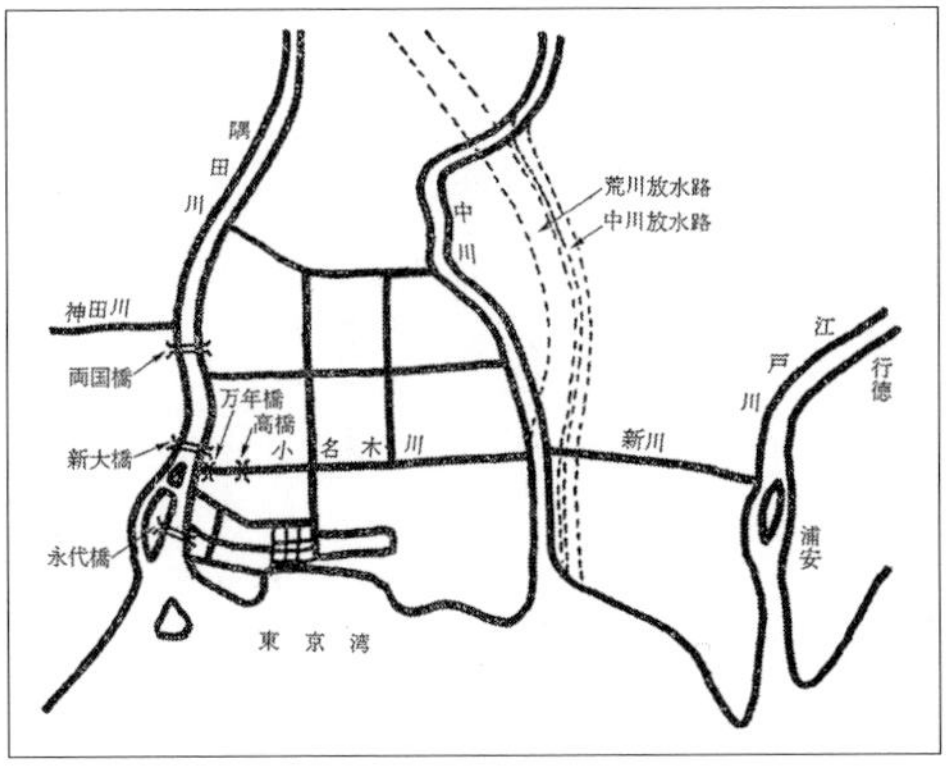

図3　幹川としての小名木川

だった、落語速記の創始者として有名な今村次郎氏の家は、噺家だけでなく、宮尾しげを画伯など、当時の下町文化人の溜まり場でした。

このように、小名木川を中心に下総から川越までを結ぶ水系は、モノとヒトを交流させる上で、江戸時代から昭和まで重要な役割を果たし続けました。しかし、その輸送手段として掛け替えのない役割を果たしたのが、大抵は檜竿《ひのきざお》を船頭が胸で押しながら船べりを歩いて運航させた、ずんぐりした風貌と自力で動けないところから通称「達磨船《だるません》」と呼ばれた大伝馬船《おおてんません》でした。達磨船は、一九六四年のトーキョー・オリンピックで「外人に見られたらみっともない」という、許し難い理由で姿を消させられました。

達磨船が隅田川を通じて川越に向かい新河岸川へ肥料として運ぶ荷には、直《じか》に積んだ下肥《しもごえ》や腸樽《わただる》（これも大抵は直でした）もあったので、これが小名木川に面したわが家の前を、ゆっくりと竿で押して通るときは、座敷の中まで猛烈な臭気が押し寄せ、大急ぎで障子を閉めたのを、子供心によく憶えています。腸樽も肥料として川越まで隅田川を通じて運びます。これも直に積んであって、相当な匂いなのです。ですからあたしの幼時の記憶は、水と匂いの記憶です。

江戸でも、本所＝深川は、将軍お膝元の日本橋、神田などの人たちからは、「川向こう」とさげすまれていましたが、驚いたことにこの言葉は、いま放送禁止（自粛）用語になっているのですね。「忠臣蔵」で有名な吉良上野介が、問題の発端になった「松の廊下」の一件のあと、切腹させられた浅野家の家臣たちが企てる虞《おそれ》のある復讐への配慮から、幕府によって「川向こう」の本所に転居させられたことにも、公《おおやけ》の場での、当時の差別意識が仄《ほの》見えます。今日のお話は、まさにその差別を取り上げて、「川向こう」が産みだした文化の、豊かさ、独自性についてお話するのが眼目です。

この「川向こう」が、江戸文化に果たした役割として先ず挙げなければならないのは、葛飾北斎で特に有名な、いわゆる深川の「割下水《わりげすい》」です。俳人小林一茶も、ある時期ここの住人で、「鶯が　呑むぞ浴びるぞ　割下水」「葛飾や　月さす家は　下水端」「朝顔や　下水の泥も　朝のさま」などの句を遺しています。

よく知られているように、北斎は割下水の一軒を借り、三女の出戻り娘で、彼女自身も優れた絵師だった応為《おうい》を助手に、文字通り寝食を忘れて制作に没頭しました。部屋が紙屑で一杯になると、片付ける手間も惜しんで、散らかしたまま同じ割下水長屋の別の一軒を借りて移ったそうで、気が付いたら前に借りていた、紙屑だらけの部屋だったなどという逸話もあるくらいです。

この割下水は、北斎であまりに有名になったので、歌川國芳など当時の前衛絵師もある時期住んだようですし、幕末から明治初期にかけては、近辺の亀沢町の辺りに、噺家の三遊亭圓朝、歌舞伎作者の河竹默阿弥なども、居を構えていたと言われますが、特定できません。いずれにせよ「川向こう」のこの一劃には、豊かな創造力が漲っていたと思われます。

わが上仙の先祖も、七次から婿養子に来た、働き者で過去帳によると八十歳の長寿を保った四代目の時に店を本所からこの割下水のすぐ南にあたる今の森下町に移し、商いも拡張したようです。これを引き継いだ文政十年生まれの五代目川田仙蔵は、金で御家人の株を買って苗字帯刀を許された幕末の時流にあやかり、チョンマゲ姿で刀を差し、写真館のはしりだった浅草の江崎写真館で撮った記念写真を遺しています（図4）。

この五代目は米屋の商売が嫌いで、傍《かたわ》ら道楽で絵双紙屋も始めたそうです。割下水のすぐ南側のことで、当時の絵草紙の最先端に触れながらの商いであり、母の記憶では、震災で焼ける前にはわが家に売れ残りの絵草紙が沢山あったそうです。もちろん、玉石混交で、石の方が多かったに違いありません。

最近、東京スカイツリーが建設された際に、注目を集めた絵があります。歌川國芳が描いた「東都三つ股の圖」です（図5）。左手の遠景に描かれている東京スカイツリーのような塔、その左脇の黒い塔、さらに右手の遠景にも、高い鉄塔のようなものが林立しています。

隅田川を横断する大きな橋は永代橋、対岸に見える小さな橋は、当時はあった上之橋、中之橋、下之橋、謎の塔の横にあるもう一つの塔は火の見櫓です。この火の見櫓については記録があります。そして、永代橋の向こう側に見える謎の物体が、船舶の要所として名高い石川島です。船の帆柱がたくさん立っている様にみえます。これらの結果を、地図の上にまとめると、図6のようになります。

それでは、このスカイツリーと思しき塔は何でしょう。様々な文献や、この周辺を書いた浮世絵、地図等を探しても、それらしきが見当たりません。この塔は常設の建築物でなく、一時的に立てられたものではないかという推測があり、現在、最も有力なのは、井戸を掘るための櫓《やぐら》ではないかという説です。くしくも国芳本人が井戸掘り櫓を描いています。ただその

図4　五代目川田仙蔵

図5　歌川國芳　東都三つ股の圖

絵は、子どもの遊びの櫓の絵です。火の見櫓のサイズは三丈二尺（一〇メートル）と決められており、謎の塔はその二倍半くらいあるので、二五メートルです。遠近法でもっと遠くにあるならそれ以上の高さになります。井戸掘り櫓の高さは、掘る井戸の深さに比例するそうですから、東京湾近辺でそんな深く掘っても、海水が出るだけです。あたしの意見では、これは天才國芳のイマジネーションの産物だと思います。この絵の構図から、ここに高くそびえる鉄塔を描きたかったのだと思うのです。

はじめに申しましたように、フランスと日本とアフリカを比較するのが、あたしの研究の基本です。そこで、ここでは川での船の運航を比較してみたいと思います。アフリカの事例は、残念ですが話が長くなるので割愛します。

明治維新後、焼き玉エンジンが導入されて、いわゆる「ポンポン蒸気」船がわが小名木川でも高橋と行徳を結んで運行されるようになるまで、江戸で川船の運行は、もっぱら櫓や櫂の丸太を根の方を下にして使った竿に頼っていました。これとは対照的に、フランスでは最初期の小型船では櫓が用いられており、十七～十八世紀の絶対王政以来盛んになった内陸運河の開削事業と並行して、運河沿いの岸から初め人力、次第に畜力ついで機

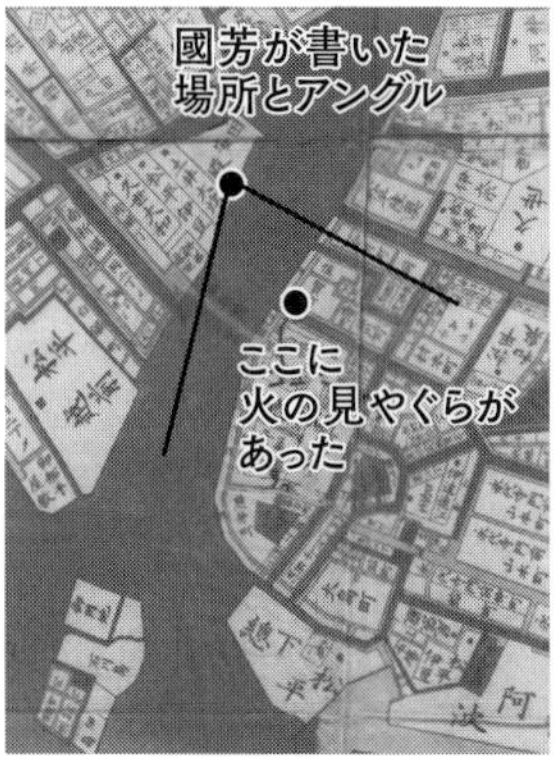

図6　國芳の書いた場所

械力を用いた曳き船の技術が発達しました（図7）。櫓は、ヴェネチアの観光客向けゴンドラでは今も用いられています。

　フランスの川の交通については、図にあるように、フランスでは曳《ひ》き船といって馬に曳かせます。あたしはこれを実際に初めて見た時にびっくりしました。とにかく岸から曳かせれば斜めになるため、絶えず船を岸から遠ざけるようにしなければなりません。そして、曳く動物、牛や馬を船の上で養わなければならないのです。そのために、船には夜間、驢馬、牛、馬などの牽引獣を収容する設備が必要でしたし、水門での牽引獣の付け替えなどの手間がかかりました。しかし、畜力のおかげで、

図7　フランスの曳き船の技術

大型船による、後には国境を越えて開削された運河網の活用も可能になったのです。パリの東北の近郊にも、まだ曳き船道“chemin de halage”の跡が、その名と共に遺っています（図8）。このように、大変な労力を払っても大きな船を陸上から曳かせるという考え方を、私は感慨深く思いました。

パリをはじめとしてヨーロッパの運河も、国際的にいろいろな国の旗が立っています。しかも、セーヌ川からベルギーとかドイツ方面にも行けます。

そして、図9のように、馬や牛に曳かせる方法から、徐々にレールを敷いて鉄道の車で船を曳かせるようになったところもありました。

図8　パリ近郊の曳き船道

図9　鉄道で舟を曳く

十六世紀末頃から、水門、橋など地上の定点から鎖で船を曳く技術がヨーロッパで実用化され、十八世紀頃からは、川底に敷設した鎖を巻きとって進む随分手の込んだ方式も、いくつかの川で行われました。この方法は英語ではkedging、フランス語ではhalage, touageと言われます。写真は、セーヌ川のサン・ドニ島近辺で、川底に敷設された鎖を巻きとりながら後ろに繋いだ船を曳いている状景です（図10）。こうした方法によって、人力を省き、大型の船の運航ができるわけです

船の上で暮らす人の生活についても、小名木川で、うちの前に停泊している船を見て色々なことを学びました。日本の船では、船で暮らすのは本当に大変で、二畳半程度の狭い場所で、「セジ」というのです。そのセジ暮らしというのは、そこに親子や性の違う子どもなどがみんな雑魚寝するわけですから、色々な問題がありました。東京では、深川の水上生活者の学校の事例を調べました。

フランスではどうなっているかということを、パリ郊外のコンフラン・サントノリーヌという所にある船のたまり場で聞き取り調査をしました。その結果、フランスの場合は、船全体が大きく、全体に生活空間もゆったり取れていることを知りました。もう一つの問題は学校です。これもフランスではコンフラン・サントノリーヌに、船で暮らす人のための学校があ

図10　川底に鎖を敷設して舟を曳く

図11～12　明暦の大火以前の御府内

ることを知りました。

「川向こう」を考える上で、一六五七（明暦三）年の「明暦の大火」は、非常に大きな意味を持っています。明暦の大火の後に、木場なども全部、「川向こう」へ移りました。図11、12は明暦の大火以前の御府内を描いた屏風絵です。屏風絵は佐倉の歴史民俗博物館にあり、描き写しました。屏風絵にあるような、城を中心に大名屋敷や掘割が巡る町人地などからなるこれだけの立派な都市空間が、明暦の大火で全部丸焼けになってしまうのです。この大火以後、中心部に集まっていた都市の様々な活動が川向こうに移ります。

深川は人工の埋立地で、江戸中期に洲崎は波除けの防波堤として整備されました。「深川洲崎十万坪」と題する広重の版画は、筑波山を背景に、鷲と同じ視点で埋立地を鳥瞰しています（図13）。鷲の目線下に浮かぶのは棺桶で、度々の水害による死者への弔意が籠められているのかもしれません。そして、手前に広がるのは海です。

深川洲崎がどうして名所であったのかと言うと、洲崎弁天（現州崎神社）が有名であることと、洲崎から見える景色が素晴らしかったからなのです。そもそも弁天は水神として水辺に祭られることが多く、ここ猟師町の深川

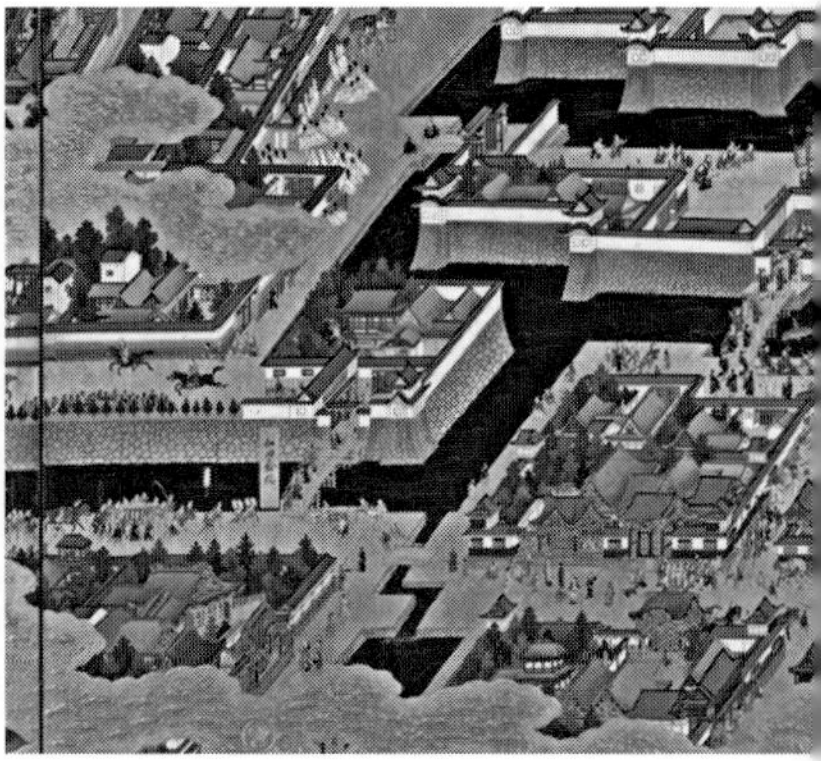

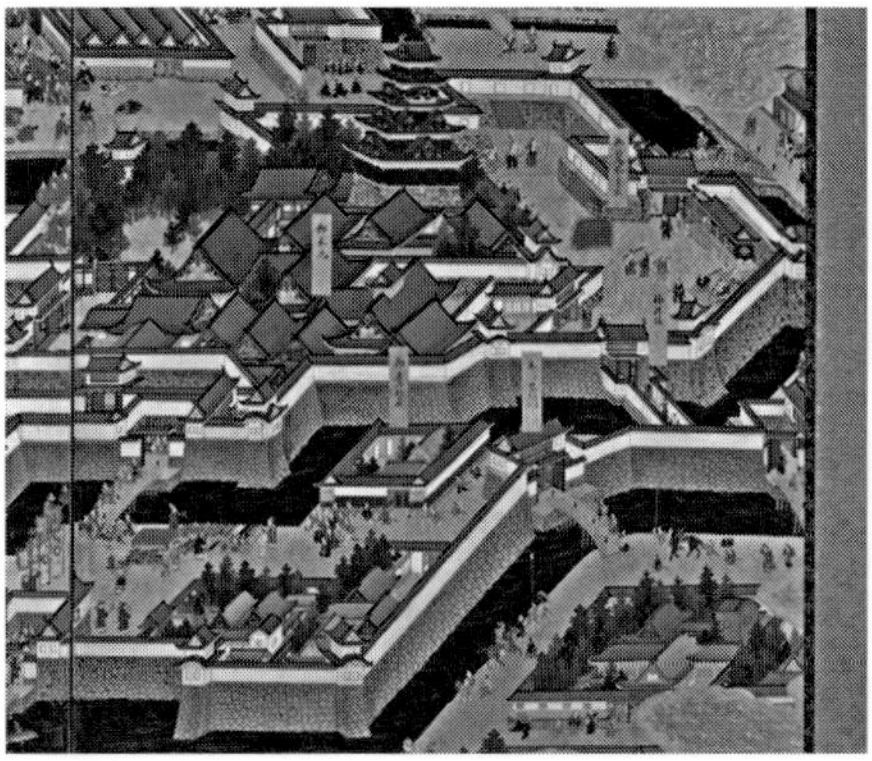

でも元禄の創建時より海難除けとして深く信仰され、茶屋なども並びたいそう賑わいました。洲崎に伊勢屋という蕎麦屋があり、ざるそばの発祥地であることは、そば好きにはよく知られています。

このあたりから見える景色は、房総半島から三浦半島にかけて江戸湾全景をまさに抱きかかえるように望める絶景で、また東から大変美しい朝日が拝めるということで評判であったとされています。現在の地名の東陽町とは、これに因んでつけられたのかも知れません。

深川洲崎を描くのなら、前述した二点を主題にしてもよさそうに思われます。しかし、この一〇七景は、敢えて「深川洲崎十万坪」というタイトルで、筑波山を背景に鷲と同じ視点で内陸側（埋立て地側）を鳥瞰しています。手前は海なので、洲崎弁天の鳥居くらい描いてもよさそうに思われるものの、手がかりになるものは全くありません。手左中央付近に細い棒状のものが何本も立っています。これらの棒状の物体は木場の材木でしょうか。広重がこの絵を描いた約六五年前に、洲崎一帯を大津波が襲い、州崎弁天はもちろん、沿岸の三百数十軒の人家を呑み込み多数の死者を出す惨事が発生しています。いずれにしても、いかにも荒涼として寒々しい絵です。

「江戸名所百景」には、洲崎という名所が二箇所描かれています。一つ

図13　歌川広重　名所江戸百景
深川洲崎十万坪

は品川洲崎で、もう一つがこの深川洲崎です。この二つの洲崎は、地名からもわかるように、洲が帯状に伸びた岬であり、先端に弁天が奉られているという点で共通しています。品川州崎が、目黒川の河口に形成された自然の地形であるのに対し、深川はそもそも埋立地です。しかし、深川の州崎がどういう経緯で形成されたのかはわかりません。そして、先に述べましたように、江戸中期以降、深川洲崎そのものが波除の防波堤として整備されることになります。

次に見るのは、後の広重が描く川向こうの様子です。この頃になると、川向こうはそれなりに随分開発されており、野菜や金魚などを育てていました。広重が描いたような荒涼とした土地ということで思い出されるのは映画監督の小津安二郎です。小津もこの辺で生まれており、初期のサイレント映画に、この辺の子どもの生活を描いたものなどもあり、ここはここなりの荒涼とした川向こうの一つの文化を育てたわけです。

図14はかなり誇張されていると思われるものの、正面に見えるのは、広重が描いた深川八幡の富士塚、人造の富士山です。富士塚には、上る道が付いています。しかし山開きの日以外、普段は登ってはいけないのです。

この山開きの日に麦わらで作った蛇を頂いてきて、それを水道などにか

図14　歌川広重　名所江戸百景　深川八まん山ひらき

図15　深川八幡の富士塚

図16　戦災後再建された富士塚

図17　富士塚の五合目

けておくと、水の難、水に当たらないということで、あたしのうちでもそれをもらってきて、麦わらの蛇を台所の水道にかけたのを覚えています。深川八幡の富士塚は、関東大震災までこれに比肩できるくらい随分大きく、高さは一〇メートルくらいありました。しかし、震災で崩れてからずっと小さくなり、今では本当に小さなものになってしまいました（図15）。それでも、深川八幡の裏にまだあります。最近の雑誌『東京人』の富士塚の特集に、今の八幡様の富士塚の写真も載せていますので、関心のある方はご覧ください。昔は、広重の絵に描かれるくらい、こんなに大きなものがあったわけです。

参考までに浅草の富士塚を紹介しておきます。徳川時代には、江戸で一番富士山が良く見えると言われていた、浅草寺裏、現浅草五丁目の浅間神社に、戦災後再建された富士塚があります。頂上に宮があります。しかし、今では富士頂上裏に接近してビルが建ち、神社の木の影が、ビルの白い壁に映っていることからも分かるように、富士山を眺めるどころではありません（図16）。富士塚のお定まりで、五合目から登ります。ただし、途中何合目と記されていても、階段と対応しているわけではありません（図17）。

木場、つまり材木の置き場について、あたしが面白いと思うのは、材木の置き場は昔は日本橋の方にあったものを、「桶町火事」（一六四一［寛永十八］年）によって幕府は「川向こう」の永代島（現佐賀町付近）に移し、明暦の大火後の一六九九（元禄十二）年には、さらに猿江に移転させたという事実です。しかし、一七〇一（元禄十四）年に一五人といわれる猿江木置場の業者はその地を返上し、代地として今の旧木場町あたりの土地約九万坪の払い下げを受け、自力で造成を行いました。完成は延享年間（一七四四〜四六年）といわれています。爾来「木場」として定着し、美邸が多く、七代目團十郎も屋敷を構えました。広重が安政年間（一八五六〜五八年）の『名所江戸百景』に描いたのも、この木場です（図18）。

そして明暦の大火以後の江戸の材木の調達で、とにかく一躍成金になった紀伊国屋文左衛門と奈良茂と呼ばれている奈良屋茂平の頃は、この絵に描かれているようなものではなく、本当にもっと殺風景な所でした。しかし、今度は徳川時代の後半になってから、材木屋がみんなそれぞれ掘り割りを持って、そして大変立派な屋敷を造って材木置き場を造るようになりました。その頃から、今度は木場というのが美しくなり、七代目市川團十郎の屋敷もできるような、その後の木場文化というのができたわけです。

もう一つ面白いのは、初めに木場ができた頃も、川向こうの下の南側のほうは、江戸のごみ捨て場になっており、ごみでできていたということです。初めの頃は、みんな江戸の町で、小名木川や隅田川にぼんぼんごみを捨てていたわけです。しかし、徳川幕府が禁止をし、業者がごみをまとめて船に積んで、今の佐賀町の辺りにみんな持ってきて、運び込まれたごみで大体土地ができたのです。ですから、その後の夢の島の走りのようなことを、明暦の大火以後の徳川幕府は行ったのです。

「粋」の典型だった江戸＝東京の川並に対して、パリ、セーヌ川に山からはるばる大きな束にして流されてくる木材を、セーヌの中之島河岸で、小分けして洗って水揚げする仕事は、十九世紀のフランスの風刺画家ドーミエが版画で描いているように、最も汚い仕事とされていました(図19)。河岸で木を荷揚げして、版画に描かれているように、荷馬車に積んで方々に行くわけです。

日本の木場というのは、独自の木場文化というものを発達させました。漫談家の柳家三亀松なども木場の材木商の出身です。あたしも木場の人

図18　広重「名所江戸百景」

図19　セーヌ川での木材の荷揚げ

のところには随分インタビューに行きました。みんな洒脱な人たちで、それと彫り物がすごいのです。富岡八幡宮は、まさに埋め立て地にできたわけです。そして、新しく色街ができて、みこしも担ぎます。どういうわけか行徳、浦安にみこし造りの老舗がたくさんあり、深川の大きなみこしも浦安であつらえています。この地元ではお祭りが大好きで、関東大震災で焼けてしまった後、また浦安で立派なおみこしを新調しています。浦安のみこしを八幡様の氏子はみんな担ぎます。その時、裸で担いで、沿道から女性が水をぶっかけるのです。木場の人たちは、その時見せるために彫り物がすごいのです。全身に彫り物をしておみこしを担いだり、色街の女性と付き合うために、いろいろ小唄なども習っており、柳家三亀松のような人は、私がお話を伺った中にも何人もいました。

近年地盤沈下や道路の渋滞で機能が低下し、貯木場は東京湾岸の埋立地の新木場へ移転し、材木商や製材所の多くも新木場に移りました。かつて堀に浮かべた材木を鳶口で扱う作業から生まれた「角乗り」も、いまでは「伝統芸能」として観光客に見せる「曲芸」になっています。図20は、町火消しの鳶より格式が高く、江戸前の「いなせ」の典型だった「川並」の長老小安四郎さんです。草履の履き方からして違う小安さんも、今では

図20 「川並」の長老・小安四郎さん

故人です。

このように、独特の色っぽい文化を発達させた、あたしの生まれ故郷「川向こう」の、江戸＝東京下町文化を、あたしは密着して調べ、描こうとして来ました。一昔前の平成四（一九九二）年、雑誌『東京人』四月号が「深川女は生きている」という特集を組んだとき、あたしはこの古い歴史をもつ、東京で最初の歩行者天国を作った「夜店通り」の人たちにインタビューをして、特に三人の女性のことを書きました。

まず、最初の女性は代々の肉屋で、おじいさんが車にはねられて亡くなってしまい、そのあとを引き継いで、心のこもった独特のお弁当作りを始め、一時期ものすごくはやったんです。ところが近くのコンビニで色々な種類の弁当を安く売るのに負けて、結局廃業に追い込まれました。

日花和子さんという女性は活発多才な人で、注文制作販売の高級ブティックを経営する傍ら、お店で近所のおばさんたちを集めてフラメンコの指導もしていました。書も、絵も、なかなかの腕前です。この人は、ピカソのゲルニカの原寸大の複製を板に描き、商店街のアーケードの上に掲げているのです。

深川は落語の好きな田河水泡さんが生まれた所で、この少し先の森下文化センターには、資料が素晴らしく揃った田河水泡コーナーがあります。『サザエさん』で有名な長谷川町子さんは、田河水泡の愛弟子《まなでし》（一時期内弟子）でした。地域の人たちはこの「夜店通り」として歴史を誇る通りを、水泡にちなんで、「のらくろーど」と名付けています。この「のらくろーど」に、『ゲルニカ』の複製がでかでかと掲げられているのです。商店街で『ゲルニカ』の複製が見られるのは、わが高橋だけではないでしょうか。

そして、三人目の女性は、美人で、テニスとスキーが得意なスポーツ万能の、化粧品店「ふじや」の看板娘でした。この人が結婚してよそに行ってしまうとお店ができなくなるというので、お母さんが手放したがらなかったのですが、幸い化粧品と関係のない勤め人で、高校時代からの知り合いでスキー好きの男性と結婚して、今は健康美に輝くお子さんが二人います。

お配りしたタウン誌『高ばし』に掲載された「地図で見る商店街の変遷」についても、私は商店街を一軒一軒全部訪ねて歩いて、関東大震災前と昭和初期から戦前までと、それから戦後から現在の三つの時期に分けて検討しました。

関東大震災は部分的な災害ですから、みんな元に戻ったのは当然でした。しかし、一九四五（昭和二十）年三月十日の東京大空襲の時は、本当に日本全体がこの先どうなるか分からなかったと思われたのに、皆さん元に戻って来ているんです。地域への愛着に、持続性があるんですね。

三角測量と同時に、生まれ故郷「川向こう」に密着した、あたしの高橋との付き合いのお話を終わらせていただきます。ご清聴ありがとうございました。

セッションⅠ　江戸東京のモデルニテの姿——自然・身体・文化

江戸東京のモデルニテの姿——自然・身体・文化

安孫子信

一、「近代」と「モデルニテ」

日本が、そして江戸東京がまさにそうであるように、歴史的伝統と近代性を兼備するヨーロッパの二国、イタリアとフランスの、さらにその兼備を誇る二都市、ヴェネチアとパリからお招きしたお二人に、この第一セッションではお話をしていただく。お一人はローザ・カーロリ先生（歴史学、フォスカリ大学）、もうお一人はチエリー・オケ先生（哲学、ナンテール大学）である。お二人の話に先立って、ひとこと、このセッションの狙いについて私から説明を行いたい。

このセッションがタイトルとして掲げるのは、「江戸東京のモデルニテの姿——自然・身体・文化」である。ここでの「モデルニテ」は翻訳をすれば、おそらく、「近代」あるいは「近代性」となるであろう。そして、実際に「近代」という語は、本シンポジウムのタイトル（「新・江戸東京研究——近代を相対化する都市の未来」）に登場しているし、午前中の槇文彦氏と川田順造氏お二人のご講演中にも、あるいは冒頭の陣内秀信所長の挨拶中でも、何度か使われていた。ただ、このセッションでは訳さずに敢えてフランス語の原語「モデルニテ」を維持したいと思う。なぜなら、「近代」という語が、たとえば十八世紀、フランスの啓蒙思想家コンドルセ（一七四三―一七九四年）の『人間精神進歩の史的展望の素描』が端的に示すように、科学をモデルに、古代から中世を経て近代へという、進歩の意味をおのずから含むのに対して、「モデルニテ」は、十九世紀のフランスの詩人ボードレール（一八二一―一八六七年）が、彼の評論集『現代生活の画家』の中でまず用いたもので、芸術をモデルに、「一時的なものから永遠なものを抽出すること」（「四、現代性」）と定義される運動のことである。それは、進歩の意味を必ずしも含まないのである。「昔の画家一人一人にとって、一個ずつの「モデルニテ」があったのだ」（「四、現代性」）とボードレールは喝破している。こうして、「江戸東京のモデルニテ」は、明治維新を契機に江戸から東京へと改名したこの都市が、西洋近代の偶発的な移入にさらされながら、その外来の「一時的なもの」から、なんらかの「永遠なもの」を紡ぎ出そうともがく、その過程そのものを指すことになる。そして、この紡ぎだし作業の成果の最たるものが芸術作品となるのであるが、ボードレールはその作業の表れをより控えめに、「どの時代もそれぞれ独特の立ち居振る舞い、眼差し、身振りをもっていた」と表現している（「四、現代性」）。つまり、「モデルニテ」は多くの場合、芸術作品に至るとして、そこで鍵を握っているのは、自然と文化の間に立ち、両者を媒介する身体なのである。こうして、この第一セッションのタイトルは副題として「自然・身体・文化」の三語を有することになっている。

二、「江戸東京のモデルニテ」の検討

さて、あらためて、明治以降の日本の近代化において、江戸東京はあらゆる面で、その動きの中心であったと言えよう。東京は自身が、西洋近代を広く受け容れ、しかもその受け容れに成功していった。東京は当時から今日に至るまで一貫して、日本で随一の、そして世界に屈指の、近代的大都市なのである。とはいえ、その受容は西洋近代のただの鵜呑み、丸呑みではなかった。その受容に際しては、東京の側からの何らかの工夫があったし、さらに場合によっては何らかの抵抗もあったのである。近代の科学技術の同じ利便を提供しつつ、東京が全体として見れば、たとえばパリとは大いに異なるということもこうして説明される。今日に至るまでの西洋との接触の中で、西洋近代は、比較的従順にではあっても、恐らくはかなり独特な仕方で、この都市には受け容れられていったのであり、この独特の受容こそが、「江戸東京のモデルニテ」を形成している。第一セッションでは、その「江戸東京のモデルニテ」を、外からの目ということで、ヨーロッパからのお二人に詳しく語っていただくことになる。

第一の提題者であるイタリア、ヴェネチア大学のローザ・カーロリ先生は、日本の近現代史がご専門で、とくに沖縄研究で重要なお仕事をしてこられた。近年は、周縁であるこの沖縄だけでなく、中心である東京にも関心を寄せ、考察を重ねておられる。カーロリ先生にはそのようなお仕事の成果の一部をご紹介いただく。続く第二の提題者であるフランス、パリ・ナンテール大学のチエリー・オケ先生は、哲学者で西洋の哲学、特に科学の哲学、その中でも特に生物学の哲学がご専門で、例えばダーウィンの進化論について重要なお仕事をなさっている。ただオケ先生は、そこから生物である人間と文化との関係ということで、ロボットやサイボーグがもたらす

哲学的問題にも関心を寄せ、その中で、独特のロボット観、サイボーグ観を有す日本人の生命観や身体観に親しむようになり、そこからさらに、東京という都市や日本の建築についても発言をされるまでに至っている。オケ先生にはこのような蓄積の一部を披露していただく。お二人の今回の発表のキーワードは、「自然・身体・文化」となるが、とくに、自然と文化の間に立つ人間の「身体」を起点にして東京が語られていく。期せずして、お二人の東京論は「歩く」ということから始まっている。カーロリ先生においては、東京の空間を「歩く」ということが、東京の歴史の深部へ降りていくことへとつながっていき、他方、オケ先生においては、東京の空間を「歩く」ということが、東京の文化に存する各種の亀裂を徐々に暴くということにつながっていく。こうして「歩く」ことから始まって、「江戸東京のモデルニテ」がお二人によって二様に示されていくのである。

以上、この第一セッションの議論の枠組みをご紹介した。この導入の残りの部分では、話題を遡らせて、そもそもなぜ「江戸東京のモデルニテ」が問題になるのか、その理由を簡単に振り返ってみたい。

三、「江戸東京のモデルニテ」と持続可能性の問題——ベルクソン、パスカル、ランボー

まず、この江戸東京研究は、法政大学の、大学としてのミッションの中に位置付くものであることを指摘したい。すなわち、本学が社会に公表している三つのミッションの三番目に、「本学の使命は、激動する二十一世紀の多様な課題を解決し、持続可能な地球社会の構築に貢献することである」とある。つまり、持続可能性《サステナビリティ》の問題に、教育と研究の両面で取り組むことを法政大学は使命とするのである。そして、この江戸東京研究というのも、

江戸東京というのが日本の歴史の中で、したたかに都市として生き続けてきているということ、つまり持続してきているということに、今日の持続可能性の問題解決のヒントが見いだされるのではないかということから、考えられてきている。江戸東京を一つのケースとして扱い、サステナビリティの問題へのヒントを見出していきたいということが、江戸東京研究の一つの動機となっている。

さてそうだとして、そのミッションに照らしたとき、「江戸東京のモデルニテ」を考えていくこの第一セッションの意義はどう説明されるのか。持続可能性の問題は、今日では地球規模で問われているが、西洋においては、とりわけ十九世紀の後半から二十世紀の初めにかけての戦争の体験を通じて、すでに問われ始めていたのである。すなわち、この時期、科学・技術においても、学問・芸術・文化においても、ヨーロッパの近代は文明の一つの高みに到達していたのであるが、まさにその刹那に、ヨーロッパは巨大な二回の戦争、第一次大戦と第二次大戦の惨禍に見舞われることになる。特に第一次大戦の破壊と殺戮は、それまで、ベル・エポックの平和と繁栄を享受していたヨーロッパにとって、予想もしえない事態であって、出来事の重大さゆえに、多くの思想家、文学者、芸術家たちに、文明の行く末についての深刻な問題を突きつけることとなった。特に「近代」を置いた場合の文明の持続可能性の問題が、根本的に問われることになったのである。「近代」は文明を持続発展させるのか、それとも破壊するのか。

その例の一つとして、フランス十九世紀後半の哲学者ベルクソン（一八五九―一九四一年）の場合を取り上げてみたい（写真1）。ベルクソンは、第一次大戦の惨禍を見、第二次大戦がまだ熾烈に戦われている中で亡くなっているが、晩年一九三二年の最後の主著を、次の問いで閉じている。「人類は今自らの成し遂げた進歩の重圧に半ば打ちひしがれて呻いている。しかも、人類の将来が一にかかって人類自身にあるということが十分に自覚されていない。まず、今後とも生き続ける意思があるのかどうか、それを確かめる責任は人類にある」(『道徳と宗教の二源泉』第四章)。ベルクソンは「創造」といった言葉で比較的楽観的な生の哲学を展開した哲学者であるが、この最後の主著では、「進歩」について、つまり「近代」について、持続可能性との関わりで(「生き続ける意思」と言われている)、深刻で悲観的なトーンで、人類に向けて、問いを発せざるをえなかったのである。

「近代」、そしてそれがもたらしているかに見える「進歩」は、「持続可能性」に開かれたものなのかどうか。長い間、多くの人々はつながると見てきたのであろう。しかし、「近代」とその「進歩」の実態がさまざまに明るみに出されてきて、つながりは疑問に付されることになった。今日の持続可能性の問題提起もその延長線上にある。ただこの問題は、足もとのヨーロッパでは、例外的とは言え、実は近代の初めにすでに問いとして出され、それに答えも与えられていたことが知られる。この問題の最初期の提起者として、パスカルを取り上げたい。

天才科学者であり、不朽の『パンセ』を遺したパスカル(一六二三―一六六二年)は十七世紀の人間である(写真2)。「近代」そして「進歩」の大きな枠組みを作り上げ、それを高らかに宣言し、その輝かしい行く末について語ったデカルト(一五九六―一六五〇年)とは、ほんの一世代の年齢

写真1　アンリ・ベルクソン

写真2　ブレーズ・パスカル

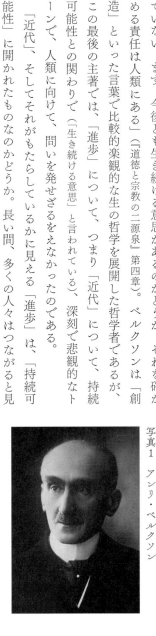

差を有するだけである。こうして、「近代」というのが力強く叫ばれたまさにその時に、デカルトのすぐ傍らで、パスカルは次のような言葉をただちに吐くことになる。「全て進歩によって改善されるものは、全て進歩によって滅びる」（『パンセ』ブランシュヴィック版、八八）。パスカルは、「近代」、そして「進歩」という枠組みは持続可能性に開かれてはおらず、それどころかその枠組みは持続を不可能にする、それはむしろ人類に滅びを用意している（「滅びる」）、と見なしたわけである。パスカルは生まれたばかりの「近代」を即座に断罪して見せたのである。

　ヨーロッパの精神史を見れば、パスカルのような先見性はむしろまれであり、「近代」を楽観的に「進歩」、すなわち積極的な持続可能性と結びつけ、そこに疑いをはさまないというのがむしろ通例であった。そのような楽観的態度は、持続可能性の問題のはるか手前にとどまる態度として、ここでは取り上げないとして、この問題を引き受けつつ、にもかかわらず、「近代」と持続可能性とのつながりをなおも肯定的に考えようとした、パスカルと袂を分かつ別様の例として、十九世紀フランスの詩人アルチュール・ランボー（一八五四―一八九一）の場合を取り上げたい（写真3）。ランボーはベルクソンとほぼ同じ時代を生きた天才詩人であり、ベルクソンと同じく文明の問題を全身に受け止めつつ、次の詩句を残している。詩集

写真3　アルチュール・ランボー

『地獄の季節』の最後の詩「別れ」の一節で、小林秀雄の訳から引けば、「断じて近代人じゃなければならない」というのがそれである。拙訳でもう少し直訳してみれば、「絶対に近代的でなければならない」となる。「進歩」といった意味での持続可能性がここで安易に信じられているとはとても言えないが、「近代」を引き受けるしかなく、良くも悪くも、「近代」とともに進んでいくしかないという、ある意味で背水の陣の、決意の表明を読み取ることができる。この決意は、この詩中では、詩人がここで筆を折って、詩から離れていくという決意とも重ね合わされている。そのように、悲劇的なニュアンスに伴われたものであるが、ここに、「近代」の持続可能性に対する、一つの肯定を、われわれは読み取ることができる。

こうしてベルクソンの「近代」の持続可能性をめぐる問題提起は、むしろその問題提起に先立ってであるが、すでに、明確に否定的に（パスカル）、また明確に肯定的に（ランボー）、答えられていたことがわかる。ただこのように対立する二様の答えが分かれて出されていること自体、問題が実は一切解かれておらず、手つかずのままであることを示しているのである。われわれはこうして江戸東京研究、とくにそこでの「江戸東京のモデルニテ」の問題に再び立ち戻ってくることになる。「江戸東京のモデルニテ」というのが、江戸東京が、西洋の「近代」を必死になって追いかけつつも、それに何らかの抵抗を禁じ得ないできた、そのもがきの過程そのものであるとすれば、そしてその過程になんらかのユニークさが認められるとすれば、その過程をたどって、その過程が生み出してきた産物を子細に吟味検討するとき、西洋自身が解けずにいる「近代」はどう扱われるべきかという問いへの解の、なんらかの手がかりが得られるかもしれないのである。パスカルとランボーが「近代」について与えた両極の答えの間で、今日までに、〈ポスト・モダン〉、〈反近代〉、〈近代の超克〉、〈トランス・モダン〉などなど、多数の答えの試みがなされてきている。「江戸東京のモデルニテ」というのを、答えのもう一つ別の新たなものと見なして、それがこれらの答えのどこに位置づけられ、それら答えに対してどんな優位性を有するのかを探ることは、こうして今日的意義を有することなのである。

この都市を歩く——江戸東京における時間・空間・モダニティ

ローザ・カーロリ

君の人生の生き方には二通りしかない。
一つは、あたかも奇跡など存在しないかのように生きることであり、
もう一つは、あたかもすべてのものが奇跡であるかのように生きることである。

アルバート・アインシュタイン

Walkか？　歩クか？

一九八五年に刊行され、後に英訳された陣内秀信著『東京の空間人類学』〔*Tokyo: A Spatial Anthropology*〕によれば、著者は「水の都ヴェネツィア」での研究を終えて日本に帰国した後、法政大学で兼任講師の職を得ると、自分の研究フィールドとして東京を選び、学生たちと共に「まずは幟《のぼり》を立て、この都市を歩き回るというだけのことを始めた」という(1)。陣内先生《センセイ》は徒歩によって何千もの異なった場所を訪れ、また同時に、自らの徒歩によって、江戸東京研究における最も傑出した研究者となった。ヴェネツィアが、歴史ある都市への陣内先生の注目を大いに

惹き付けることに寄与したと言えるなら、日本国内と海外の双方で公表されている、陣内先生の多くの著作、研究、活動は、日本人と外国人の両方における、江戸東京への関心を盛り上げることに寄与した、と言えよう。この私も、陣内先生のおかげで東京とその過去を発見するに至った外国人の一人である――私の場合、先生の著書によってのみならず、東京に滞在中の私のために、先生が寛大にも時間を設け、東京の都市空間を新たな目で見るための新たなレンズを与えて下さったことで、その発見に至った。

私の江戸東京の「発見」は、ある点でヴェネツィアとつながっている。実を言うと、私が最初に日本史研究を始めたときに焦点を合わせていたのは、〔江戸時代ではなく〕近代であった。最初の研究は、明治時代初期の穢多・非人の解放に関するものであり、次に沖縄の歴史、とりわけ一八七九年の日本帝国〔Japanese Empire〕への琉球王国の併合と、首里王尚泰（首里一八四三年―東京一九〇一年）の生涯に関する研究を手がけた。その後は、主に日本の近代国家の発展に焦点を合わせながら研究を続けた。とりわけ注目していたのは、中央と、未だ近代化の余地のある周縁地域――および、そこでの集合的記憶や、アイデンティティを求める言説――との間の様々な関わりであった。私がようやく江戸東京への関心を深めるようになったのは、早稲田大学周辺地域の江戸時代の歴史や[2]（この地域は、この都市が未だ建設中だった時期にやってきた最初期のヨーロッパ人たちによって、記録されていたのである）[3]、陣内先生と共に訪れた佃島の歴史について調べ始めた後のことである[4]。先に触れたように、私が江戸東京を発見し、同時にまた歩くという行為の意味を発見した理由のいくつかは、私が二〇〇一年にローマから移り住んだ都市、ヴェネツィアと関わりがある。ローマは私が生まれ育った地であり、その景観は長い歴史と、その中での長い時間をかけた複雑な都市形成、多層化、変遷の産物である。ローマという都市では、過去の物的な遺物をほとんどあらゆる場所で目にすることができ、現在でも、かつてレギナ・アクアルム（「水場たちの女王」）と呼ばれた時代の痕跡を、公共の噴水や、古代の壮大な水道橋、入浴施設、貯水施設、プール、それにナウマキアイ〔海戦〕に参戦した船の係留所などで目にすることができる。とはいえローマ住民の中で、過去何世紀、何千年紀にわたって水が何を象徴してきたのかの記憶を保持している人々は滅多にいないように思われるし、日々の生活の中で、過去にゆかりのある場所と、その空間の過去を経験の中にとり入れている人々もまた、滅多にいないように思われる。ローマの住民の多くは、徒歩よりも自家用車やスクーターや公共交通を好んで用い、都市の中を自分の足で移動する経験は、気晴らしや旅行に属するものだと考えがちである。実のところ、ローマには歩行者エリアや車道沿いの広い歩道は滅多になく、大気汚染と高レベルの騒音に満ちているので、徒歩に適した都市に必要な条件をほとんど満たしていないように思われる。(5) 他の多くのローマ市民同様、私もローマが大好きであったし、この都市を車で移動するのも大好きであった。とはいえ私は結局、渋々とではあったが、自家用車を売りに出してヴェネツィアに転居した〔私はその数年前からカ・フォスカリ大学〔ヴェネツィア大学〕で職に就いていたのだ〕。ヴェネツィアに移り住んでから、私は車の運転をやめて徒歩で移動するようになり、運河や池〔lagoon〕では船を漕いで移動するようになった。そのため、ある都市の都市構造が、どれほどまでに身体活動に影響を与えうるものなのか、そればかりか、都市空間の見え方や日常生活のペースにどれほど影響を与えうるのかに、気づくようになった。私は、徒歩を主要な移動手段とする都市に来て、運転者〔ドライバー〕から歩行者に転身したことで、「レジャー目的ならざる」〔生活のための〕歩行という営みを経験し、ある場所から他の場所へ移動する手段は、私たちの時間と空間の知覚に深い影響を与えるのだ、ということを理解するようになった。グローバル化と資本主義の過程に伴う移動・通信技術の進歩が、人間の時間と空間の経験や、さらには時間と空間の関係そのものにも一定の影響を与え、それらを変化させていくという理論がいくつか存在するが、私のこの体験は、これらの理論

が取り上げている技術的進歩の影響力に関する、ある種の経験的証拠となるものであった。(6)

要するに、私は歩き始めた。そして歩くという営みを続けるうち、この営みの意味について考え始めたのである。私が気づくに至ったのは、歩行とは単に人が出発地から目的地へ到達することを可能にするだけの行為ではないし、歩くための道は、単に異なる二点間を結ぶだけのものではない、ということであった。私がこれに気づいたのは、英語の動詞"to walk"を、これに相当する日本語「歩ク」〔aruku〕と比較してみたときである。"to walk"という言葉の定義は色々とある。『ワードリファレンス』にはこうある――「通常の、自然で標準的な場合は、急がずに、穏やかなペースと速さで足を使って移動すること」また「足を使って、通り道に沿って、またはそれを通り抜けて、またはそれを横切って、進むこと」。(7)『ケンブリッジ・ディクショナリー』によればこのような意味もある――「一方の足を他方の足よりも前に出し、両足を地面に着けてから、次の足を持ち上げる」。(8)これらの定義は、英単語"walk"がおおむね日本語の「歩ク」と同じ意味をもつことを示唆する。

しかしながら、私たちが「歩ク」――あるいは同義語として用いられる「歩ム」(to step)――という単語に用いられている漢字を考察するとき、この単語は動詞"to walk"とは異なる、またある点でそれ以上の何かを示唆するように思われる。実のところ、「歩」という漢字は"stop"を意味する上半分の要素（止）と、"little"を意味する下半分の要素（少）が組み合わされてできている。そしてこれが示すように思われるのは、人がある場所から他の場所へ移動するためには、ときおり立ち止まり、休みをとる必要がある、ということである。それゆえ、この二つの単語はいずれも「動作動詞」ではあるにしても、"to walk"が「足を使って」進む、すなわち「一方の足を他方の足よりも前に出す」という動的な営みに多大な重要性をもたせているように思われるのに対し、「歩ク」は歩行という行為における「休止」ないし「間隔」をむしろ強調しているように思われるのである。

この意味での「歩く」は、「間」〔ma〕——すなわち構造物の二つの部分にはさまれた空所——という空間的な概念を思い起こさせる。この「間」という漢字は「あいだ」とも読まれ、合間や休止としての時間、ないし時間の幅や長さという、時間的な概念を指すためにも用いられるのである。このように「間《マ》」は、二重の意味——時間における休止と、空間における間隔——をもつのであり、それを記述するための「単語も術語も、西洋の私たちはもたずにきた」という事実は「深刻な遺漏であった」と見なされてきた。(9)

漢字「歩」の一部である、“stop”を意味する字（止）が、足との関連をもつ字であるということは指摘しておく価値がある。図1は漢字「止」の、足跡または足という元来の意味を示す図像（1）から現在の（4）に至る(10)歴史的発展の、主要な段階を示している。

図2で描かれているように、後に「歩」の一部として用いられるようになる〔「止」という〕字もまた、足との関連をもつ。（5）の金文(訳注1)は、左足を上、右足を下にして上下に並んだ足から構成されており、これは明らかに歩行という行為を示している。これが（7）の現在の形になると、上の部分が“stop”（止）の形に、下の部分が“little”（少）の形になる——実際には、〔“little”の〕「少」とは違った起源をもつ文字であるにしても。(11)(訳注2)

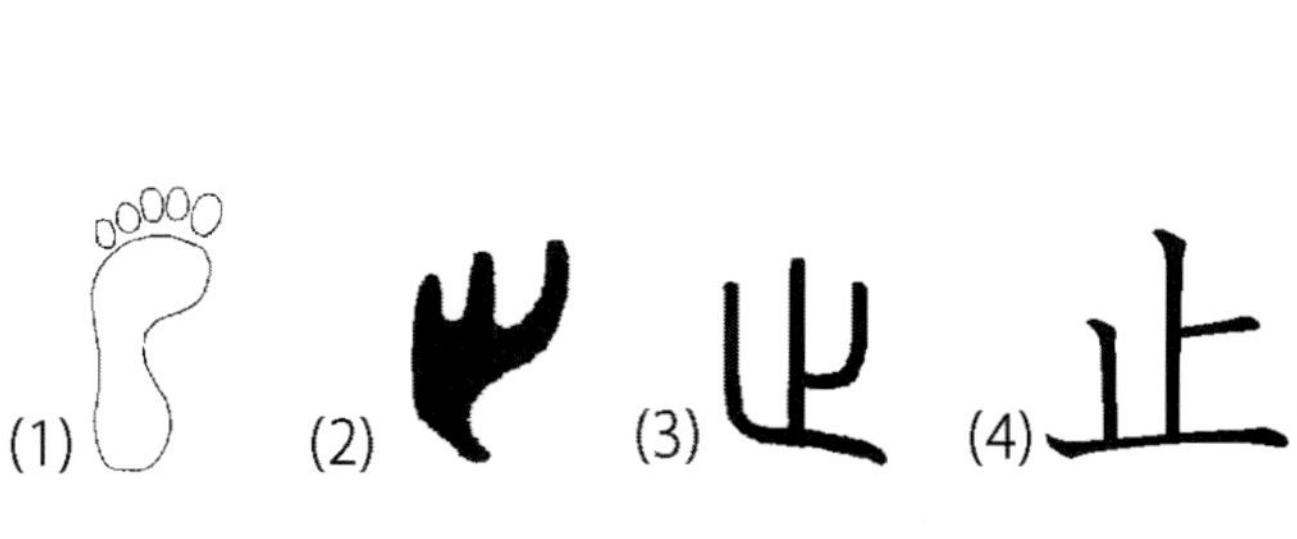

図1　The History of the Kanji 止 (Noriko K. Williams © 2013)

「止」と「少」という、いずれも、立ち止まる行為と歩く行為を表すために用いられている字が、身体の他のいかなる部位でもなく、足（または足跡）を表す象形文字〔pictorial signs〕に起源をもつというのは極めて興味深い事実であり、この事実は、足がこの〔立ち止まる、歩くという〕両方の営みにおいていかに本質的な機能を果たしているのかを明瞭に告げている。同様に、歩行という行為における「休止」や「合間」に優先権を与えるというのも興味深いことである――漢字の発明者たちは、足が地面に触れ、やがて地面に跡を残すまでの瞬間に格別の関心をもっていたように思われる。それゆえ、このような、歩行という抽象概念に与えられた形が、空間的概念と時間的概念を同時に含意することなどあるのだろうか、と不思議に思う人もいよう。

東京の中の江戸

私は日本研究者として、また東京の愛好家として、江戸の様々なイメージをよく知っていたし、現在の東京が備えている尨大な次元〔多面性〕にも気づいていた。だが、私は当時この都市をほぼいつも地下鉄で移動して

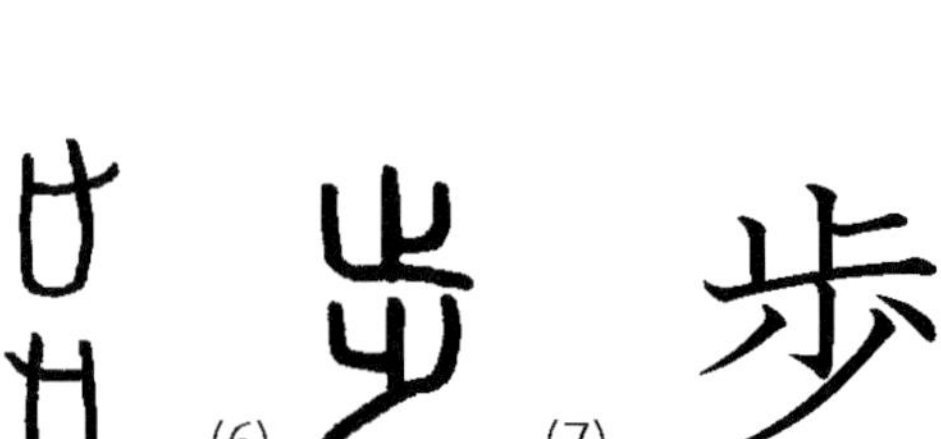
(7)　(6)　(5)

図2　The History of the Kanji 歩 (Noriko K. Williams © 2013)

いたので、この都市の過去についてはごく限られた名残しか見いだせなかったし、この巨大都市《メガロポリス》の都市空間に関する全体論的な視点や見通しを得ることはほとんどできずにいた。ところが、ヴェネツィアによって歩行者としてチューンアップされ、歩く人になった後の私は、研究で滞在する、程度の差はあれ短い期間の間、東京という都市を歩くようになった。ほとんどの場合、私ははっきりした理由も目的地も定めずに歩き、ときおりは立ち止まる、というのを常としていた。立ち止まっている短い時間、私はこの都市の色々な細部に目を向けることができた。そういうとき、私はその細部の意味を——そこにある特定の小世界の中での意味と、より広い文脈の中での意味との両方を——理解しようと試みた。同じ道を何度も何度も、何十回も行き来することも常だった——まるで、かつて見失った何かを探し回っているように。そうやって同じ道を行きつ戻りつしたことで、ついに私は、時間というものは、空間の中に堆積した層を残していくものなのだ、ということに気づくに至った。多分、ここで私が見いだしたのは、「歩ク」が喚起するように思われる、空間と時間の次元なのである。実のところ、歩くことで私はこうした、時間的次元と空間的次元の結合体であり、かつまた、ミクロな歴史とマクロな歴史の結合体でもある何かを解明するように導かれたのである。したがって、私は東京を歩き回り、その中でときおり歩くのを休止していたのだが、その休止の一つ一つは、むしろ時間的な中断であり、あるいは空間的な間隔であるようなもの、すなわち——アラン・フレッチャーの言によれば——「全体に形を与えるもの」(12)としての「間《マ》」の一種であったことが、後になって分かったのである。

　このように、「歩クコト」〔‘aruking’〕という営みは東京の中の江戸を発見し、東京が隠しもっている、思いもよらない数の、思いもよらない過去の痕跡を、その超近代性《ハイパーモダニティ》の裂け目の中に見いだすための一つの手段であったのだが、とはいえ「歩クコト」という営みだけでは、過去が残したこれらの痕跡を解読し、その文脈を見いだすためには十分ではなかった。それゆえに私は、自分が見た視覚的素材を利用できるようになるため、書物や資料を読むようになり、また何より、異なった時代の地図を熱心に比較するようになった。私はまた地名学《トポニムス》、とりわけ、土地の名前の起源や意味の研究に深い魅力をおぼえた。それらの名前は歴史的記憶を保存しており、固有の物的、環境的な特徴や、昔の習俗、地域の文化、人や社会のあり方といったものに関する重要な情報を提供してくれるのである。例えば、大都市近郊《メトロポリタン・エリア》における埋立地や造成地の集中が世界最大規模になった地域で、大がかりな埋め立て工事により、水に浮かぶ都市から陸に囲まれた都市へと性格を一変させた都市があっても、地名の最後に「島」［shima or jima］が付いていれば、その地が過去に島としての性格を備えていたという記憶を呼び起こすのである。私はこうして研究方法を変更し、屋外で一歩一歩「歩クコト」の営みを行うことにより、この東京という都市とその空間について、より明確な考察を得るようになった。私が発見したのは、超近代的《ウルトラ・モダン》な巨大都市《メガロポリス》という世界中に広まっているイメージとは大幅に異なる一つの都市、伝統文化の特徴を未だに保持している都市であった。私は、水との密接な関わりにおいて発展した都市ならではの特徴をたくさん見つけることができた。水というものは人間と経済活動、社会的・宗教的な慣行、都市構成や景観の変化、といったものと——やはり多くの側面において——相互に織り合わされているのである。この都市ではかつて、水——および、同程度に自然災害——が、詩人や作家、絵画や建築や様々な計画の達人たちの活動を刺激し、他方でまた住民たちの想像力と恐怖を喚起する役割を担ってきた——そして現在でも、多くの場面でその役割を担い続けている。

エリス・ティプトンの著述の中にこういう言葉がある——「日本の近代化過程の形成に、徳川時代の諸状況が何よりもまず果たした役割を無視するような日本史は[訳注3]、現在では存在しない」[13]。だが、これ以外にも注記に値することはある。江戸が首都として、かつ、消費主義を推進する中心地として歴史的に果たしてきた役割に、何よりまず目を向けないような江戸期の歴史などまったくありえない、ということだ。封建的システムが抱える数多くの社会・経済的矛盾が露わになり、この国の近代化のためのいくつかの重要な前提条件が発展するようになったのは、例えばこのような局面においてであった。それゆえ、江戸の歴史を考慮せずに日本の近代化の根源を理解するのは難しいことかもしれず、だとすればまた、江戸がどのような都市であったのかをイメージせずに、東京がいかなる都市であるかを理解することもまた、難しいことであるかもしれないのである。そして「歩クコト《アルキング》」は、時間と空間の主観的経験を提供してくれるため、過去の東京がいかなる場であったのかを想像するにあたって、本質的な役割を果たすのである。

フランスの歴史学者フェルナン・ブローデルには、歴史的時間が進むスピードの多様性と、longue durée（長期持続、長期にわたる期間）と、時間と空間の本性とを論じる、重要な著述がある。地中海地方を取り扱った主著においてブローデルが強調したのは、地中海世界を一個の全体として見ることであり、また、そこで生じた出来事を長期にわたる視座の中に位置付けることであった――この視座を、彼はまた「ほぼ無時間的な歴史であり、あるいは人間と生命なきものとの接触の物語である」とも述べている。[14] ブローデルはまた、「空間と時間の弁証法」、すなわち、地理学と歴史の弁証法についても述べている。[15] ブローデルの地中海地方を作り上げたのは「商人たちの帆船」[訳注4]であり、「季節ごとに小作農になる水夫たち」であり、「ぶどう園とオリーブ畑」であって、これらの「歴史は、ちょうど粘土細工を、それを作り上げた陶工の手から切り離すことができないのと同様に、それを取り巻く土地から切り離すことができない」と言われている。[16] 歴史的時間、および空間と時間の弁証法についてのブローデルの見方を用いることで、私たちは江戸を、独特の時間を備えた、一つの独特の空間としてイメージすることができるようになるし、また同時に、東京が今なお隠している多くの江戸の痕跡を見分けることができるようになる――これらの痕跡は、時間というものが、空間の中に「ほぼ無時間的な歴史」として足跡を残すことができる、ということを十分に証拠立てているのである。もしかすると、「歩」の漢字を発明した人々に着想を与えていたのもこの見方であったのかもしれない――彼らは、足が地面に接し、そこに跡を残す瞬間に格別の興味を示していたのであり、それゆえ偉大な歴史への感覚を備えていたように思われるのである。

江戸東京のモダニティ

一九八〇年代に初めて江戸東京研究が開始されてからの数十年で、東京の過去の歴史に対する精力的な探究と、東京の水都としての遺産とアイデンティティの再評価とが実現されてきた。様々な学科の様々な研究者による共同研究の構築、多様な視座の間での対話の推進、それに、東京の過去の歴史を日本の他の都市や、アジアおよび西洋の諸都市の場合と比較する作業により、江戸東京研究に対する多学科的かつ学際的なアプローチへの道が整えられてきたのである。江戸東京研究は、政治や制度の領域であるとか、記念碑的な建築物に対してよりも、むしろ社会、文化、それに環境に関連する諸側面により一層注目することにより、東京の多面的な都市空間および社会をよりよく理解できるという重要な成果をもたらしてきた。またこれらの研究は、空間を支配する側ではなくそれを利用する側に焦点を合わせることで、文化や社会生活の物質面に対する深層の分析を提供する。つまり例えば、消費のパターン、物的な利便性、民衆的な芸術表現、超自然的なものに対する態度、といったものの分析である。このようにしてこれらの研究は、東京という都市の歴史と発展に対する、また、都市空間と都市環境に対する、幅の広い全体論的視点を提供するのである。

これらの研究は、江戸東京という都市のおよそ四〇〇年間にわたる歴史を特徴づける諸要素を考慮に入れ、それによって、一八六八〔明治元〕年という境界をまたぐ、いくつもの重要な連続性を明らかにした。実のところ、これらの研究の主要な功績の一つは、この点の解明により、一八六八年という日付こそがこの都市における分水嶺をなすという見方――および、その日付こそが「封建時代」と「近代」の境界であるという、それと並ぶ見方――を突き崩し、江戸時代の、またとりわけ当時の江戸での出来事・経験・営みが日本の近代化の過程を形づくったという幅広い豊富な証拠を提供したことにあったのだ。この視座から見ると、一八六八年以降日本に導入〔輸入〕された西洋発《メイド・イン・ウェスト》のモダニティが、日本が初めて経験したモダニティであったようには思われない。日本が最初に経験していたのはむしろ、西洋発《メイド・イン・ウェスト》のモダニティとは異なった形態の――そしてそれよりもアグレッシブな形態の――モダニティであったように思われるのである。

近代化は西洋から日本に持ち込まれた〔輸入された〕という考え方は、近代化と西洋化の間に否応なしのつながりを想定する立場と、密接に結びついている。これが意味するのは、西洋の植民地主義国家は、近代化とは「典型的な西洋的過程であって、非西洋的社会がそれを受け容れることができるのは、その社会が土着の伝統と文化を放棄する場合に限られる」[17]という考え方を支持していたこと、また、非西洋諸国の文明レベルを測るために西洋的な範型《パラダイム》を用いていた、ということである。

二〇〇〇年に公刊されたケネス・ポメランツの有名な著作により、「大分岐〔Great Divergence〕」という文句が広く人口に膾炙するようになった[18]。この文句は、十九世紀を通じて進んだ、西ヨーロッパおよびアメリカ大陸の一部に属する諸国を、世界一強力な国々にした過程を指している。ポメランツのこの著作はまた、他の多くの著作と共に、西洋とそれ以外の世界の地域との間に「大分岐」が生じる以前の時代の——いわゆる中東、インド、中国、日本といった——非西洋社会は、経済的、社会的、文化的な諸条件において、相対的に高い生活水準を達成していた、ということをはっきりと証明している。

「モダン〔近代〕」という用語が、ラテン語のmodernusを語源とし、この語はラテン語の副詞modo（「近頃」ないし「たった今」を意味する）に由来しており、また五世紀に西ローマ帝国が崩壊した後の時代に産み出された語であった、ということは想起しておくに値する。ヨーロッパ史を古代・中世・近代に分けるという時代区分は十六世紀、つまり「モダン」が現在または最近の時代を指すために、それゆえ新時代の始まりを指すために利用された時代にさかのぼる。[19] この新時代は、現在では〈大発見時代〉ないし〈大探検時代〉〔いわゆる「大航海時代」〕と呼ばれており、[訳注5] 最も正統的とされている歴史記述においては、この時代は実際に近代という時代の始まりと一致するとされている。このような見方は、コロンブスによるアメリカ大陸の発見が、西洋世界の近代化の過程への道を整えたが、他方で地球上の他の社会は、古代または中世、または前近代〔プレモダン〕という時代につなぎ止められている、という想定に基礎を置いている。つまるところ歴史とは、誰もが自分自身の視座から語るものである。しかしながら日本の視座からは、ものごとが別の見え方をしてもおかしくはない。

実のところ、〈大探検時代〉が始まってから日本を訪問したヨーロッパ人の多くが残した資料を読むと、そこには、公共の秩序と安全を維持する仕組みの効率性や、識字率の高さ、食物の衛生と個人の衛生意識、整頓された公共空間、といったものへの尊敬の言葉が見いだされる。日本の「文明」のレベルによって、日本人に対して、ヨーロッパの聖職者の位階の中の高い地位を獲得する機会が与えられる、ということすらあった。実のところ、アジアとユーラシアの「新キリスト教徒」たちはジェスイットの位階秩序への受け容れを禁じられていたのであり、これは当時イエズス会の指導者たちの間に、非西洋人たちを彼らの秩序の中に受け容れることに対する、非常に深い嫌悪感があったことによるのだが、他方で日本人に対しては、このような禁止が免除されていた。[20] ジェスイットたちは日本の文明のいくつかの側面を尊敬していたので、日本は、文明や文化を欠く国よりもずっと上位にある国だが、キリスト教なしでは「未完成で不完全な社会」[21]にとどまる、と想定するように促されたのであった。

一六四〇年前後に、ヨーロッパ人たちが強制的にこの国を退去させられ、オランダの東インド会社に属するごく少数の人々だけが、長崎の港にある小さな島で、隔離された状態で退去を免れていたに過ぎない時代になって以降も、日本が文明化され、文化化された国であり続けていたというのはほぼ確かなことである。だが、「モダン〔近代〕」というヨーロッパ的観念に結び付けられたイデオロギー的な価値は、西洋化なしでの近代化は存在しえない、という信念を強めるものであった。それゆえ、西洋の視座から見るとき、日本は「前近代〔プレモダン〕」社会に留まり続けていたということになるのであり、これはたとえ江戸が世界最大級の都市となり、消費の中心地となり、多種多様な人口構成の住民を住まわせ、商業出版がなされ、買い物《ショッピング》と娯楽《アミューズメント》の地域となり、マクドナルドのチェーンが創り出されるずっと以前にファストフードが流行し始めた都市となっていたとしても、そのように見られるのである。だが、最もありそうで、これよりも単純な見方をすれば、西洋発《メイド・イン・ウェスト》のモダニティと出会う以前の日本人は、モダン〔近代〕に相当する何らかの観念を表現する言葉も決して考案しなかったし、社会と生活において生じつつあった諸変化を近代化の兆候として自覚することもまったくなかった、ということになろう。この見方によって、日本人がなぜ西洋発《メイド・イン・ウェスト》のモダニティと出会ったときに、モダニティは否応なしに西洋と結びついている、という信念を共有するようになったのかを説明できよう。つまり、日本人のその〔西洋発の」モダニティとの遭遇は非常に印象的なものであったので、明治という新たな時代の開始と結び付けるだけの価値があったということなのだ。

日本と西洋発《メイド・イン・ウェスト》のモダニティとの遭遇は、自分たちの国が近代化できるようになるには、西洋化、およびこの国の伝統と文化の放棄が不可欠だという信念によって、自国のアイデンティティに関する新たな問いかけを提起することになった。明治時代において中心的な争点となっていったのは、日本の近代化の手段として、どの程度の西洋化が必要なのか、という問題であった。一つの回答は、「和魂洋才」というスローガンの中に見いだされる。このスローガンは、日本は「西洋の技術」を採用するが、「日本の精神」は保存する、ということを示唆していた。これが明らかに示唆していたのは、外来的な近代性の選択的な同化という態度であり、このような選択的同化は、江戸が東京になる際のあり方においても見いだされるように思われる。公共建築と公共空間においてモダニティが最も顕著に現れる一方で、都市空間の暗く狭い片隅や隙間には江戸が未だに残っている、というのがそれに当たる。陣内先生はある著書の中でこう述べている——「東京が成長と発展のために選んだのは大手術であるよりもむしろ、連続的かつ有機的な変化であった」。先生はまたこれに加えて、このメカニズムは「今日の東京にすら継続的に働いている」とも述べている[22]。実のところこうした、「和魂洋才」のスローガンに支えられた選択的同化がもたらした様々な結果は、一八六八年以降「東京」と呼ばれるようになった都市の中にあったことが分かるし、スティーヴン・マンスフィールドの簡潔だが鋭い言葉によれば、「西洋化されたがそれでもなおはっきり日本的である」と言われるこの都市の中に、今なお存在しているのである[23]。

かくして、江戸東京研究の主要な貢献の一つは、江戸および江戸時代から始まった日本の近代化を再考するという可能性、すなわち、日本発《メイド・イン・ジャパン》のモダニティが現れた場所と時間を再考するという可能性にかかっている、ということになる。

原注

（1）Jinnai Hidenobu, *Tokyo: A Spatial Anthropology*, Berkeley: University of California Press, 1995, p. ix, 8.〔日本語版では「幟（のぼり）でも立ててまずは東京の町でも歩いてみようか、といった気楽な発想から我々の調査は始まった」（同書「あとがき」、ちくま学芸文庫、一九九二年、三二一頁）。〕

（2）Rosa Caroli, *Tokyo segreta. Storie di Waseda e dintorni*〔『隠れた東京――早稲田とその周辺の物語』〕, Venezia: Edizioni Ca'Foscari - Digital Publishing, 2012.

（3）Rosa Caroli, "Una metropoli alla fine dell'Asia: Edo narrata dai primi europei"〔「アジアの果ての巨大都市――最初期のヨーロッパ人たちが語った江戸」〕, in *Storia Urbana*, vol. 146, 2015, pp. 39-68.

（4）その成果は、水都としてのヴェネツィアと東京をテーマにした国際シンポジウムで公表された。このシンポジウムは二〇一五年にヴェネツィアのカ・フォスカリ大学とステファノ・ソリアーリ〔Stefano Soriani〕の主催により、同大学で開催された。開催に向けて、陣内先生その人の貴重なアドバイスの恩恵もこうむっている。同シンポジウムでの発表のいくつかは、以下の書物に論文として公刊されている――*Fragile and Resilient Cities on Water. Perspectives from Venice and Tokyo*〔『脆く、かつ再生力のある水辺の都市――ヴェネツィアと東京からの眺望』〕, edited by R. Caroli and S. Soriani, Newcastle upon Tyne, Cambridge Scholars Publishing, 2017.

（5）ジェフ・スペックによれば、歩きやすさ〔Walkability〕に関する一般理論は、望ましい歩行は四つの主要な条件をどのように満たさなければならないかを説明する。すなわちそのような歩行は、有益で、安全で、心地よく、面白さがあるものでなければならない」。Jeff Speck, *Walkable City. How Downtown Can Save America, One Step at a Time*〔『歩きやすい都市・ダウンタウンはいかにアメリカを救うか・一度に一歩ずつの歩み』〕, New York: North Point Press, 2012, p. 11.

（6）デイヴィド・ハーヴィーは下記の著作で「時間－空間圧縮」という造語を用いて、「人生のペースの加速が、どれほどに資本主義の歴史を特徴づけているのか」を指し示した。David Harvey, *The Condition of Postmodernity. An Enquiry into the Origins of Cultural Change*〔『ポストモダニティの条件――文化的変化の起源の探求』〕(Oxford: Blackwell, 1989, p. 240).

（7）*WordReference.com/Online Language Dictionaries*, in http://www.wordreference.com/definition/walk.

（8）*Cambridge Advanced Learner's Dictionary*, Cambridge: Cambridge University Press, 2003, p. 1630.

（9）Alan Fletcher, *The Art of Looking Sideways*〔『脇道を見るための技法』〕, London: Phaidon, 2001, p. 370.

（10）Noriko K. Williams, *KANJI PORTRAITS. Origins and Radicals of Japanese Kanji*〔『漢字たちの肖像――日本漢字の語源と部首』〕, URL https://kanjiportraits.wordpress.com/2013/12/28/the-history-of-the-kanji-止-歩-正 and-政-from-a-footprint/

（11）*Ibidem*.

（12）Alan Fletcher, *The Art of Looking Sideways*, cit., p. 370.

（13）Elise Tipton, *Modern Japan. A Social and Political History*〔『近代日本――その社会史および政治史』〕, London-New York: Routledge, 2002, p. 1.

（14）Fernand Braudel, *The Mediterranean and the Mediterranean World in the Age of Philip II*, University of California Press, 1995 (1949),〔邦訳、『地中海』浜名優美訳、藤原書店、一九九一年〕

vol. 1, p. 20.

(15) *Ibid.*, p. 16.

(16) *Ibid.*, p. 17.

(17) Olivier Gallard; Yannick Lemel, "Tradition vs. Modernity: The Continuing Dichotomy of Values in European Society"〔「伝統対近代——ヨーロッパ社会の今なお継続中の価値の対立」〕, *Revue Française De Sociologie*, vol. 49, 2008/5, p. 153.

(18) Kenneth Pomeranz, *The Great Divergence: China, Europe, and the Making of the Modern World Economy*, Princeton University Press, 2000.〔邦訳、『大分岐——中国、ヨーロッパ、そして近代世界経済の形成』川北稔訳、名古屋大学出版会、二〇一五年〕

(19) Jacques Le Goff, "Antico/moderno"〔「古代/近代」〕, in *Enciclopedia Einaudi*, Torino: Einaudi, 1977, vol. 1, p. 679.

(20) Rotem Kowner, *From White to Yellow. The Japanese in European Racial Thought, 1300-1735*〔『白色から黄色へ——ヨーロッパの人種思想における日本人、一三〇〇年から一七三五年まで』〕, Montreal & Kingstone-London-Itacha: McGill-Queen's University Press, 2014, p. 216.

(21) Clive Willis, "Captain Jorge Álvares and Father Luís Fróis S. J.: Two Early Portuguese Descriptions of Japan and the Japanese"〔「ジョルジ・アルヴァレス船長とルイス・フロイス神父——日本および日本人に関する二人のポルトガル人による初期の叙述」〕, *Journal of the Royal Asiatic Society*, Third Series, vol. 22, no. 2 (April 2012), p. 391.

(22) Jinnai Hidenobu, "The Modernization of Tokyo during the Meiji Period. Typological Questions"〔「明治期における東京の近代化——類型論的な問いかけ」〕, in A. Petruccioli (a cura di), *Rethinking XIXth Century City*〔『一九世紀の都市を再考する』〕, Cambridge (Mass.): The Aga Khan Program for Islamic Architecture, 1998, p. 30.

(23) Stephen Mansfield, *Tokyo. A Cultural History*〔『東京——一つの文化史』〕, Oxford-New York: Oxford University Press, 2009, p. xi.

訳注

（訳注1）金文（Chinese bronze inscriptions）は古代の青銅器に刻印された文字で、殷・周時代のものが有名。

（訳注2）「少」は小さい点が四つ集まった形が元であり、著者が指摘するように、「歩」の下半分の「足」を表す部分とは成り立ちが異なっている。

（訳注3）consumerismには「消費者保護運動」「消費者優先主義」のような意味もあるが、ここでは消費の拡大を経済にとって好ましいものとして奨励するような立場を指していると思われる。

（訳注4）原語はroundshipで、*Oxford Reference*によれば*round ship*とは「少なくとも十五世紀まで用いられていた、ガレー船とロングシップ〔*long ship*〕以外の中世の船を指す一般的な呼称」である。

（訳注5）the Age of Discovery および the Age of Exploration は「大航海時代」と訳すのが一般的であるが、ここではより原義に忠実な「大発見時代」および「大探検時代」という訳語を用いる。「大航海時代」という名称は、増田義郎によれば、『大航海時代叢書』（岩波書店、一九六五年〜）の執筆時期である「一九六〇年代のはじめ頃」から使われるようになった言葉で、「それまでの「大発見時代」や「地理上の発見時代」などの呼称が、西欧人の立場を前提していると考えて、なんとか新しい視角をもちたいと思ったからであった」という経緯があるとされるが（増田義郎『図説・大航海時代』、「あとがき」、河出書房新社、二〇〇八年、一一〇頁）、ここで著者はまさに「西欧人の視点」を批判的に考察する議論を行っているので、原義に沿った訳語がむしろ適切と思われるからである。

（木島泰三 訳）

江戸−東京——サイボーグ都市？

チェリー・オケ

「サイボーグ」という概念を使って、私は、江戸−東京のような都市の二元的な本性を強調したい。つまり、われわれが都市を把握するとき、どれほど、例えば、伝統と近代性、古いものと新しいもののあいだにある、一連の緊張関係、あるいは潜在的な矛盾を処理しなければならないかを強調したいのである。私が「サイボーグ」の概念を使うのは、われわれが、都市、江戸−東京を理解したいのなら、二元的なアプローチを展開する必要があることを示すためである。われわれは、多であるが一である都市、江戸−東京の対立しあう特徴を調停する方法を見つける必要があるのだ。

一、後ろ向きに歩く

ローザ・カーロリの「歩く」と「WALK」の違いへの関心に答えるために、*Tokyo Reverse*（二〇一四年）の映像を紹介することから始めようと思う。この動画は、*slow tv* という番組（約九時間続く）で、シモン・ブイソンとルードヴィッヒ・ジュイーリによって制作された。この中で、ある男が東京の道を後ろ向きに歩いているところが撮影され、その映像が逆向きに流される。*Tokyo Reverse* というタイトルがつけられたのはこういうわけである。この映像を見ると、われわれは、この男一人だけが正しい方向に歩いていて、東京の街全体が後ろ向きに進んでいると考えてしまう。驚くことに、本当に起こっているのは、まさに逆のことなのである。こうしてこの動画は、フランチェスコ・トリスターノのサウンドトラックによって高められた陶酔感とともに、歩くことのフィクションを提示する。この映像を見ながら、われわれは、東京で歩くとはどのようなものかを明らかにするために、奇妙なアプローチを展開し、いくつかのパラドックスを定式化することができる。

（1）後ろ向きに歩く者が、ただ一人正しい方向に歩いている者であるように見える。これは、西洋とは正反対のものとして日本を扱うよくある言明を、映像的に再現しているように思われるかもしれない。バジル・チェンバレンが『日本事物誌 *Things Japanese*』（一九〇五年）の中で「あべこべな世界 *Topsy-Turvydom*」と呼んだものである。

（2）足取りがきわめて不自然な者、どのように、そしてどこへ自分の足を置くか考えなければならない者、そのような者だけが、最終的に正しい体勢をとり、不自然さから解放され、優美に踊っているようにさえ見える者である。対照的に、他の者たちの足取りはぎこちなく、きわめて不自

図1　*Tokyo Reverse* より

然で、無意味、あるいはばかげているようにさえ思える。この映像はある種のコペルニクス的転回を示しているのである。中心にあるものと周辺にあるものを理解する仕方がひっくり返っているのである。ここで、この後ろ向きに歩く者が、偉大なる都市東京の君主なのである。

(3) しかし、このシーンは同様に、二〇二〇年のオリンピックのために東京に到着する何千人もの観光客を思い浮かべながら、理解しなければならない。*Tokyo Reverse*を念頭におくと、二〇二〇年のオリンピックは、屈託のない笑顔をおめでたく浮かべている「ガイジン」だけがまっすぐ歩き、それに対して残りすべての東京の住民たちは、このイヴェントによって強いられ、いわば周辺の背景として後ろ向きに歩かざるをえなくなる、ということを意味しているように見える。

二、シンボルを探して

別の重要な問題が、観光の問題によって提起される。シンボルの消耗の問題である。都市は、国際レヴェルでアピールすることを可能にする、名刺代わりのシンボルによって象徴される必要がある。世界規模の市場で競

図2 *Tokyo Reverse* より

争するのに、都市は、真正と理解されうるような同定可能のシンボルを作り出さなければならないのである。二十世紀に受けた破壊（一九二三年の関東大震災と一九四五年の東京大空襲）のせいで、ここが東京の弱みなのかもしれない。

それらの理由で、東京には、名刺代わりとなる重要な建物がないように思える。もちろん、東京タワーがあり、最近では、東京スカイツリーがある。しかしここで問題になっているのは、これらの建築物が、住民にとっても外国からの訪問客にとっても、東京のように複合的でいくつもの側面を持つ都市全体の意味を本当に包摂、あるいは総合するのに要求される、情感的な性質を持っているかどうか、である。おそらく、昔の日本橋なら、もっとうまく東京‐江戸を象徴する役目を果たせただろう。日本橋は、文字通り、近代の東京と江戸時代の日本文化の「橋わたし」をしており、効果的なシンボルになっただろう。しかし、現在のこの場所の風景が「絵になる」とは全く言えない。ここはいかにも観光客が写真に撮るような場所ではないのだが、日本橋の現在の状態は、江戸‐東京の真の本性を本当に要約している。日本橋は、東京と呼ばれるハイパー・モダン都市がかつてはどのように水と親密に結びついていたかを示し、一九六四年の東京オリンピックの近代化の目印と、古き時代の名残りを結びつけて両者をミック

図3　チェリー・オケ氏（二〇一八年二月二十五日、本講演にて）

スしているのである。もちろん、東京も、新しいマスコット、「ゆるキャラ」を作り出すゲームに参加してもよいだろう。それでも、首都であり、国際的な大都市である東京が、いわば「かわいい」を争う戦いに加わるのは難しいだろう。実際、東京が、熊本の「くまモン」や、奈良の「せんとくん」、愛媛の「みきゃん」と本当に競争できるだろうか？　事実、東京のゆるキャラがどんなものになるのか想像するのは難しい。大阪もしばらくの間、四五ものゆるキャラを持っていたが、国際的にはもちろん、国内でも全国的に有名になったものは一つもなかった。世界中の人々に東京の親切な好感の持てるイメージをアピールするためには、いったい何体のゆるキャラが必要になるのだろうか？

図4　チェリー・オケ氏（同前）

三、真正性の問題

「本物の」東京‐江戸の顔はどこにあるのだろうか。麻布十番や下北沢のような商店街を検討してみよう。

麻布十番の事例はとりわけ興味深い。この地区は江戸と同じくらい古く、空海によって八二四年に建立された、東京で最も古い寺院の一つ、善福寺の門の前に建設された。この地区はしばしば「港区のチベット」と呼ばれ、交通アクセスの悪さが強調された。しかし、六本木のすぐそばに位置し、いくつもの大使館に囲まれて、「秘境」麻布十番は常に「発見」される危険にさらされてきたが、とりわけ二〇〇三年に六本木ヒルズ森タワーが開業し、地下鉄の麻布十番駅ができたことによってこの危険は深刻なものとなった。以前は伝統的な小売店が並んでいた下北沢の商業、娯楽地区も、地価高騰やレストランチェーンの出現といった同様の問題に直面している。サイボーグ的世界で、本物はめずらしいものなのである。

四、高級品店と「トマソン」の間で

最後に、サイボーグの概念に従って、われわれの都会の景観の読みを両極化する二元的で対立しあう項を、二つの道筋をたどって探してみよう。一方の道は、銀座のシャネルやルイ・ヴィトンや、表参道のプラダやトッズの店舗のような、東京を代表するような建築物に焦点を当てることである。二〇〇八年に竣工され、ゲームデザイン、ファッション、アート、メディアの専門学校である、モード学園コクーンタワーを考えてもよい。しかし、もう一つの道が、赤瀬川原平（一九三七―二〇一四年）が「トマソン」、あるいは「超芸術トマソン」と呼んだものによって開かれている。かつて読売ジャイアンツに莫大な年俸で入団したものの全く活躍できなかった野球選手、ゲーリー・トマソンにちなんでつけられた「トマソン」は、遠くない昔に建てられたが、放棄され、今では何の機能も果たしていない建築物のことを示す。この結果は都会の景観の中できわめてばかげているように見える。実際、トマソンは記念碑とは正反対である。記念碑は重要な出来事の記憶を伝えるために建てられるのに対して、トマソンは、着手されたのはいいが、結局忘れられ、放棄された何かを証言しているかのようである。もしトマソンがわれわれにとって何らかの意味があるとすれば、人間の計画には様々な層があり、それらがどのように、現在われわれが見て、愛し、その中で生きている都市の枠組みの中で未だに混じりあい、絡み合っているかを、トマソンは明確な仕方で具現化しているからである。

謝辞

この発表は、法政大学国際日本学研究所の機関誌『国際日本学』第一五号にフランス語と日本語で掲載された論文、「サイボーグ都市・東京」に基づいている。

陣内秀信教授、そして安孫子信教授には、江戸-東京についてのすばらしい会議を主催してくださったこと、シンポジウムに招待してくださったこと、信じられないくらい多くの学者のみなさんと交流する機会を与えてくださったことを感謝したい。

また、地理学のアンリ・デボア教授には、都市の景観としての東京という論点に私を誘ってくれたことに感謝したい。今回の発表の内容は、パリ、ドゥニ・ディドロ大学での彼の講義に多くを負っている。

（松井久訳）

セッションI　討論

安孫子信

二人の登壇者による講演に続いて、登壇者間で、さらにフロアーも交えて、討論が行われた。そこでなされた三つの議論の要点を以下、解釈も加えて比較的自由にまとめてみる。

一、「江戸東京のモデルニテ」をどこにどのように探るにしても、それをなにかオーセンティックなもの（真正で本物であるもの）と考えるべきか否かの問題が残った。東京という場所は、オーセンティックなものを持たないことで、独特の力を有することになっているのか、それとも、まさにオーセンティックなものを持つがゆえに、東京は力を有しているのかが論じられた。

カーロリ氏からオケ氏に、「歩く」ということで紹介された映画 *Tokyo Reverse* は、オーセンティックな視点など存在しないということを示すのに有効であったが、しかしそのとき、都市はさまざまな視点から見ての、さまざまな象徴（シンボル）が散在する場と化し、その象徴は、そのそれぞれが、自己オリエンタリズム化、自己エキゾチズム化されて、いつわりのオーセンティシティーを身にまとっていき、ただ消費されるだけの、ビジネスの対象に化していくことにならないか、ということが指摘された。

それに対して、そのような現象が「ゆるキャラ」をめぐって日本の諸都市間で起こっていることを認めつつ、オケ氏は、東京はあまりに巨大で多様であって、特定のイメージのビジネス化はそこでは生じないだろうと主張。くわえて、何度も過去の記憶を奪い取られていったこの都市に独特なこととして、ここでは、リカバリー可能な過去をリカバリーし、過去のシンボルを取り戻し、過去と向き合い、過去と結ばれようとする作用が働いていると指摘。オケ氏によれば、この、過去と結ばれようとする作用は都市にきわめて重要なものであり、この作用ゆえに、いつわりのオーセンティシティーは排除され、生きた多様な個性が探り出されてくるのである。

二、「江戸東京のモデルニテ」を探る際、東京にとっては、風景としての自然より、技術的対応の対象としての無生命的要素としての自然の方がより重要であることが論じられた。

カーロリ氏が、歴史家フェルナン・ブローデルから引いて、都市の「無生命的（inanimate）」要素の重要性を、とくに水に即して説いたのに対して、オケ氏は、その要素を言うことは、サイボーグを論じることにも通じていて興味深いが、それでも、そこから、東京とヴェニスの類似を言う議論が生じて来ることについては、不可思議の感を禁じ得ないとの指摘。

それに対して、カーロリ氏は、そこでの水は自然環境や風景としての水、つまり観光客にとっての水ではなく、水流を付け替え、水路を築き、洪水を防ぐといった、技術的対応の対象としての水、つまり住民にとっての水であり、その技術的対応において、たとえば木の使用などということで、江戸東京とヴェニスが歴史的に実に多くの共通点を有することが認められるのだと返答を行った。そのような共通点こそが重要なのである。

三、「江戸東京のモデルニテ」を探る際に、内からの、レジデントの視線に比して、外からの、ヴィジターの視線が、どれほど有効なもので、どのような意味を持ちうるのかが、論じられた。

ヴィジターとして、いろんな都市の経過を見ても、時間の制約もあって、全てを見ることはできないであろうし、そうした制約の中で、どこまでヴィジターの人たちが地元と関われるのか、都市学者としてどこまで行けるのか疑問に感じる、という指摘がフロアーから寄せられた。

それに対してのオケ氏の答えは、まずヴィジターに見えないもの、理解できないものがあるのは当然ではあるが、ヴィジターはそもそも、その都市の真実に到達したなどということを主張しない。ヴィジターはただ、内からは恐らく見えないものを、外の、違った視点から、また違った見方に従って、指摘しうるだけなのである。加えて、その際に、都市の真実は内からしか見えないと言った考え方も払拭されるべきであるとも主張した。一挙に把握される都市の神髄《エッセンス》というようなものはそもそも存在しないのであり、他方で、そのような神髄を把握させるという、その都市に固有なスピリットやＤＮＡ（「日本人のＤＮＡ」）といったものも存在しない。オケ氏によれば、どのような都市にも多様な側面が存在し、その多様な側面に徐々に触れていくことで、都市の把握を深めることはできても、その把握が絶対的なものになることは決してないのである。

他方、カーロリ氏は内からの視線と外からの視線といった仕方で、視線を相互排除的に区別するのは真実ではないと主張。自身のブラジルでの体験に触れて、ブラジルで自分はこれまでに知らない違った世界の見方に出会ったが、その場で、その新しい見方にリフォーカスすることができ、その立場から、そのパースペクティブに立って、諸事物を見ることができたと主張。こうして、カーロリ氏によれば、自分が日本に居るとき、自分は自らを外から来ている外国人とは感じないし、自分はどこにいても、常に内側から見ていると感じている、ということになるのである。

セッションII　江戸東京の巨視的コンセプト　Post-Western/Non-Western

江戸東京／巨視的時間／脱・近代

北山　恒

ヨーロッパ文明の相対化

第二セッションのテーマは「江戸東京の巨視的コンセプト　Post-Western/Non-Western」とした。このPost-Western/Non-Westernは、このセッションの最初のスピーカーであるパオロ・チェッカレッリ教授が提出するコンセプトワードである。パオロ・チェッカレッリ教授は、フェラーラ大学で都市デザインを専門としている。このPost-Western/Non-Westernというテーマでの研究会に参加したことがあるが、このコンセプトワードから「ヨーロッパ文明の相対化」という概念が想起される。今回、トリノ工科大学からロレーナ・アレッシオ氏と、慶應大学准教授のホルヘ・アルマザン氏が参加した。おふたりは建築家であり、日本の都市空間に関しても造詣が深い。この第二セッションのパネラーとして参加する三名は、イタリア二名とスペインというラテンヨーロッパの出身者である。日本では同じ西欧とされるが、アングロアメリカとは異なる都市観、または、文明観を持つ方であると考えた。このPost-Western/Non-Westernというコンセプトワードに対応して、時間的・空間的に大きいイメージを持って江戸／東京について論を立ててみようと考えて、「巨視的」という言葉を付け加えた。

ヨーロッパ世界は八〇〇年ほど、文明の覇権を握っており、否応なく私たちはその世界の中で生活している。現代ではヨーロッパ文明が発明した社会システムは、世界中どこでも共通の価値として通用する。ファー・イーストという世界の果てにあった日本は明治維新までは、このヨーロッパ文明を選択的に取り入れることができていた。そして、一八六七年の明治維新で一気に社会システムを切り替える。そこに、江戸／東京というコンセプトの現代的な意味が浮上するはずである。まずはそれを見ていこう。

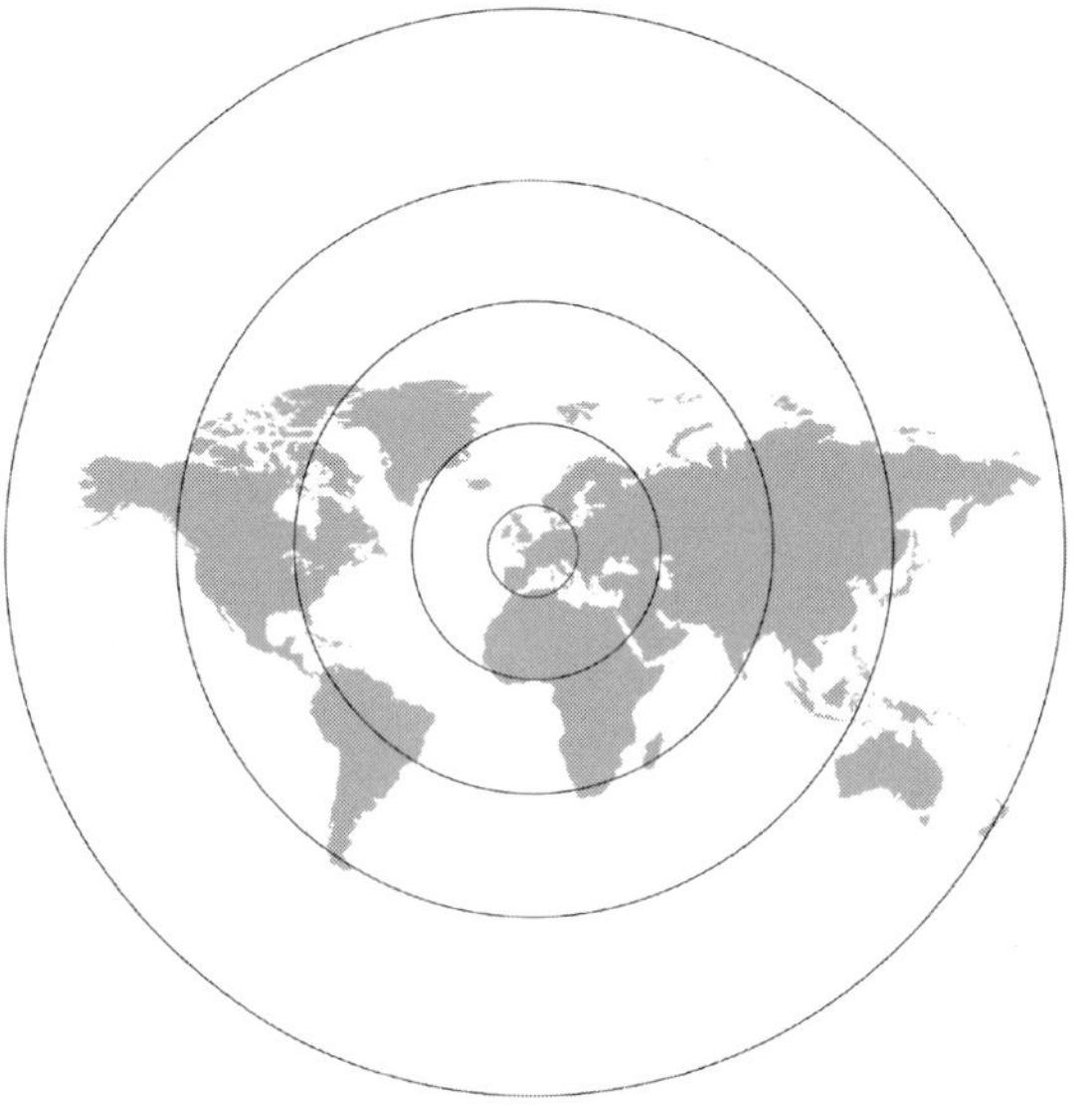
図1　空間的拡張としての文明伝播

近代と都市の文明

十二世紀にヨーロッパ世界がイスラームとの地中海交易での覇権争いに勝利し、この地中海貿易の拡張期を、ヨーロッパ文明の黎明期であるとして「西欧の勃興」という。十二、十三世紀の北イタリアで、資本の再生産を行う資本主義の概念が生まれる。資本主義は拡張・拡大を求める社会システムである。その社会システムを背景として、十六、十七世紀の大航海時代があり、十八世紀の市民革命、十九世紀の産業革命によって新しい市民社会が登場する。そこでは、キリスト教を背景とした、ヨーロッパ世界固有の社会制度、科学・技術の興隆、個人を基本単位とする近代国家など普遍的な価値が形成される。この文明の伝播はヨーロッパを地図の中心として、時間軸の中で空間的拡張として現すことができる（図1）。日本では、世界地図は日本を中心に描く。ヨーロッパと日本は地球の反対側にあるので、地理的な世界観は異なる。

一八六八年の明治維新は、ちょうど一五〇年前、日本という国家のシステムを、ヨーロッパ文明の社会システムに切り替えた切断面である（図2）。明治維新は、ジョルジュ・オスマンによるパリの大改造が終了するのと同

図2　切断面としての明治維新

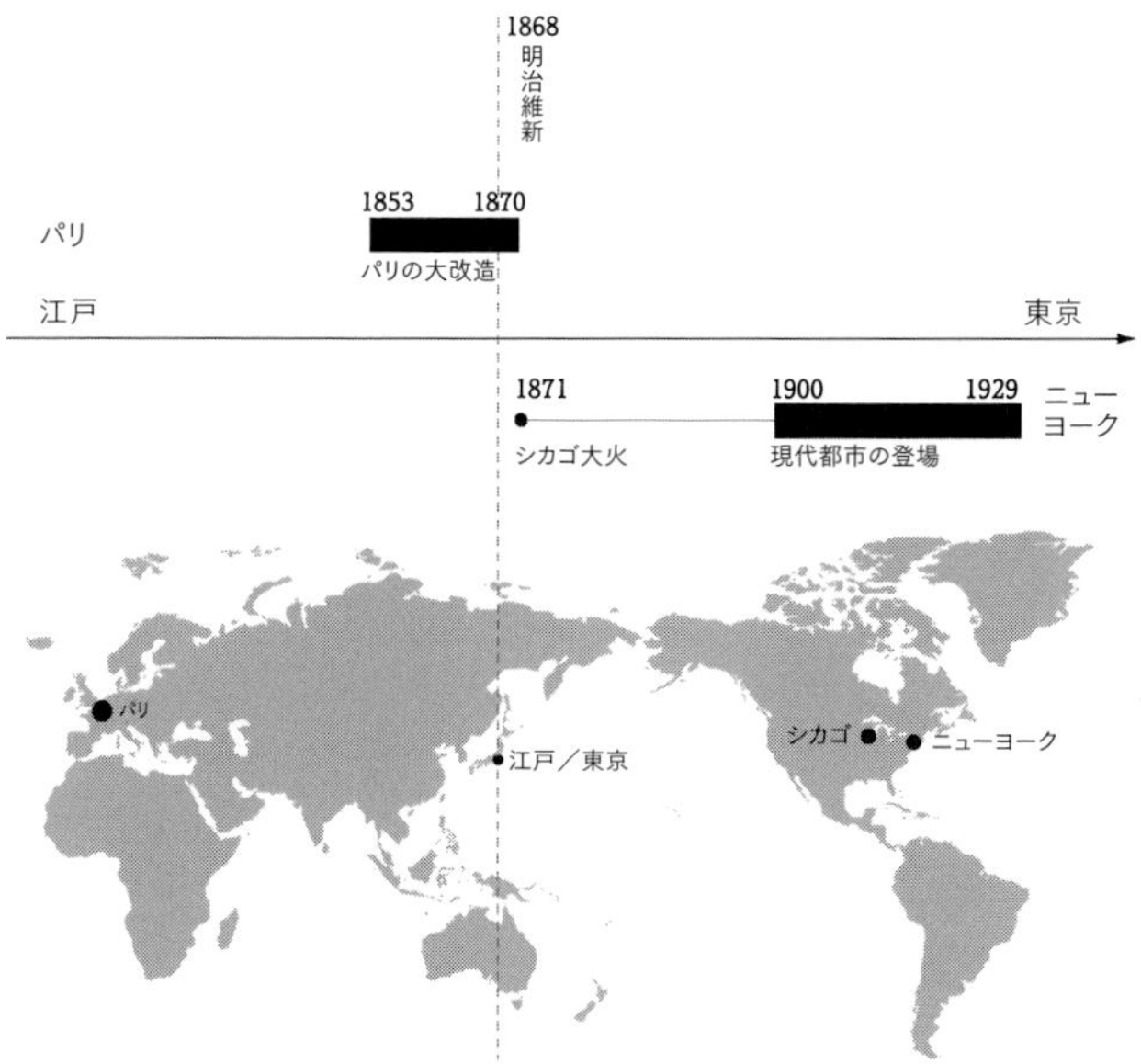

じタイミングであるが、パリという都市空間は、政治的な図式が明示されている。放射状になった道路パターンは監視を要する都市、ある意味ではパブリックという概念が空間で表示されている都市である。これはラテンヨーロッパが示す近代都市の姿である。明治維新の三年後、一八七一年に、シカゴの都市中心部を焼き尽くすシカゴ大火がある。それを契機に北米に経済活動を中心とする、アングロアメリカの思想を背景とした「現代都市」という類型《タイポロジー》が登場する。明治維新は日本という国家のシステムをヨーロッパ文明の社会システムに切り替えた切断面であり、この切断面によって鏡面のように江戸と東京を比較することもできる。と同時に江戸と東京を横断する概念によって、新しい都市文明のコンセプトが創造できる可能性がある。

人口動態を見ると、明治維新によって社会システムが切り替えられた以降に急激に人口が増える。江戸時代の人口状態はフラットで定常型社会であったのが、近代化

図3　人口動態に見る近代化

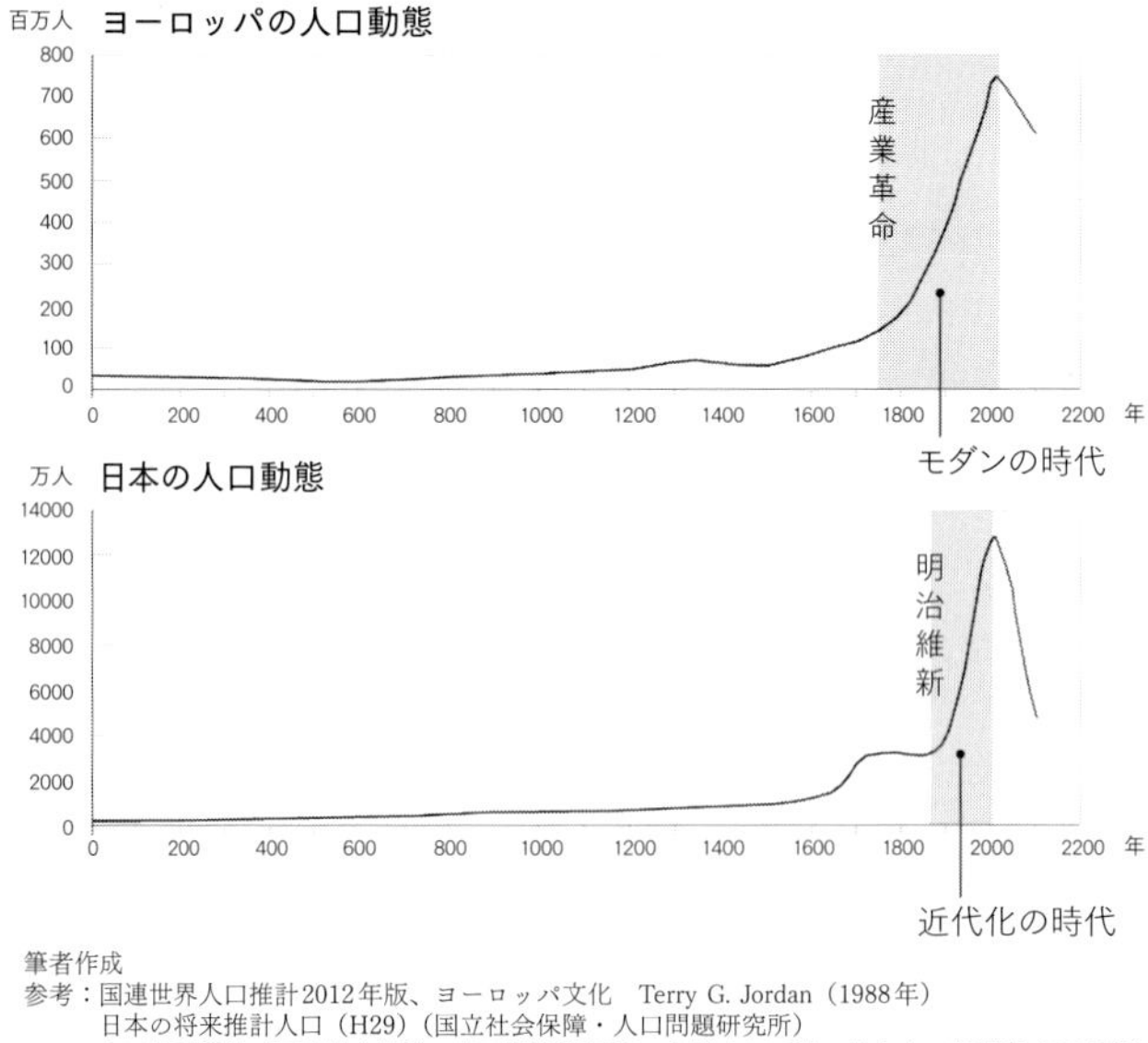

筆者作成
参考：国連世界人口推計2012年版、ヨーロッパ文化　Terry G. Jordan（1988年）
日本の将来推計人口（H29）（国立社会保障・人口問題研究所）
人口統計資料（国立社会保障・人口問題研究所）、図説人口で見る日本史　鬼頭宏（2007年）

が始まり、産業が急伸し、急激な人口増加を支えた。これが日本における「近代化」という時代である。ヨーロッパでは、産業革命以降急激に人口が増加している。（図3）この社会状況をモダンという。これは人口を支える科学技術、または、社会システムができたということである。そして、この時期が非常に特別な期間であったということが人口動態から分かる。さまざまな科学技術が世界中の驚くべき人口拡大と、都市への集中を支えてきた。二十世紀末、都市型社会に移行した後、先進国ではその都市での出生率が下がっている。先進国の都市部では、二十一世紀後半は急激な人口減少の時代となるのだそうである。

廣井良典という社会哲学者が興味深いダイアグラムを紹介している（図4）。それは、個人が共同体に包含され、共同体は自然に包含されるという三角形で社会を示すもので、資本主義とは、この三角形を切り離して離陸していく状態であるとする。個人と共同体という三角形が自然から切り離されるのは「都市の離陸」である。資本主

図4　離陸のダイアグラム

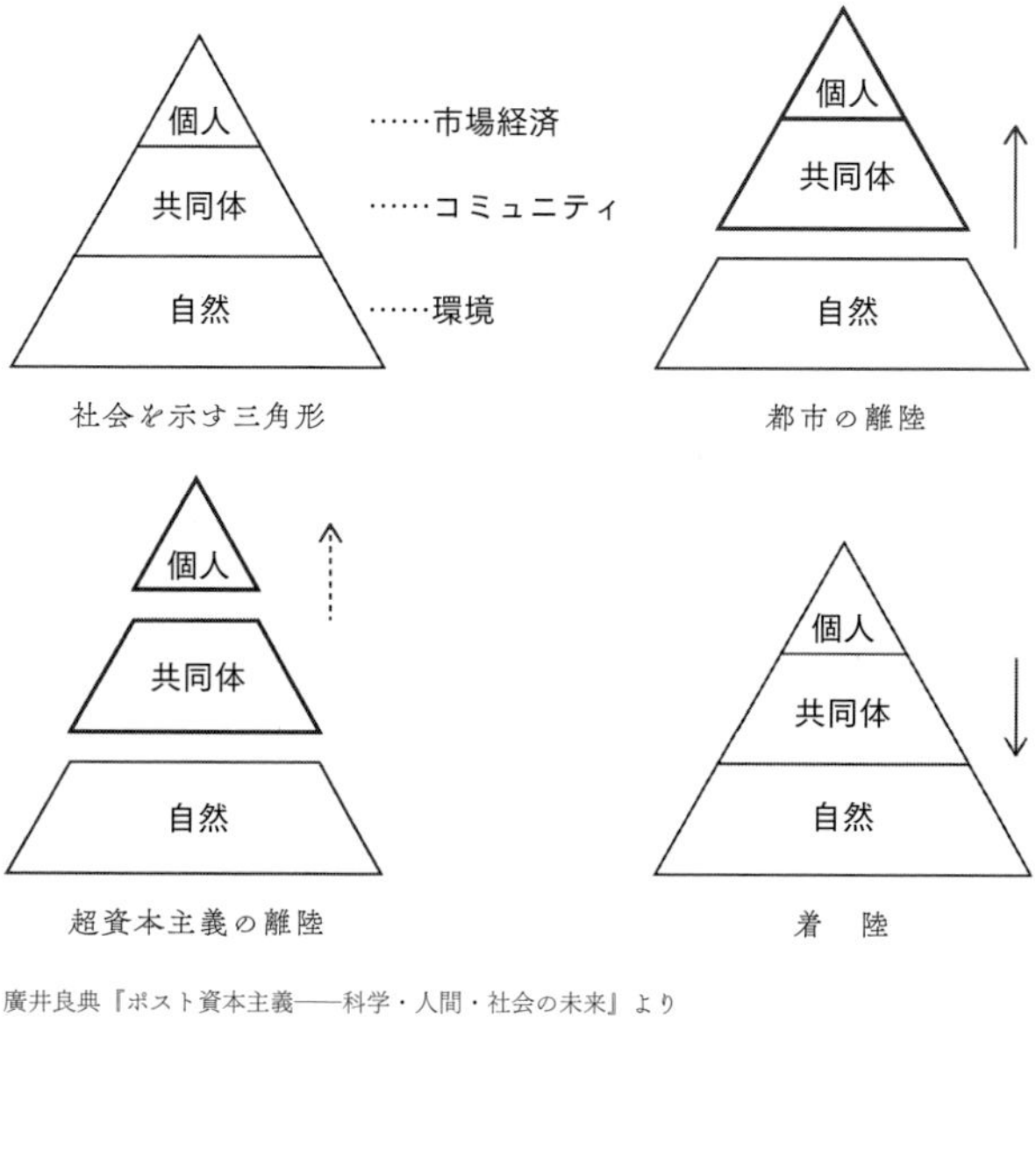

廣井良典『ポスト資本主義——科学・人間・社会の未来』より

義の進行の中で個人は共同体からも切り離されアトム化する。現代では家族という最小集団さえも解体している。拡張拡大の限界に到達した現在、ここで示される「ポスト資本主義」という社会では個人をコミュニティにつなぎ、さらに自然という「テリトーリオ」に着陸することがイメージされている。ここでは、二十世紀に行われた自然・共同体・個人の離陸とは反対の方向が示唆されている。

江戸／東京の都市構造

連続壁体で構成されるヨーロッパの都市とは異なり、東京は槇文彦氏が「細粒都市」と表現するように、独立した粒の集合でできている。連続壁体で構成される都市は変化しない。たとえば、十八世紀半ばにつくられたノリの地図を見ると、それは現在のローマの都市空間を表している。それに対して、独立した粒の集合でつくられた私たちの都市は容易に変化する。東京の建物の平均寿命は二六年ほどである。江戸／東京の都市形成は、起伏に富んだ豊かな丘陵地の地形を基盤としていることが重要である。グリッドや同心円という人為的図式で街をつくるのではなく、江戸の街という

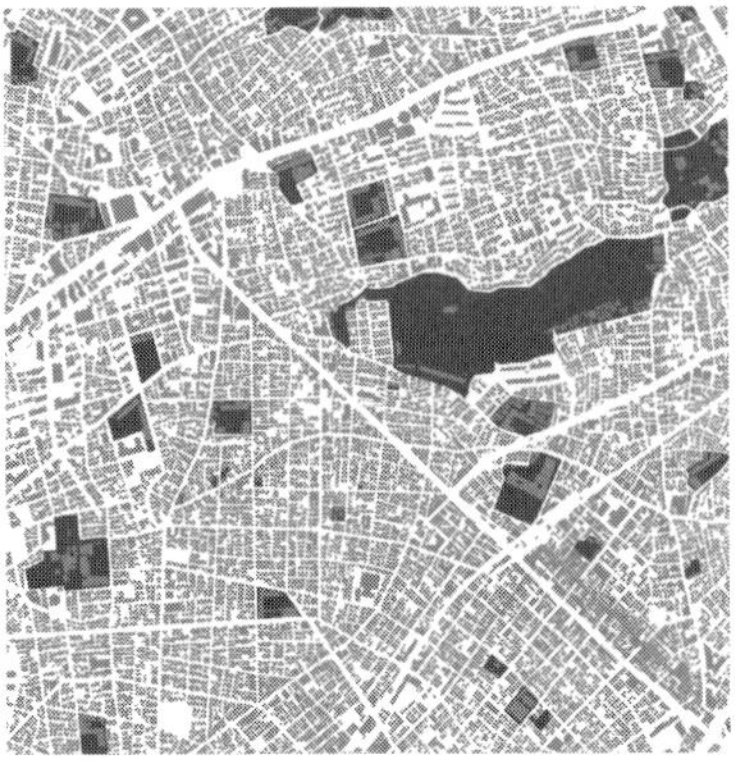

図5　面的ヴォイド

のは、地形に基づいてつくられている。例えば道は、尾根道、谷道という、地形の中で道路パターンをつくっている。現代もその道路パターンがそのまま継承されている。そして、敷地境界も地形と関係した地境があり、たとえば崖地が地境になったりしている。東京の都市の文脈は建物という実体ではなく、それを支えている地形、そしてそれに応答してつくられた基盤構造にある。

東京では建物というソリッド（建物の塊）を見ても時間の中で継続する類型《タイポロジー》を読み取るのは困難だが、ソリッドとソリッドの間に生まれるヴォイドに注目すると、地割りや道路パターンがつくる江戸－東京の都市構造を読み取ることができる。建築の類型ではなくヴォイドのタイポロジーとして地図上で調べてみると、江戸－東京という時間の中で継続する都市構造が読み取れる。それを、面的ヴォイド、線形ヴォイド、粒状ヴォイドと類型化する（図5～7）。面的ヴォイドとは、江戸の武家屋敷が公的な施設（公園、学校や官庁など）に変換されたものと、寺社地境内として江戸時代から継続するもので、江戸期から数百年続く大きな空地が読み取れる。ローマだと、パンテオンとかコロッセオという建物がずっと残っているように、江戸／東京の中ではこういう広大な空地が残っていく、そういう都市である。都市組織で言えばそれがモニュメントにあたる役割をしている。

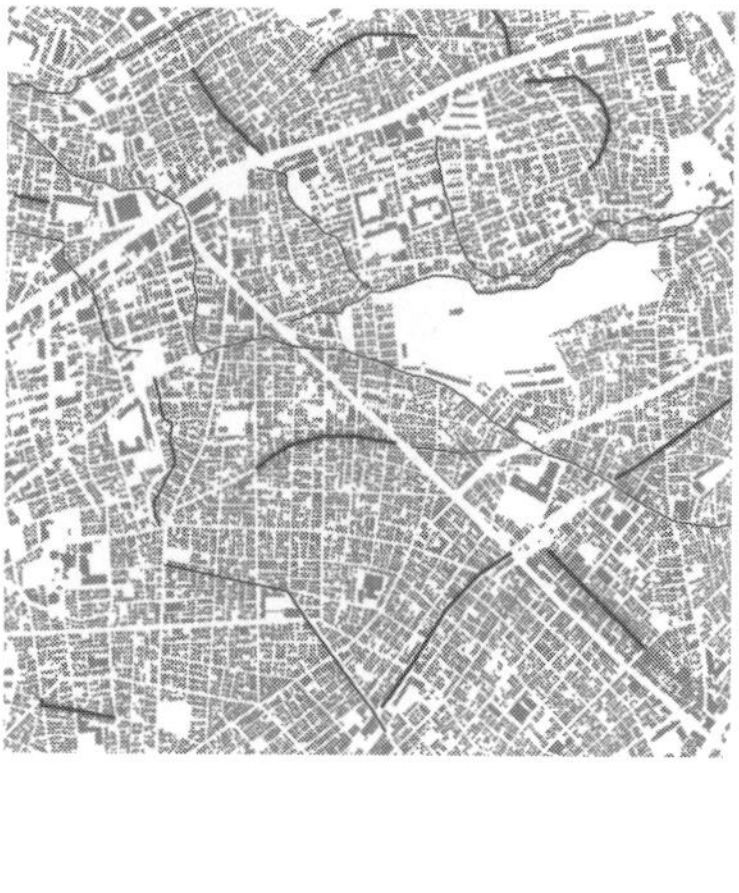
図6　線形ヴォイド

図7　粒状ヴォイド

江戸／東京という都市の文脈は自然地形に応答して道が通され、街割りがつくられているので、土地の敷地割りや道路パターンという線形のエレメントは、上物が変更されても継続されることに注目している。ひものようなエレメントを現代の都市の中に見出すことができる。それはたとえば、商店街、道路、水路、そして暗渠であったり、崖線緑地などである。このような線形の都市エレメントは、生活に身近な所に存在しているので、コミュニティと深く関係する要素として、都市の中で読み取ることができる。それを線形ヴォイドとした。

　細粒都市を特徴づける粒状のヴォイドは空き家・空き地が生まれやすい東京の都市構造を表現している。面的ヴォイドや線形ヴォイドは人間の生命スパンを越えて継続されているのだが、この粒状の都市要素は明滅するように変化する。二〇一〇年のヴェネチア・ビエンナーレで、「TOKYO METABOLIZING」というタイトルをつけて、この絶え間なく生成変化を続ける粒状の都市組織を対象としたプレゼンテーションをおこなった。この生成変化し続ける粒状の都市要素で埋め尽くされる東京の木造密集市街地にこそ、この都市の未来をつくる可能性があるとするものである（図8）。

　現代都市は経済成長に対応した都市であるが、経済の成長が止まり、定常型社会となるとき、そこで人間の生活を豊かにするための都市を創造す

図8　続・TOKYO METABOLIZING展（二〇一八年）

ることになる。そのとき、この変化しやすい粒状ヴォイドを誘導することで、ビジョンをもった都市の行方をデザインすることができる。それを「江戸東京研究センター」での研究のひとつの主題としている。それが、「都市東京の近未来研究」である。

西洋現代都市の構造的危機——別の近代性を探して

パオロ・チェッカレッリ

今回のシンポジウムは、この二世紀の産業化の結果であり、現在危機的な状況にある都市の側面を、批判的に再検討する重要な機会を与えてくれる。社会と経済は実質的に変化し、新しく出現する問題は、それぞれ異なる新しい答えを要求するが、そのような答えを見つけるのは困難である。どのように、社会が、田舎の社会から産業化された社会へ、そしてポスト産業的な社会へ変化したのか、堅固な原理に基礎を置いた社会が、どのようにして不確実で、「液状化するliquid」社会に変わったのか、理解し説明しなければならない。このような変化は、現在、歴史的に錯綜した瞬間にいる日本にとりわけ関わる変化であるが、世界中のほとんどの都市にも影響を及ぼしている。このような過程の原因とその過程が提起する新しい問題は、重要な研究領域である。したがって、新しく設立された江戸東京研究センターが提供しうるアイディアや解決策は、ずっと広い国際的な規模できわめて貴重な貢献となる。

最初に問題を提起しよう。

近代都市は、前の世紀、あれほどよりよい未来を期待させ、予想させたのに、なぜその魅力を失ったのだろうか？　そして、都市は、出会い、社会化、協力の場所だったのに、なぜ分離と孤立の場所になってしまったのだろうか？　なぜ、都市は次第に心配の種に、空間的な矛盾の源に、劇的な社会的、経済的争いの原因、環境の危機を生み出すものになってしまったのだろうか？　現在これほどしばしば都市が悪夢になっているのはなぜなのだろうか？

これらの問いは、もう一つの問題を提起する。このようなネガティヴな結果を矯正することは可能なのだろうか？　都市はこの過程を進みすぎていて、来た道を引き返すことはできないのだろうか？　ポジティヴな解決策を探すことはできないのだろうか？　この場合、何ができ、何をすべきなのだろうか？

近代都市は、十九世紀初頭以来、ヨーロッパで、その後北アメリカで起こった深い変化の過程の結果である。そして、新しい形式の都市の生活、都市の組織を生み出した経済、社会、法律の道具は、出生地から世界のいたるところへ輸出された。

過去に何が起こったのか、現在われわれが直面しているのは何かを理解しようと努力するとき、私が助けを求めるのは、二十世紀の西洋文化において重要な役割を演じたヨーロッパの社会学者のグループによる近代性についての研究、そして近代都市の役割についての研究である。その社会学者たちとは、二十世紀初頭のドイツ人ゲオルク・ジンメル、近年では、イギリスのアンソニー・ギデンズ、ドイツのウルリッヒ・ベック、そしてポーランドのジグムント・バウマンである。

ジンメルは、短いが根本的な試論、『大都市と精神生活』（Simmel 1903）の中で、偉大なる認識力によって西洋文化の構造的矛盾を先取りする。それは、人間が、自分たちより知的な事物の世界を、自分たちが制御することも支配することもできないシステムを創造した、という事実である。「近代文化の発達は、客観的精神と呼ばれうるものによる主観的精神の支配によって特徴づけられる。つまり、法律と同様、言語においても、芸術と同様、生産技術においても、家庭環境の対象と同様、科学においても、ある種の精神（Geist）が具現化しているのである。個人の知的発達は、この精神の成長を不完全にしかたどれないし、この精神の成長にずいぶん遅れてから起こる。もし、例えば十九世紀に、事物と知識の中に、制度や快適な設備の中に具現化されていった巨大な文化を考え、そのような文化と同じ時期の個人の文化的進展を比べると、二つの発達のあいだには、驚くべき成長率の違いがあることに気づくだろう。その違いは、むしろ多くの点で、精神性、繊細さ、理想主義に関して、個人の文化の後退を表しているのである。」

数年後、ジンメルは『文化の本質』で、さらに自分の考えを展開する。「とりわけ、分業にもとづいて高度に発達した時代には、文化の達成は、独立した固有の存在を持つ領域の範囲と一貫性を獲得した。対象はより完全に、より知的になり、より忠実に自らの内的な物質的便宜の論理に従うようになる。しかし、現実の文化、つまり主観的な文化は、同じようには進歩しない。実際、そのように事物の客観的な領域を拡張するために進歩することはできない。現実の文化は、数え切れないほど存在する、それに貢献するものたちのあいだで分割されるのである。歴史的発展は、最も進まないときでも、具体的で創造的な文化の達成と、個人の文化のレヴェルのあいだの隔たりを徐々に広げようとする。近代の生活の不調和、とりわけ、あらゆる領域でのテクノロジーの強化とその強化への深い不満の不調和の大部分は、事物がどんどん洗練されていくのに、それに比べると、人間は事物の改善から自分たちの主観的な生活の改善をわずかしか引き出せない、という事実から生じる。大都市は、あらゆる個人的な要素より大きく成長するタイプの文化特有の領域なのだ、と指摘すればよい。ここで、建物の中にも教育制度の中にも、空間を征服する技術がもたらす驚きと快適さの中にも、社会生活の形成や具体的な国家制度の中にも、すさまじく巨大な文化の達成を見出すことができる。この結晶化し、人格を奪う文化の達成はあまりにも巨大なので、いわば人格がこの中で自らを維持することがほとんどできなくなる。」(Simmel 1908, 70)

しばらくの間、近代西洋都市のいくつかの物理的特徴について(そしてそこから引き出され、世界中に輸出されたモデルについて)考察しよう。「機械としての都市」というイメージは、二十世紀の都市についての文献にしばしば現れる。このイメージを支えているのは、都市は様々な機能の要素の集合に還元することが可能で、これらの要素は、より大きな機械の部品のように互いに関連しあっているという仮説である。この考えを最初に展開したのは、より効率的な下水と飲料水の配水システムを設計していたイギリスとフランスの技師、科学に基づいた測量図と信頼できる地図を作製した地形学者たち、ロンドン、パリそしてニューヨークに地下のネットワークを作った交通会社、土地使用のゾーニングの原則を導入したイギリスとドイツの都市計画者たちである。これらのイノヴェーションによれば、都市は、秩序に従った、スムーズで効率的な仕方で、経済活動が行われ、社会関係が成立することが可能な、合理的に組織化されたシステムになる。それは例えば、ル・コルビュジエが構想した「輝く都市」であり、トニー・ガルニエが描いた「工業都市」、ソヴィエトの建築家たちの「線状都市」であり、ドイツの「新即物主義」運動が大規模な労働者階級の住宅に適用した「生存に必要最低限 Existenzminimum」の原理である。二十世紀中頃には、ジークフリート・ギーディオンのような思慮深い学者が、興奮のうちに『機械化が指揮権を握った』を書いた(Giedon 1948)。さらに最近ではナレンドラ・モディ氏が一〇〇のスマートシティー(そこに入るために居住者は電子認証を受けなければならない)を建設することが、インドの近代化にとって正しい解決策であると考えた。イーロン・マスクの「ハイパーループhyperloop」は、都市の地下トンネルを時速二〇〇キロで動くポッドで車両を移動させる構想である。ニール・ブレナーの「地球規模の都市planetary city」のように都市だけで構成される世界の計画さえ、知識のつまった事物によって支配される未来を予想している。

都市が合理化の主要な手段であるのは、それが産業、経済の発展の中枢であるからであり、その時代の文化の最も複雑で洗練された表現である過程、規範、機能、メカニズムによって作動するように都市は構造化されているからである。先に述べたように、ジンメルによれば、都市は、人間の「主観的」精神に対する、事物の「客観的精神」の直接的な表現である。都市は、その機能の構成要素とそれを統治する機関を通して、農業社会と商業社会を産業社会へと変える手段となる。一方で産業の複雑な機械を作動させるため、他方で統治システムの効率を保証するため、労働力は、特定の社会的な特徴、心理的な態度、振舞い方、希望、そして習慣を持たなければならない。十九世紀と二十世紀の政治家、社会学者、建築家、画家、著述家、映画製作者にとって、都市のイメージが、機械のイメージに対応すること、つまり機械との類似を想起することは何の偶然でもない。

テクノロジーと新しい生産組織のおかげで始まりつつある新しい世界についての理論は、生産と経済の特定の部門に適用されるだけではない。産業社会の構成要素となっている人々の仕事や生活の必要に答えて機能するだけでもない。産業組織の原理をポジティヴな仕方で、より広い問題について用いる新しい形式の空間的な組織を想像するように促す刺激となるのである。このような理論的な研究や抽象的なモデルは、ヨーロッパ、とりわけ理論の構築に熱心なフランスとドイツで展開されたのに対して、アングロ＝サクソン文化の国々では、新しい世界の考え方は実践と経営方針を通して表現される。こうしてテーラーリズムは分業、時間のプランニング、個人の行動の合理化の原則によって、あるいはフォーディズムは大量生産の合理的組織によって、より広い影響力を持つ原理になった。

ミシェル・フーコーは彼の研究の大部分を、労働の実践と近代西洋社会の権力システムの両方の基礎となっている、大いなる機械、つまり、分業と個人の労働の細分化に基づく経済の要求に一致する制度そして組織の構築過程にささげた。『臨床医学の誕生――医学のまなざしの系譜学』（Foucault 2003）で記述される医療システム（そしてそれを通して行われる社会の選択と分離）についての研究、あるいは『監視と懲罰――監獄の誕生』（Foucault 1975）で分析される懲罰組織についての研究は、この過程を理解する上での根本的な貢献となっている。人間は必然的に、徐々に教育され、ある仕方でふるまい、特定の規則を受け入れ、ある原則にしたがって、特定の目的の下で考えるよう強いられている。この連続的で複合的な作用は様々な制度を通じて同時に遂行される。都市の空間的、機能的構造、学校、職場、教会、医療システム、警察、法廷、公共の交通機関と時刻表と運賃表、ごみ収集、暖房システム、電力による照明、火災予防、自然災害時の集団の行動が、このような制度にあたる。都市に住む人々は、読み書き、社会貢献を行うこと、自分自身の交通手段を確保し、核家族で生活することを受け入れ、高層建築の巨大な建物の小さなアパートでの生活に適応することを教え込まれる。彼らは、農民や商人、職人とは実質的に異なる時間概念も持たなければならない。

次第に個人のふるまいは変化し、生み出された新しい機能の要求に適応できるようになる。これらの機能は変化するにつれて、新しい状況を創造し、それに応える終わりなきプロセスの中で、後に起こる技術革新の条件を生み出す。

明らかにそのようなタイプの社会や都市は、人間から、異なる機能、空間、時間の組織に寄与する能力を奪う。

この種の組織のモデル、人間同士の関係（そして人間と自然の関係）の概念はあらかじめ条件づけられている。それらは人間の要求に応じて変化することはできない。それらは受け入れ、吸収しなければならないものなのである。

このことはジンメルが強調した二層構造のシステムの存在を証明する。一方で、文化に満ちていて、変化の過程にある世界を生み出すことが可能な、合理的で複合的なシステムを構築する必要がある。他方で、人間は、これらのシステムのルールとそれらの作動に必要とされるものに支配されることなく、このようなシステムを巧みに扱うことが可能であることが要求されるのである。

このような近代都市建設のアプローチは、西洋から世界中に輸出され、人口が増加する世界、そしてどんどん複雑になる社会の中で、人間の生息地を合理的に組織することに関して、恩恵をもたらしたことに疑問の余地はない。しかし、このアプローチは、社会、経済、環境の、新しいより大きな問題を提起する状況、例えば、都市に住む計り知れない数の個人が、互いに切り離され、自分で作ったシステムによって生み出された必要性を満たすことができないような状況をも作り出してしまった。

このような形態の物理的、空間的、社会的、経済的組織が知識に満ちているのに対して、この知識を持ち、それを適切に用いる人間の能力には限界があり、このような組織と能力の間にギャップがあることは明白である。明らかにこの状況を受け入れず、反発する形式にはいくつかある。しかしそのような形式は限界的な経験の限られた例で、許容される。それらは孤立していて、一般的な傾向を変えることができないのである。

明確にしておきたい。私は、都市を近代的、合理的な仕方で組織することは、何も間違っていないと考えているし、ルソーやソローのように、ロマン主義的な都会生活の見方を支持しているわけでもない。しかし、テクノロジーそれ自体は問題を解決できないという事実や、テクノロジーに救いをもたらし、問題を解決する力があると過剰な信頼をよせた結果、ホロコーストや広島や長崎への原爆投下に至ったのはそこまで昔の話ではないという事実にも懸念を抱いている。これに対して、われわれは、自分たちが道具、組織、制度の中に詰め込んだ知識と、それらを制御するわれわれの能力のあいだのギャップを縮小しようと試みるべきであると思う。

われわれは、ロボット工学が、都市居住者たちの生活の基盤となっていた数え切れないほどの仕事を破壊してしまう点までたどり着いた。都市は、産業や車、暖房や水の消費によって、きわめて深刻な環境問題を生み出してきた。同様に、大規模な都市化から、深刻な食糧不足が予想される。テクノロジーは、いくら洗練されても、われわれが生み出した恐るべき致死的な武器を制御することはできないし、イデオロギーや宗教のテロリズムを取り除くこともできなければ、極端な形の社会の分離や（ひきこもりのような）自己排除が増大するのを止めることもできない。われわれに何ができるのだろうか？

二十一世紀初頭のこの危機的状況は、三人の重要なヨーロッパの社会学者、ジグムント・バウマン、ウルリッヒ・ベック、アンソニー・ギデンズによって検討された。彼らの検討の仕方は、異なってはいるが、部分的に一致しており、彼らの分析を手短に参照することで、われわれの社会、都市が現在直面する問題をより理解する手助けとなるだろう。

三人とも、世界中で起こっている状況を特徴づけるのは、不確実な未来という感覚が広まっていることと、現在の世界が数え切れないリスクによって脅かされているという認識が共有されていることである、と考えている。

このようなリスクは人々の暮らし方を条件づけているので、それらを縮小し、できれば除去しなければならない。これらの要因は、社会が作動する仕方を変える。現在の状況は、「液状化する近代性liquid modernity」、「リスク社会」、「再帰的社会reflexive society」といった様々な言葉で表現され、様々な定義が試みられる。ギデンズによれば、「社会は一層未来について（そして同様に安全性について）頭を悩ませる。というのも、未来はリスクの概念を生むからである」。ベックは現代の社会に、「近代化そのものが誘発し、導入した偶然と不安定さを処理するシステマティックな方法」を見る。これに対してバウマンの考えでは、「液状化する近代性」とは、変化が唯一不変のもので、不確実さが唯一確実なものであるという確信のことで、この確信は徐々に強まっている。『近代性の帰結』の中で、アンソニー・ギデンズは指摘する。「近代性とは、二十世紀末を生きる人なら誰でもわかるように、諸刃の剣の現象である。近代の社会制度が発展し、世界中に広まったことによって、どんなタイプの前近代的なシステムより、人間が安全で生きる価値のある生活を享受する機会がはるかに多く生み出された。しかし、近代性には暗い側面もあり、この側面は今世紀に入ってきわめて明らかになった。［……］今日われわれが生きている世界は、緊張感に満ちた危険な世界である。このことによってわれわれは単に、近代性の出現がより幸福で安全な社会秩序の形成に到達するだろう、という仮説を弱めたり、修正せざるをえなくなるだけではない。『進歩』への信頼の喪失はもちろん、歴史の『物語』の崩壊の基礎となる要素の一つである。しかし、ここでは、歴史は『どこへも行かない』という結論以上のことが問題になっているのである。われわれは近代性の諸刃の剣を制度から分析しなければならない。」（Giddens 1990）

産業都市の基礎は、確実性と堅固な原則にあった。この原則は、すべての社会集団によって共有されていたわけではないにせよ、それでも、同じ物理的な場所で共に住むことによって決定される共通の利害にうまく対処する必要に対応し、対立する関係にも双方に共通の基盤を与えていた。今日、状況は完全に変わった。技術の進歩は、そのパフォーマンスとその結果を制御する人間の能力のギャップをさらに増大させた。情報通信技術の役割が増大し、通信の流れflowsが果たす役割が決定的になり、新しい空間的関係の構造が生まれることによって、都市の社会は分裂した。一方の集団では、その社会的経済的関係の組織と処理と、その権力システムは、情報通信技術Information and Communication Technology（ICT）のネットワークに基礎を置いている。それらの集団にとって、物理的な空間や場所それ自体は、副次的な役割しか持たない。他方のグループは、それらの流れやネットワークにアクセスできないので、場所に基づいた関係のシステムを展開し、使用せざるをえない。マニュエル・カステルは言う、「人々は場所に生き、権力は流れを通して統治する。」（Castells 1989, 349）しかし、どちらの集団もある要因を共有している。どちらもリスクに支配されているのである。リスクの大部分は、産業化とそれに関連したテクノロジーのネガティブな出力と、それらを処理する困難から生み出される。現行のプロセスのポジティヴな結果とネガティブな結果を予測する場合も、それらの解決を定義する場合も、リスクは不確実さをさらに増大させる。ウルリッヒ・ベックが指摘するように、「ディジタル・ネットワーク、ロボット工学、人工知能の進歩によって生み出された新しい技術の推進力に対する懸念がある。先の世紀、車、化学上の発見、テレビについて起こったように、これらの新しい発見が人間にもたらすとてつもないポジティヴなアドヴァンテージについての興奮した過剰に楽観的な理論が、火のように広がった。普及した通信と、膨大な量のデータへの容易なアクセスは、未来の自由な、完全に民主的な、豊かで公平な世界の前触れになった。逆に、これら新しい技術の発展のダークサイドは、拒絶されるか、あるいはディストピア的な未来観になった。」（Beck 1999）リスク世界における都市の社会が分裂し、不確実になるのは不可避なことである。これらの社会が、ローカルな実効的な答えを、技術的分断、大量の失業者、気候の変化といったグローバルな規模の問題に与えるという不可能な仕事に直面せざるをえないからである。カステルが指摘するのは、「どんどんグローバルになる過程によって構造化される世界の中で、政治がどんどんローカルになる」(Castells 1989)というパラドックスである。これに対してギデンズは、「安全対危険」、「信頼対リスク」という二項対立を使って、これら危険な水の中でわれわれの行動を導くためにとらざるをえない不確かな決断を説明する。(Giddens 1990)

リスク社会では、自然の問題、民主主義の民主化、そして国家の未来の役割といった分散した論点が再びつながり合う。以来、「リスク社会は、国家だけでなく、民間企業、そして科学の意志決定過程も同様に公開することを要請する。またこの社会は、リスク衝突の隠された権力構造である『定義関係』の制度上の改革を要求する。これによって、環境の革新の促進が可能となり、また、リスク衝突を支えている決定的な価値の問題が議論され、判断されうるような、より正しく発展した公共領域の構築を援助することが可能となるだろう。」(Beck 1998)

そのような状況で今、本質的なのは、われわれの能力、必需品と、われわれが生み出す事物の性能、その増大する自律性のあいだの正しい関係を再び創造することである。それは容易ではないが、今世紀の決定的な問題なので、可能なあらゆる努力を払って、それを最優先しなければならない。しかし、それに到達するためには、西洋が描いた道筋に替わる道筋をたどる必要がある。思うに、ヨーロッパや北アメリカとはきわめて異なる特徴を持つ文化の原則や価値を研究しなければならない。そのような文化とは、しばしばほとんど完全に忘れられてきたが、より近代的で、現在最も深刻な不均衡や矛盾のいくつかを解決するのに最もふさわしいものとして今日再び現れた、特定の特徴を持つ文化である。日本は、前の世紀自らを世界の主人公の一人にしたモデルの深刻な危機を反省しているが、自分の特定の文化の中に、今までの方向性に替わる、新しい方向性を探さなければならないと思う。江戸と東京の深く掘り下げた比較分析はきわめて有望であると考えている。

可能な研究の筋道を二つ示唆する。

（一）最初の筋道は、人間が作った事物に埋め込まれた知識を身につける能力を（まだ可能なすべての場合で）回復することを始める。都市は、継続的に、広い範囲で、新しい発展、新しい処理のための道具を必要としているので、建築問題の新しい解決、新しい物理的計画、新しい法律上の道具、実施のための新しいプロセスを設計し、テストする驚くべき実験室になりうる。

（二）二番目の筋道は、研究計画の焦点を、人間と自然の関係の基本的な意義を再発見すること、今とは違う空間と時間の観念を作り上げること、まちづくりのような、事物を変える協力のかたち、都市と人間の環境を協力して建設する方法を構築することに絞っている。

以上のような実験には、新しい近代性のモデルがある。もう一度ギデンズを引用しよう。「生活には多くのリスクがあり、共同体の基礎としてふさわしいのは、その中のほんのいくつかに限られる。しかし、リスクの共有、あるいは『リスクの社会化』は、私の見方によれば、領土に関わる側面も領土に関わらない側面も両方持つ共同体の強力な基礎になりうる。今までは、リスクは、避けるべき、また最小限にとどめるべき、単にネガティブな現象であるように見えた。しかし、それが国境を越えたリスクの共有を含意するときは、同時にポジティヴな現象として見てもよいだろう。こうして、ポスト国家の共同体は、リスクの共同体として、構築、あるいは再構築されうるだろう。適切なタイプ、あるいは適切な程度のリスクを文化から定義することによって、実際共同体は、リスクに関する仮説を共有する者たちとして定義される。」(Giddens 1990, 16)

急速に深く変化する世界のために、新しいアイディア、新しいパラダイムを作り上げるのは簡単な仕事ではない。しかし、われわれはこの責任から逃れることはできない。それを始め、ゲームの規則を変える時が来ているのである。

参考文献

Bauman Zygmunt, 2007, *Liquid Times. Living in an Age of Uncertainty*, Cambridge: Polity

Bauman Zygmunt, 2000, *Liquid Modernity*, Cambridge: Polity & Blackwell

Beck Ulrich, 1992, *Risk Society: Towards a New Modernity* , London: Sage

Beck Ulrich, *World Risk Society*, 1998, Cambridge: Polity

Castells, Manuel, 1989, *The Informational City. Information-Technology, Economic Restructuring, and the Urban-Regional Process*, Cambridge-Oxford: Blackwell,

Castells, Manuel, 1997, *The Power of Identity*, Oxford: Blackwell

Foucault, Michel,2003, *The Birth of the Clinic: An Archaeology of Medical Perception*, London: Routledge

Foucault, Michel, 1975, *Discipline and Punish: The Birth of the Prison*, New York: Random House

Giddens, Anthony, 1990, *The Consequences of Modernity*, Cambridge: Polity

Giedion, Siegrfried, 1948, *Mechanization takes command : A Contribution to Anonymous History*, New

York: Oxford University Press

Simmel, Georg, *Die Großstädte und das Geistesleben*, 1903

Simmel, Georg, 1903, *The Metropolis and Mental Life* (1903) in *The Sociology of Georg Simmel*, 1976 New York: Free Press

Simmel, Georg, 1908, *The Essence of Culture*, in Simmel, Georg, Frisby, David, Featherstone, Mike, *Simmel On Culture: Selected Writings Theory, Culture &Society*. 1997, London: Sage Publications

(松井 久 訳)

「動十分心、動七分身（心を十分に動かして身を七分に動かせ）」——多次元社会を目指して

ロレーナ・アレッシオ

日本はその歴史を通して、外国に対する閉鎖と解放のプロセスに影響を受け続けてきた。日本文化においては、外から取り入れた新しい要素を、閉じられた時代に磨きをかけることができたのである。

一九九〇年代以降、西洋諸国からの絶え間ない影響によって、このプロセスは加速してきた。それでもやはり、新しい要素の再解釈は日本文化に変化をもたらした。したがって都市の再開発と都市景観の形成過程も影響を受けた。「東京」という都市の形成過程は、ほとんどの場合「試行錯誤」で進められたことが一目瞭然であり、トップダウン式のプロセスであれボトムアップ式であれ、新しい概念や新たな形が示されている。

絶え間のない実験、西洋と東洋の様式の重なり合い、都市構造における柔軟性を保つこと——これが、都市化の新しい形を示す未来のリーダーたる都市「東京」のレシピである。さらに言えば、江戸／東京の都市構造に今日存在している様々な空間を再構築することによって、「都市設計」というものへの新たな取り組み方を示すことができるのである。このプロセスは「境界を曖昧にする」という方法論に要約できるかもしれない。以下にいくつかの考えを述べよう。

一点目は、時間と空間が「間（ま）」の一部をなしていることである。日本人は空間について考えるとき、時

間の中での空間を考えるのであり、空間は常に時間の中で認識される。したがって、空間を形作る際には、様々な要素が時と共に移り変わる様子と細部とに対する関心が重要なのである（図1）。イタリアの都市が、何もない空間と一般的な建物と記念碑的建造物との間の緊張関係を伴う出来事の集まりとして考えられてきた一方で、日本の都市には、自然との境界線が曖昧な地点や、細部に焦点が置かれた地点が存在する（図2）。

二点目は、知覚について考えるとき、街をぶらぶらと歩く「遊歩（flânerie）」の概念を思い起こすかもしれない。街をただ五感で感じながら都市構造を分析する専門家[1]となり、様々な場所を体験し、A地点からB地点まで成り行きに任せて移動し、精神／感情／記憶について新たな視点を発見するのだ。ここでエドワード・ホールの空間認識についての分析[2]を思い出しておくと役に立つ。ホールは、日本人の空間認識において、道よりも街角の方がいかに重要であるかを指摘している。そして日本語と同じように、中心をなす物には決して直接には到達することができないが、いくつかの方向から近づいていくことができるのだ（図3）。

三点目として、内部と外部との関係には「中間的な空間」による境界の曖昧化が伴う。江戸／東京の古い都市構造に見られる長屋や路地は、黒川紀章[3]が指摘したように、未来の都市計画の模範として示唆を与えるものだ

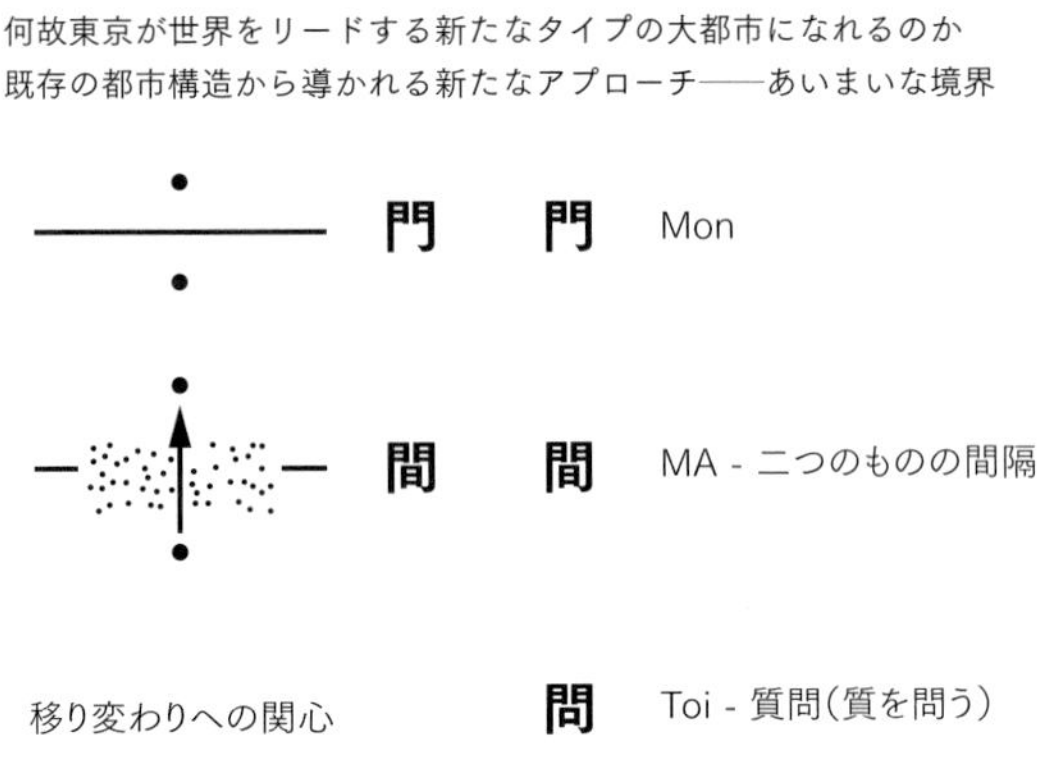
何故東京が世界をリードする新たなタイプの大都市になれるのか
既存の都市構造から導かれる新たなアプローチ――あいまいな境界
門 門 Mon
間 間 MA - 二つのものの間隔
移り変わりへの関心
問 Toi - 質問（質を問う）

図1 日本文化おける時間と空間

図2　移り変わり　桜の花

（図4）。

四点目として、日本では公共スペースの概念は時代と共に変遷してきた。江戸／東京では、公共スペースは寺院や神社、自然と結びついていた。明治維新後、西洋のモデルとした新しい形の公共スペースが現われた。

法政大学の陣内秀信教授[4]および早稲田大学の有賀隆教授、[5]および東京大学の隈研吾教授[6]が共同研究者として関わった論文や学生論文には、現代の東京における公共空間のデザインについて考察しているものがある（図5）。東京という都市とその活気に比べると、イタリアの都市はほとんどの場合、現代的で質の高い都市空間の創造に失敗しているように思

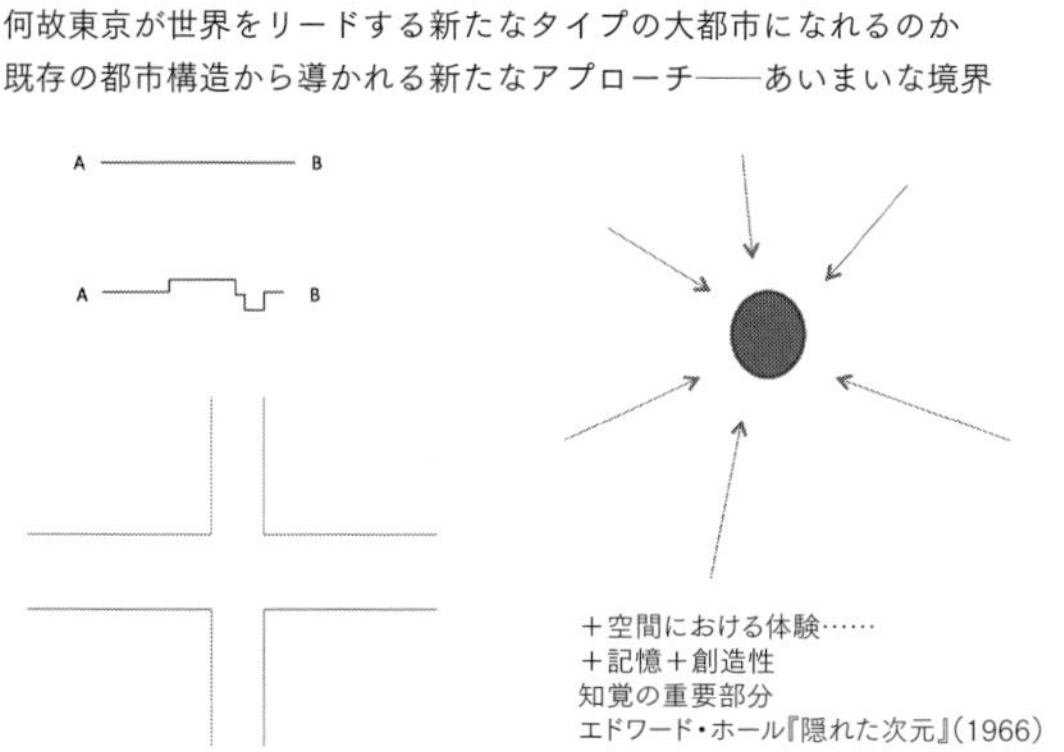
何故東京が世界をリードする新たなタイプの大都市になれるのか
既存の都市構造から導かれる新たなアプローチ――あいまいな境界
A
B
A
B
＋空間における体験……
＋記憶＋創造性
知覚の重要部分
エドワード・ホール『隠れた次元』(1966)

図3　心・情緒・記憶の知覚の再発見

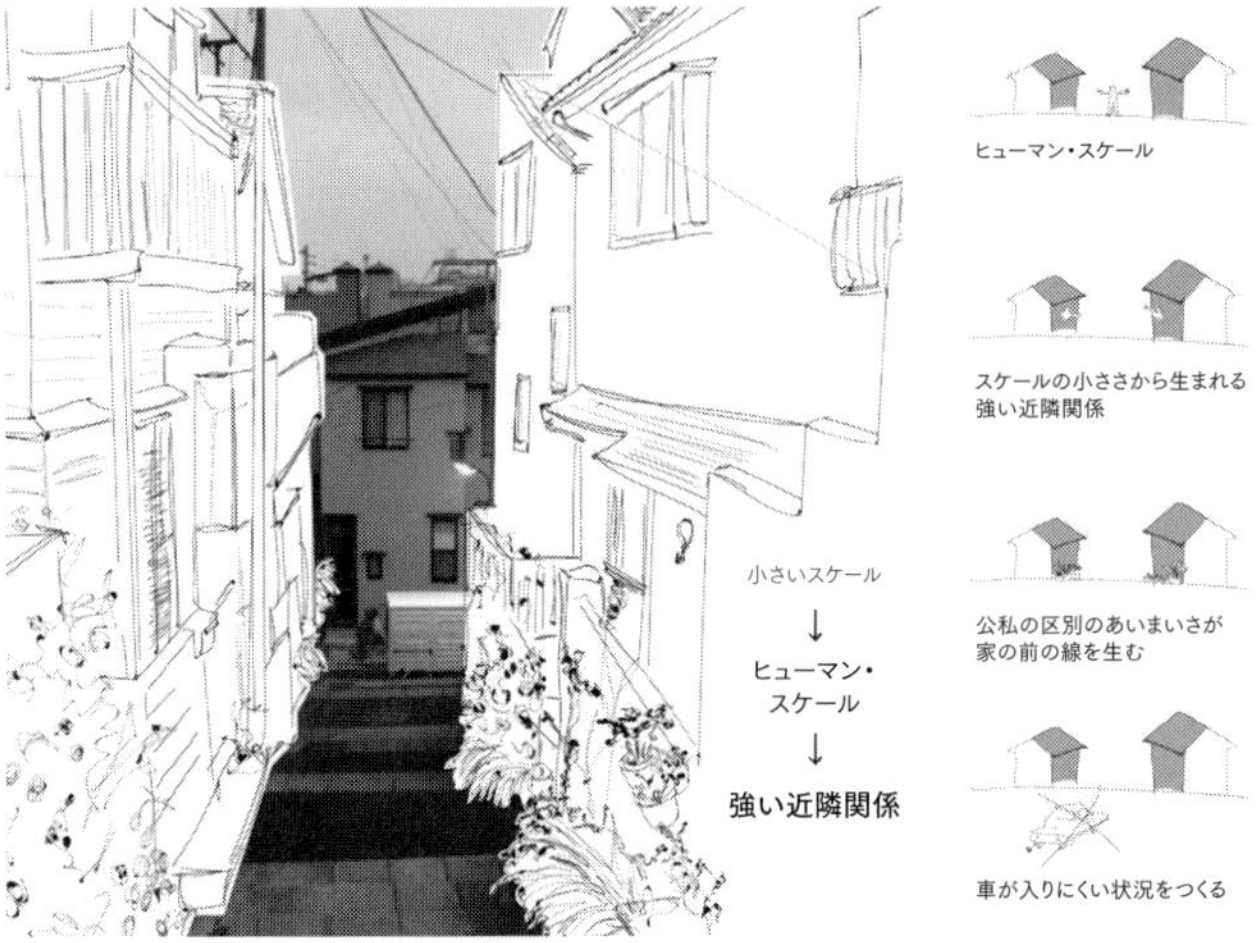

図4 駒込におけるヒューマン・スケールの空間分析（Noel Giovannetti の修士設計より）

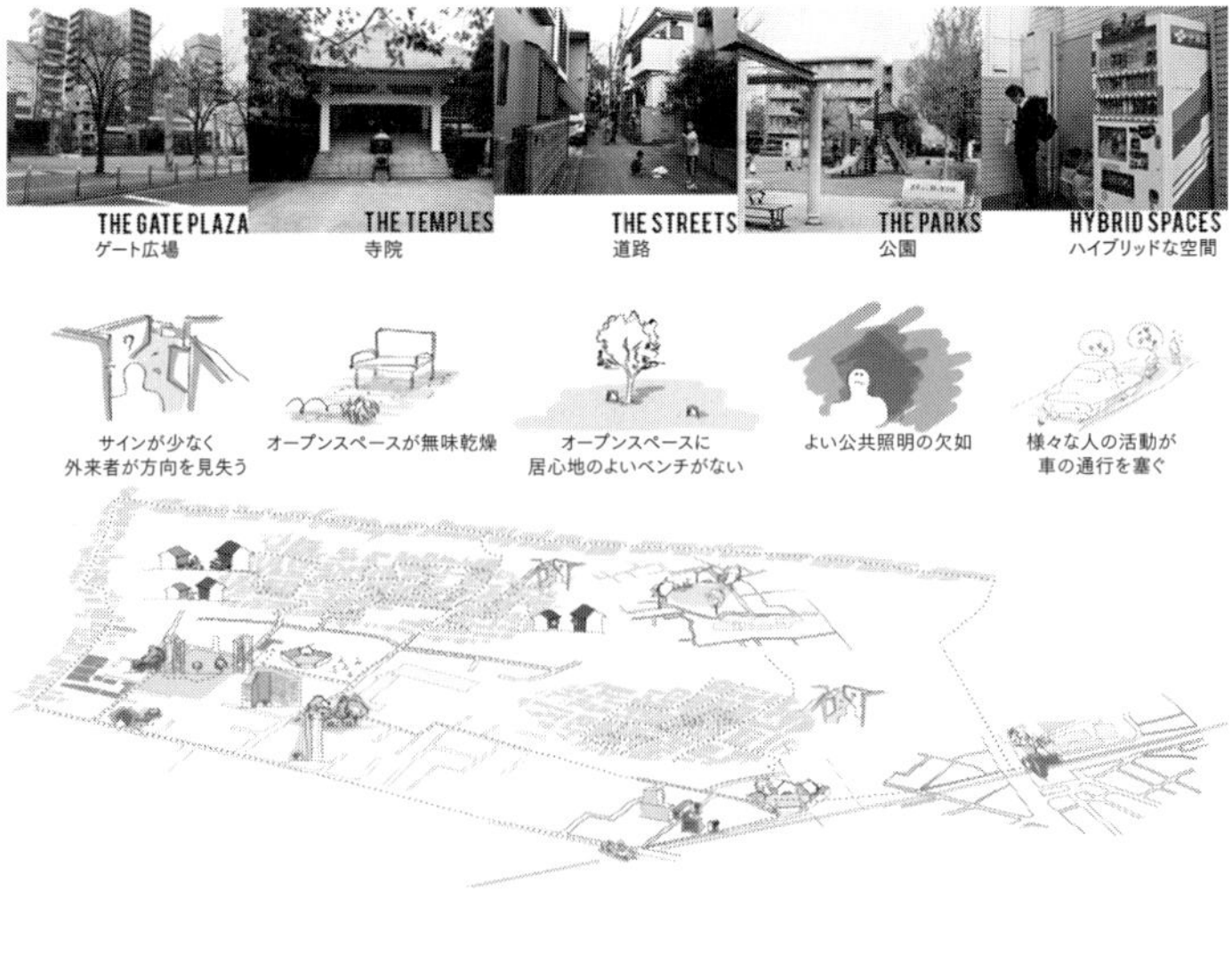

図5 駒込における公共空間の分析（同上）

われる。

五点目として、日本はロボット工学や建築、システム・デザインを含む学際的な研究や教育に投資している。これは国民や将来のリーダーたちが人工知能に埋め尽くされた新しい世界に対応できるよう準備させているのである。学校や大学の新設は他の国々にはるかに先んじており、未来の都市を設計する建築家を目指す者にとって役に立つであろう。

本論文のタイトルを「動十分心、動七分身（心を十分に動かして身を七分に動かせ）――多次元社会を目指して」としたのは、上に述べたすべての概念に、人々の十分な参加を得ることの重要性を強調したかったためだ。世阿弥(7)は能楽に関する著作の中で、手を伸ばしたり引いたりする動きが、心の中ではもう動いていないとき、手の動きは、心に思うよりも少しだけ控えるようにするのだと述べている。足の運びが求める体の使い方において、心よりも体の方がより多くの制約の中で動くならば、身は体となり心が「二次的な効果」となって、観覧者は感興を覚える。この「二次的な効果」によって、観客の心はその身振りを元に、完全な動きを再現するのだ。

私はこれらを、非常に興味深く現実的な主張だと思う。ここでは空間と時間が一緒に作用している。さらに利用者（能楽の場合には観客）は、求められるその他の要素を使って、想像や記憶、感覚、関係などにより、動作の残された不足分（終わっていない動作）を埋めなければならない。自らの心と体、精神を使うよう求められるのだ。

東京に関して言えば、この街は「境界の曖昧化」の可能性を示し、開かれた学際的なプロセスで都市の解釈に挑むことを可能にしている。

芦原義信(8)が指摘するように、日本の都市はカオスの美を生み出していると言うことができる。そして私が東京について考えるとき、必ず触れるのがカオスなのだ。

ご存じのように東京は、より大きな全体の断片として、部分部分から構成される傾向があり、制約となるビジョンがない。断片化はとめどなく度を増していく傾向にあり、東京は様々な種類の介入と極めて小さい場所からなる構造のように見える。都市全体の姿が有機体を思わせるのだ。これを理解するのに役立ちうるパラダイムがあるとすれば、それはどのパラダイムだろう？　私はカオス物理学から助言を得ようと思う。

東京は空間の認識、ならびに建造物の相互関係の認識において様々な方法を提示する。東京は遭遇の場のように見え、しかるべく発展する。総合都市計画が入ってくると、この混沌として有機的な都市開発のシステムが失われる。

エントロピーとその情報理論への応用によれば、あるシステムに不確実性が多ければ、そのシステムは無秩序になりやすい。そのシステムを説明するのに、より多くの情報が必要とされる。秩序のあるシステムでは必要とされる情報量は少なくてすむが、不確実性も少なくなる。無秩序は、より多くの変数と柔軟性を表わす。バランジェ[9]の「ある量を袋に入れる（bagging a volume）」という例のように、東京も、明らかに規制のないやり方で穴が埋められた「無秩序の袋詰め（bagging mess）」のようにも見えうる。

東京は、柔軟性と不確実性の高い、混沌とした、複雑で、エントロピーの大きい大都市である。明快なアイデンティティを持ち、常に変化し、その時代のニーズに適応する街である。今日では、デジタルツールの利用がこの複雑さに完璧に適合している。デジタルツールは複雑さを増大させるとともに、新たな流れを生む。

私たちは、空間の構築の重要な要素としての、複雑さの中での柔軟性の大切さを、東京から学ぶことができる。

東京には、建築については、日本文化とのつながりは保っているが、永続性も連続性もなく一時的なものだという意識が根付いている。それでもなお東京における変化は、それぞれの部分と全体との間に論理が保たれており、部分はきわめて自由に変化していきながらも、システム全体に適合していく。
東京の都市開発を理解するためには、それを構成する様々な部分を（最も小さい部分でさえも）見るべきだが、全体も見る必要がある。したがって、秩序と無秩序の要素が共存していると言える。ここで、物理的状態の説明を列記してみよう。

東京は

・フラクタル（な街）で、自己相似性がない。
・ダイナミックなシステム。（街が）絶え間ない流れで構成されている。
・初期条件による影響が大きい。
・いかなる予測もできない。
・街が様々な要素から構成されている。
・それらの要素は相互に依存している。
・街にはいくつかの階層と構造が見られる。
・各所で新たな行動が出現する。この街は遭遇の場である。
・秩序の要素と無秩序の要素が共存する。
・街は競争もするが、協力もする。
・情報の必要性が増し、そのために無秩序とエントロピーがもたらされる。
・引き延ばし（stretching）と折り畳み（folding）。

・「穴」が存在し、設計し直したり再考したりすることができる、これにより秩序または無秩序が増す。

東京では、無秩序の要素は以下の中に内在する。

・日本の建築規制制度の緩やかさ
・都市区画の細分化
・公共空間の利用
・中間的な空間（公有地／私有地）／すなわち「路地」
・情報量を増やす「都市のツール」となっている建物の正面外壁
・自己発展的な地区（ボトムアップ式の開発）

東京は以下のような秩序の要素によっても特徴付けられる。

・街の歴史的な都市構造
・道路網
・鉄道網
・ネットワークの接続点
・都市再開発の総合計画（トップダウン式の開発）
・街を理解する鍵となる地図（記憶、経験、その他に基づくものでもある）

街はニーズに適応し、部分的に重なり合う。秩序と無秩序の要素の相関性を通して、絶え間ない適応と再考によってアイデンティティが与えられる。東京という街を分析するために、こうしたパラダイムをさらに考察することもできよう。

東京は有形・無形のインフラをはじめとする秩序の要素のおかげで小区画（cells）／エリア（areas）に発展し得たのだと言える。

効率的で安全なインフラは、人の移動と通勤・通学を容易にする。あらゆる媒体を介する物品や情報の移動も同様である。その結果として複雑なネットワークが生まれ、――街は様々な要素から構成され、いくつもの階層と構造を形作る――これにより、発展する多数の小区画が相互に繋がり合うことが可能になる。こうした小区画は、エリアの特徴と、変化に対してのある程度の強靭性を維持している一方で、初期条件の影響を受けやすい。

上述のように、小区画とは元来、無秩序の諸要素に基づくシステムを通して発展するものだ。そのような街には秩序の要素と無秩序の要素が共存している。

最近は、東京の一部の小区画は秩序の諸要素によって開発され、典型的な無秩序の要素は減ってきた。こうした小区画で見られる大規模な都市開発は、大企業によって非常に短い期間で実現されたものだ。

それでも東京は依然として、細部と多様性に富む（自己相似性がない）、フラクタル（様々に異なるエリア）から構成されているように見える。

秩序の諸要素は収集装置、「調整」、管理の点で重要な役割を担う。インフラは流れを促し、流れを生む。接続点では新たな流れと活動が発生する（各所で新たな行動が出現する。街は遭遇の場である）。システム全体の複雑さを考えれば、変化を予測することは非常に難しい。

それにもかかわらず、ほとんどのエリアは相互に依存している。ときに競争もするが、協力もする。各エリアの細部に目を向ければ、ここにも区画の規模を小さくしたフラクタルのシステムと、区画の置換と変更の機会を見ることができる。

この錬金術のおかげで、街は新たな要素を吸収したり、別の要素を減らしたりすることができる。以下の画像（図6—A～L）は、アッティリオ・ミケーレ・デパルマが、陣内秀信、隈研吾と筆者の指導のもとでまとめた修士設計『Living in the Roji Alleys（路地に生きる）』による台東区谷中の庶民を対象とした再生計画についての考察である。主なテーマとして「小ささ」「共有」「公共空間」が追究されている。

図6—A　路地のバリエーション

図6—B　再生計画の敷地

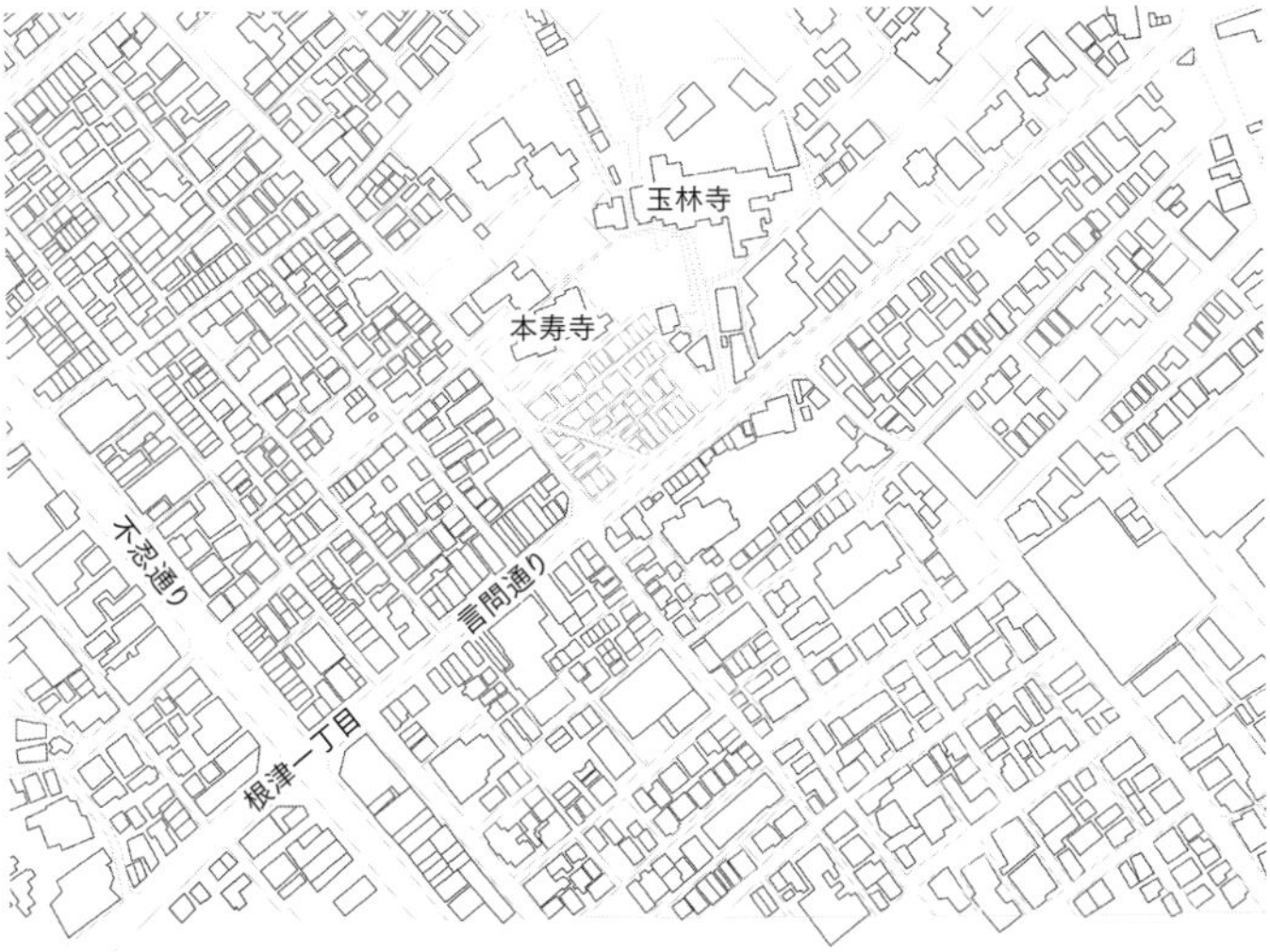

図6—C　再生計画のテーマ

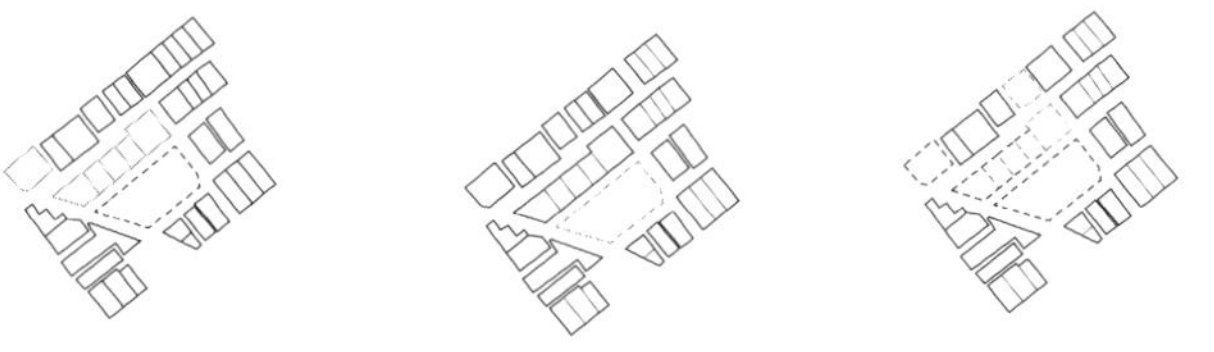

図6—D　既存の都市組織の再構成

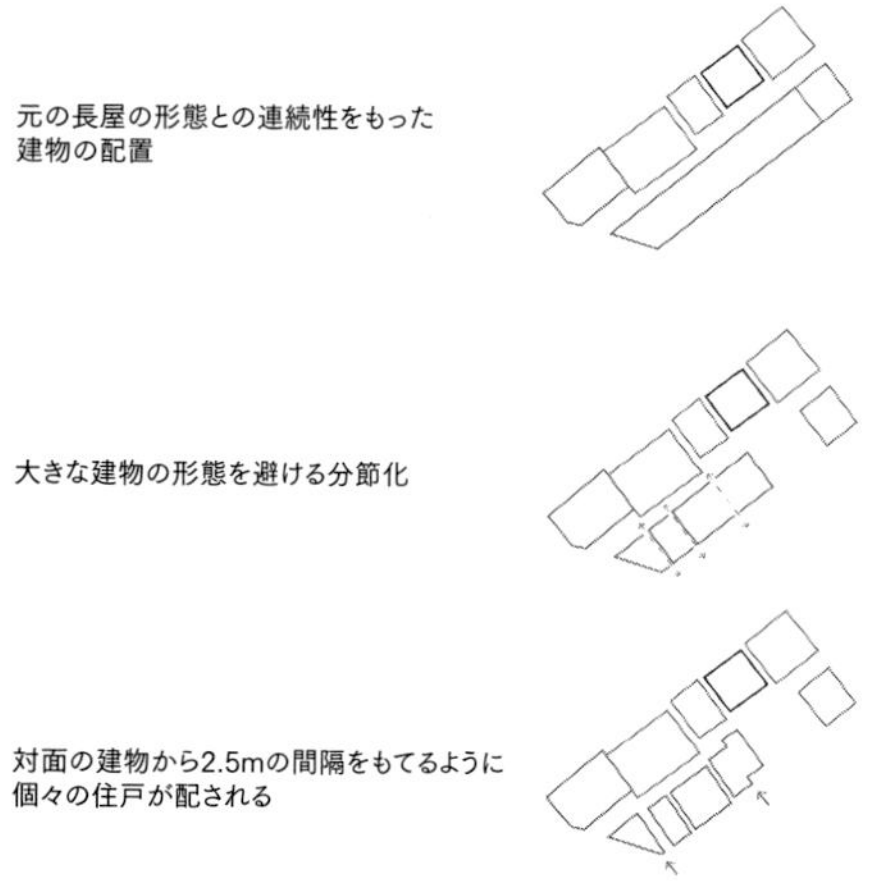
元の長屋の形態との連続性をもった
建物の配置
大きな建物の形態を避ける分節化
対面の建物から2.5mの間隔をもてるように
個々の住戸が配される

図6—E　再生計画全体のアクソメ図

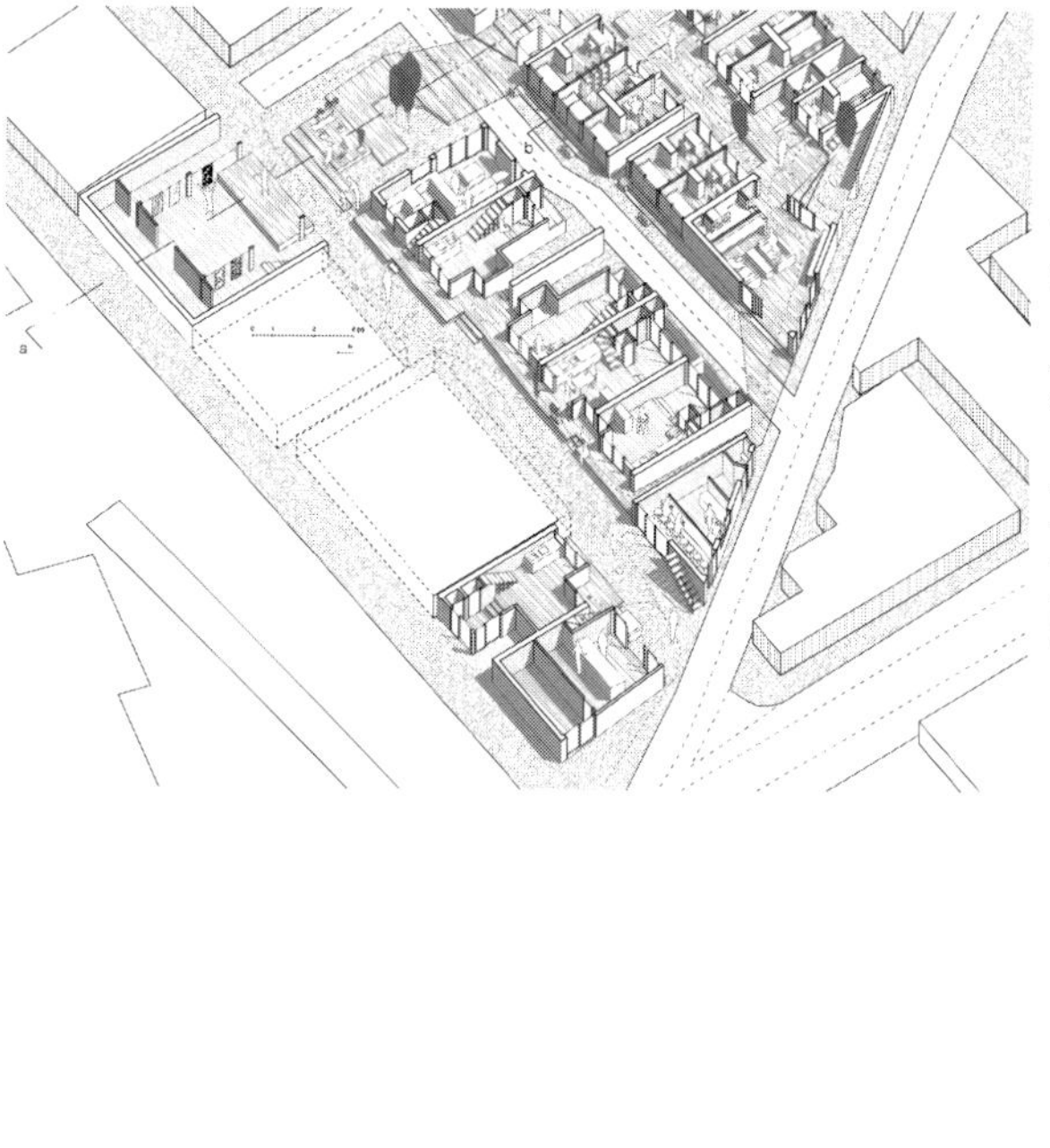

図6―F　社会関係を生むための空間デザイン

図6―G　都市における小ささ、ヒューマン・スケールの大切さ

図6—H 共有・共用の空間を生む既存の都市組織の再構成

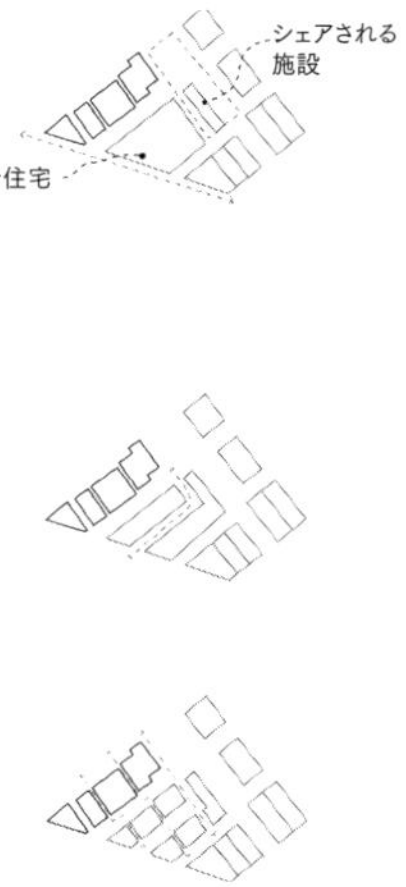

配置の工夫で管理しやすくなるとともに、コミュニティで施設をシェアしやすくできる
建物内部に路地を引き込む手法
住宅ブロック上部と連続する形で分節化が行なわれる

図6—I 公共空間を生み出すための既存の都市組織の除去

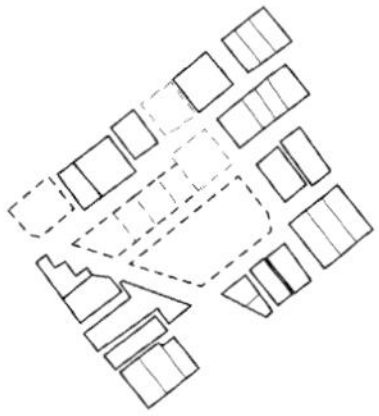

図6—J 公共空間と建築の関係

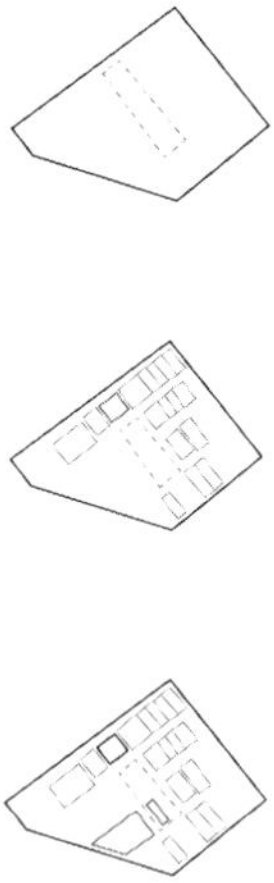

コミュニティ利用を促すために中央に広場を配置
既存の環境との連続性を考えたコミュニティ施設の位置
オープンな公共空間の位置が全ての人によってシェアされるローカル機能を可能にする

図6—K　路地での半私的空間の利用　社会的繋がりを生む空間

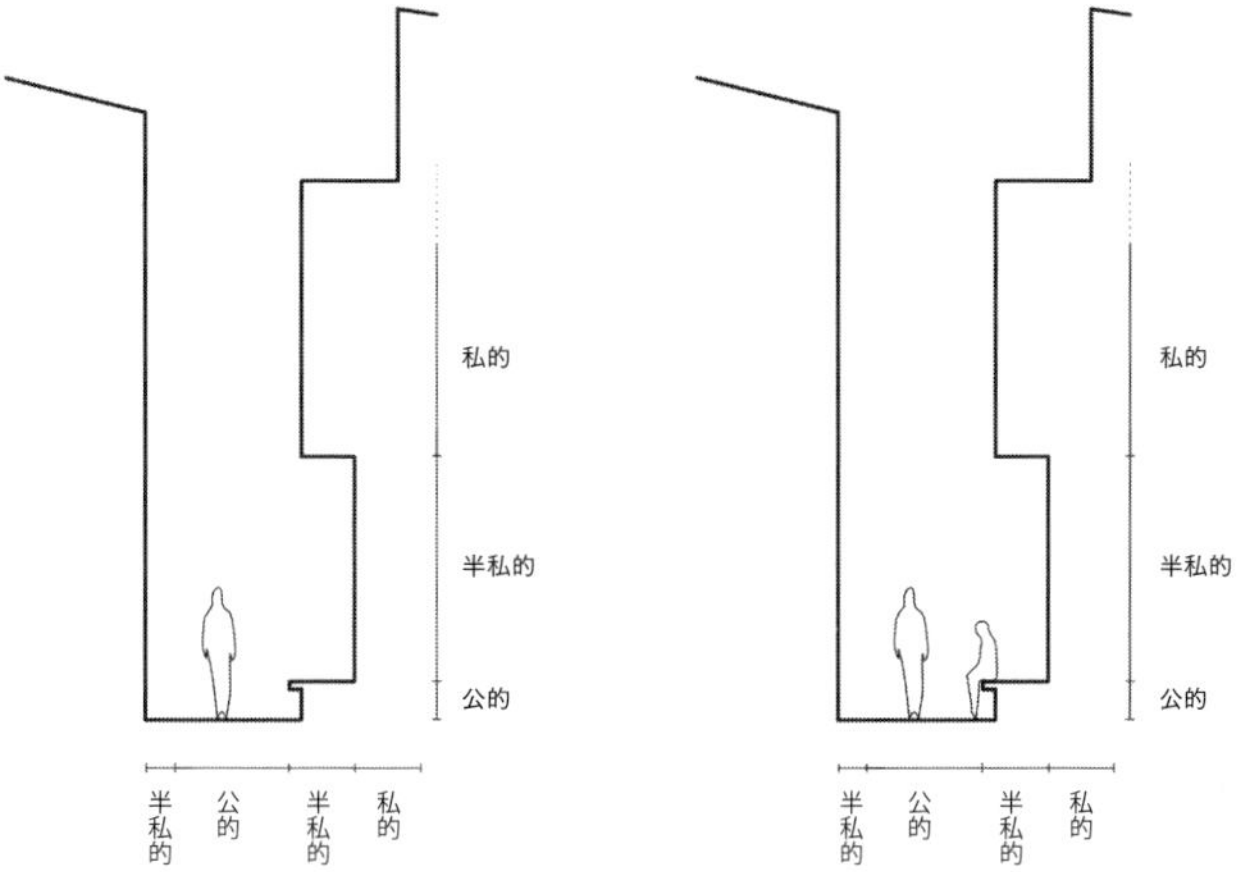

図6—L　半私的空間の使用　視線とプライバシー

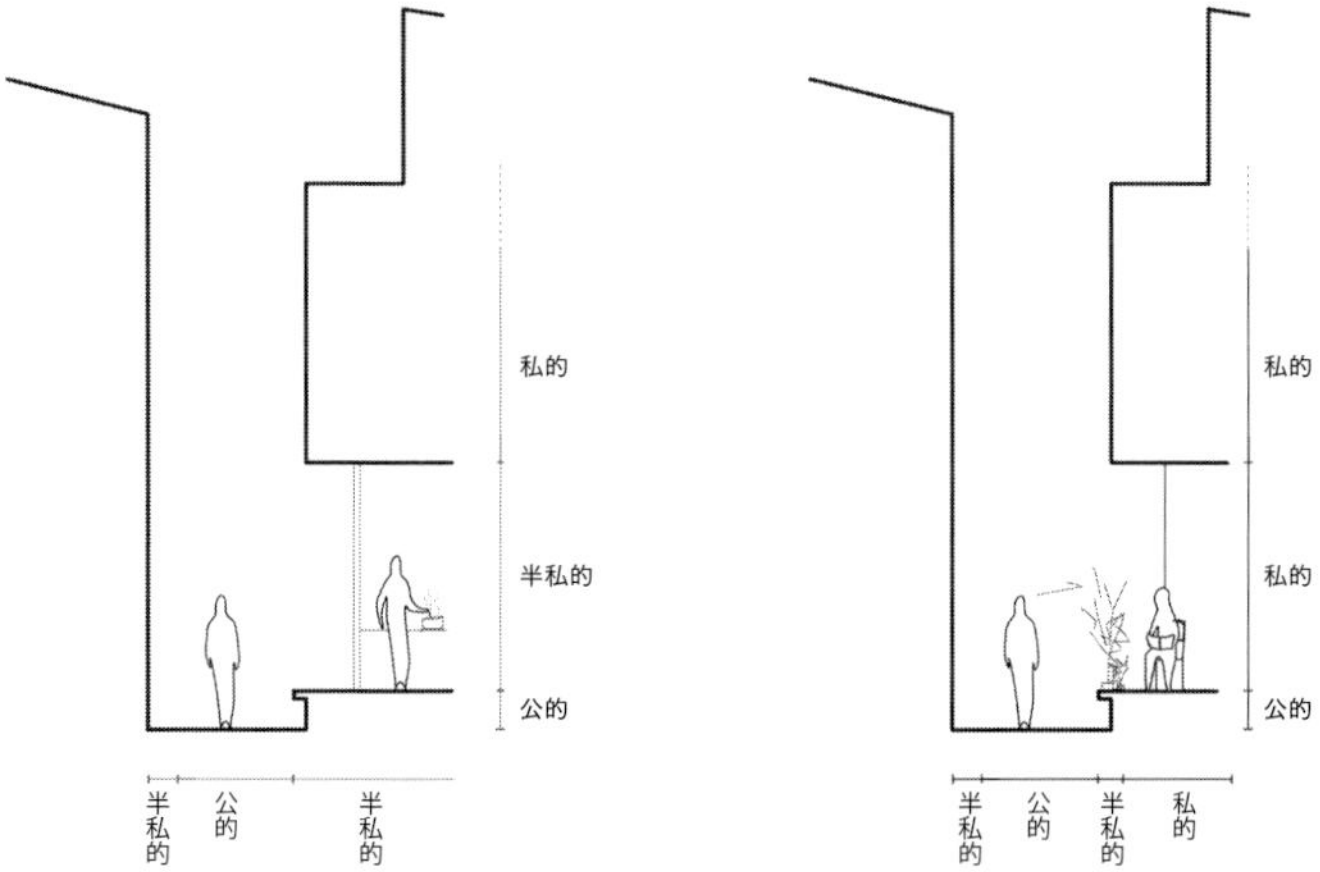

註

（1）シャルル・ボードレール『悪の華』（イタリア語訳）、ミラノ、ガルツァンティ社、一九七五年

（2）エドワード・ホール『かくれた次元』、ニューヨーク、ガーデンシティ社：アンカーブックス社：ダブルデイ社、一九六六年

（3）黒川紀章『新・共生の思想』、東京、講談社、一九九七年

（4）陣内秀信、法政大学教授、法政大学江戸東京研究センター長

（5）有賀隆、早稲田大学創造理工学部建築学科、大学院創造理工学研究科建築学専攻　教授

（6）隈研吾、東京大学大学院工学系研究科建築学専攻　教授

（7）世阿弥『Il segreto del Teatro No（能という演劇の秘密）』（イタリア語訳）、ルネ・シフェール編、ミラノ、アデルフィ社、一九六六年

（8）芦原義信『The Aesthetic Townscape（美的な都市景観）』、ケンブリッジ：ＭＩＴプレス、一九八三年

（9）ミシェル・バランジェ『Chaos, Complexity, and Entropy: A physics talk for non-physicists（カオス、複雑性、エントロピー――物理学者でない人向けの物理の話）』http://web.mit.edu/physics/people/faculty/baranger_michel.html

（陣内秀信 監訳）

創発都市東京
――文化横断的視点から捉えた、企業型都市開発に代わる自然発生的都市パターン

ホルヘ・アルマザン

一、はじめに

都市をデザインすることは可能か？　都市全体を計画的に作るという近代主義の夢が失敗に終わった後、次第に強化される新自由主義体制の支配のもとで、人々が参加して企画するものとしての都市は少しずつ、いわゆる市場力の手に委ねられるようになってきている。このような委託が及ぼすマイナスの影響に直面する今、建築と都市性の意義を主張することが必要である。共同参加を自覚的に盛り込んだプロジェクトに基づいて建造物の環境を形成する総合的な能力を、建築家や都市設計家たちは再び提供しなければならない。

このプロジェクトは、かつての全体主義的技術を基盤としたものであってはならない。新しい秩序と効率性、美学を見つけ、それらを発展させなければならない。現代東京の都市組織は研究事例の源泉となりうる。東京は

マスタープランの結果でも企業型都市開発の帰結でもない多孔性の、包括的かつ適応性のある都市パターンの事例を提供しているからだ。こうしたパターンは創発的である。すなわち小規模の主体が動的なプロセスで干渉することによる無数の変化と所有の複合的な結果であり、これが全体として統合的な都市パターンを作り出しているのである。

この章では、こうした都市パターンの中から五つの事例を検討する。雑居ビル街、横丁、高架線下の隙間建築、都会の村、そして流れる街道である。東京の文化的特殊性を強調する議論の多くとは異なり、この章は文化横断的な妥当性に焦点を当てる。ヨーロッパ中心的な「オリエンタリズム」による上から目線の態度も、日本中心主義的な「日本人論」も避ける。東京の際立った性格は認めながらも、それを本質化することはない。西洋と日本で理論と実践が二つの方向に分かれていることは、双方の側を豊かにするプロセスである。

二、都市研究における日本人論

都市や建築についての新しいアイデアはしばしば、既存の理論を疑問に付すように見える現実の建造物や都市現象を例として実証される。リンチのボストンやジャージーシティ、ロサンゼルス研究（Lynch 1960）、コールハース（Koolhaas 1978）のニューヨーク研究、ヴェンチューリ、スコット・ブラウン、アイズノール（Venturi, Scott-Brown and Izenour 1977）のラスベガス研究などは、現存する都市現象の新たな解釈が、一定の普遍的妥当性を持つとされる新たな理論を生み出している例である。ジェイコブズの「街路の目」やコールハースの「密集の文化」

はそうした理論のうちに数えられる。東京もまた多くの議論の対象となってきたが、上記のボストンやニューヨーク、ラスベガスに関する研究とは異なり、東京論（Tokyology）は日本人として生まれ育った者の特殊性なるものの肯定へと向かい、国を超えた主張を伴うアイデアの展開には向かわないことが多い。

日本の特殊性、あるいは「日本らしさ（Japaneseness）」は、建築および都市デザインにおける西洋的理論の優位を訂正する効果を持ちうる。これは普遍的なものとして提示される理論的フレームワークの背後に隠れている西洋文化的な前提を暴露する手助けになりうる。しかし日本らしさを過剰に強調すれば、謎に包まれたエキゾチックな存在という日本都市像を導く可能性もある。こうした傾向の一例として、バルトの『表徴の帝国』（Barthes 1983）を挙げてもいいだろう。非西洋文化を本質化することは、西洋都市がより合理的で動的、柔軟であり、究極的には上位の存在であるというような、サイードによってすでに「オリエンタリズム」として批判された（Said 1978）メッセージを言外に伝えることである。

多くの日本の著者によって日本の特殊性が繰り返し語られていることは「セルフ・オリエンタリズム」につながりかねない。違いを文化に深く根付いたものと感じている限り、それは民族的・文化的アイデンティティを強調するための手段として利用されてしまうのである。このセルフ・オリエンタリズム的アプローチは「日本人論」と呼ばれるジャンルにおいて栄えてきた。このアプローチは、「西洋またはヨーロッパ的」概念による分析・判断が不可能あるいは困難な日本社会の特殊性を強調することによって、日本的な性格やアイデンティティをステレオタイプ化するのである（Dale 1986, Yoshino 1992, Sugimoto 1999）。

日本人論は本質的な日本らしさというものがあり、それは常に存在していたもので、すべての日本人に共有されていて、そして「西洋らしさ」とは根本的に異なるということを前提としている。「西洋」をどう定義しようと含まれるであろうさまざまな社会同士の差異は無視され、西洋自体もまた単純化・本質化されることになる。民族や気候、言語、心理学や社会構造によって説明される日本人論は日本社会と西洋社会双方の歴史的進化と変化、多様性を見逃してしまうのである。

西洋をひとつの統一体と見なして比較することへの強い関心は、明治維新からこのかた日本に浸みついていた、西洋に追いつこうとする風潮の名残を明らかにしている。日本人論は当初、支配的な西洋のアイデアに対抗する健全な試みと見なされうるものだったが、それが追求するイデオロギー的な主張はしばしば、日本内部の社会的・歴史的な多様性を無視することを要求し、またそうして構築される統一的な国民のアイデンティティは、支配的立場にある日本のエリートによって確立された現状を反映するものであると批判されてきた（Dale 1986）。

日本人論の議論のスタイルは社会に浸透している。日本人論の書籍にはベストセラーが多く、その中には学問的なものや、都市研究も含まれている。私の意見では、これらの考えが意識的にか無意識的にか宣伝してきた都市についての特殊な政治的概念は、多くの日本市民の望みにも、彼らの文化的ルーツにも反するものであるように見える。ここでは、そうした考えのうちの二つを扱う。公共空間（*public space*）の概念と、広場化（*plazification*）の発想にまつわる議論である。

日本の都市に関する議論ではしばしば、日本には公共空間の概念が存在しないとされている。この発想は自己批判として提示されることもある。つまり日本の都市は封建的で、民主主義の発展を可能にする公共的領域が欠けているというのである。公共空間という概念は西洋に起源を持つので日本にはそぐわない、として棄却されることもある。どちらの場合においても、議論はpublicという言葉の日本語訳を下敷きにしている。すなわち「公」である。この文字は天皇家を指し、その延長として国家や官庁を指すため、西洋的な意味でのpublicが語源的に示唆する共同体としての民衆やその利益という意味（populus）とは異なっている。日本語にはもともとpublicを翻訳するための言葉がなく、明治時代に翻訳者たちがpublicの語が出てくる西洋の文書を翻訳する際に初めて「公」を使うようになったとする議論もある。言葉がないことは概念がないこと、そして日本にそれを適用するのが困難であることの証明だとされるのである。

こうした議論について言うならばデール（Dale 1986）が示唆している通り、publicなものを指すのに「公」を用いるという選択は、新しい国家を復活させられた天皇家と一体化するための明治期の政治的戦略だった可能性もある。publicの正確な等価語は明治以前の日本にはないかもしれないが、民衆の共同体的利益の概念は存在したし、西洋のものと比べうるような公共空間も存在していた（Jinnai 1995, 2015）。とはいえ、現代日本において開かれた公共空間が使用される頻度は少なくなっているように見えるし、公共空間を導入するのが難しいという陳情は学者や実践家たちの間でよく聞かれるものである。こうした困難を説明する方法として、言語的決定論は少々弱いと思われる。私としてはむしろ、日本の法的・行政的なフレームワークが公共空間を活用する際の主な障害になっていると主張したい。事実、公共空間を商店街やテラスカフェとして利用する市民主導の活動が存在しており、そこでは人々が西洋に比較しうるような仕方で集まって談笑しているのである。主な障害は日本人の心性に埋め込まれた深い文化的差異よりも、公共空間のこのような日常的利用を助ける規制の枠組みが欠如していることにあるのではないだろうか。

三、広場化

一九五〇年代および一九六〇年代に、西洋の広場（*plaza*または*piazza*）が日本の知識人や建築家の想像力を捉えた。歴史が示すところでは、大きな公共空間は権威主義的な集会にも同様に用いられてきたのだが、広場は空間的な公共性と民主主義の表現として理想化されたのである。ヨーロッパの広場に正確に一致する空間が日本に見られないという事実は、民主主義的・市民的伝統の欠如という自己認識の結果であり、原因でもあると見なされた。

この広場の欠如という感覚は、雑誌『建築文化』の大反響を巻き起こした号「日本の広場」（都市デザイン研究体、一九七一年）の中で広く覆されている。中心となる発想は、日本には西洋式の広場こそないが、活動を通じて一時的に広場化する公共空間、つまり「人間を相互に関係づける装置」があるというものだった（都市デザイン研究体、一九七一、六頁）。この雑誌は日本が有する「広場化」の能力に関する議論を、日本のあらゆる空間に拡張している。

「〔広場化は〕基本的には神道に由来する造替意識とか現世を浮世とみる仏教的な無常感などに現れている日本人の世界観とかかわりあっているともいえる。ここにおいて、物的表現よりも人間活動の過程とその様式のほうにより多く関心をもつことになり、これは行事や出来事を通して広場化しようとする姿勢につながってゆく。したがって、広場の空間は塀、壁、建物などの物によって囲われているものではなくして、むしろ人間の行動によって限定されるものだと考えられている。」（一九頁）

この雑誌の主要なメッセージは広場化現象の際立った日本的性格を強調することにあったのだが、取り上げられている事例は他の文化においても見出されうるものである。寺や神社は他の東アジア諸国にも同等のものがありうるだろうし、都市の曲がり角や公園、ウォーターフロントなどは多くの現代都市で見られる。日本におけるインフォーマルな生活に関する行動観察に満ちたこの雑誌は実のところ、ジェイコブズ（Jacobs 1961）やゲール（Gehl 1971）の感性に近い。彼らはほぼ同じ時期に近代的都市計画の記念碑的性格や硬直性を批判し、人間の活動の重要性に焦点を当てた新たな都市理論を発展させた。しかしジェイコブズやゲールの本と異なり、この雑誌は観察された現象の際立った日本的特殊性を強調しており、豊かな行動観察を日本の外に転用する可能性を暗黙の裡に排除してしまっている。興味深いことに、ゲールがイタリアの公共空間の観察から学んだ教訓を自分の生まれ故郷デンマークに適用しようとした際、彼は反対にあった。スカンジナビアの文化はイタリアの文化とは違うので、教訓は適用できないというのである。最終的にゲールは文化的決定論を乗り越え、現在デンマークの都市はゲールの先進的なアイデアに触発された多くの公共空間プロジェクトの成功を誇っている。

日常的な都市空間がイベントやお祭りの際、一時的に「広場」になりうるという考えは、日本に特有のものではない。西洋でも東洋でも、通常の空間を一時的に人が集まる空間に変化させる祭りやイベントを見つけるのは容易である。また都市の曲がり角や公園が適切な条件下において「人間を相互に関係づける装置」になりうるという事実はむしろ、広く見られる人間的現象であるように思える。にもかかわらず、広場化の発想とそれを日本的空間すべてに拡張する議論はそれ以降、大した批判もなしに繰り返されている（Shelton 1999, Hidaka and Tanaka 2010, Onodera 2015）。広場化説の拡張議論を受けて、シェルトンはこの発想を「形式よりも内容を好む」という概念へと発展させている（Shelton 1999, p. 67〔日本語六〇頁〕）。西洋では文脈と形式に強調が置かれるのに対し、日本では内容と活動が重視されるという主張である。日高と田中（Hidaka and Tanaka 二〇一〇年、一一八頁）は、「日本では『公共』は物理的存在というよりも精神的構築物である」とさえ認めている。

この広場化言説の氾濫は、日本の公共空間を考察する際に重要な要因を覆い隠している。まず、一時性やイベントの強調は、日々の生活で利用しうる安定した公共空間の創設を目的とした構想を予め潰してしまっている。次に、拡張議論は日本における身体性と物質性の重要さを無視する傾向にある。建造物の表面的な表現が旗や看板などの一時的な要素で覆われているとしても、日本人が民族的あるいは文化的に幅や高さ、連結性、視覚的刺激、気候の快適さなどといった物理的パラメーターからの影響を受けにくいと考える理由はない。日本の活発な公共空間は他のどの国とも同じように、物理的環境と活動の間の一貫性を獲得することで成功しているのである。広場化の発想とその拡張議論は、日本では公共空間の物理的性質は重要でないと思わせるようなものになっている。こうした文化還元主義は批判を西洋的な偏見として退けたり、東京都内における最近の大型再開発の波の中で生み出された公共空間の質の低さを危険なまでに正当化する目的で利用される可能性がある。

四、創発的秩序

西洋と日本の密集した都心エリアには、見た目にも明らかな違いがある。重要なのは、この違いは郊外エリアを見るとほぼ消滅するということだ。郊外では日本においても西洋においても、高速道路、チェーン店のドライブイン、大型ショッピングモールといった光景が見出される。より都会に近い密集したエリアに見出される違いは、西洋文化と日本文化一般の違いというよりも、特定の場所に限定された歴史的・社会的プロセスに、特定のポリシーや規制が組み合わさったものである。そうしたプロセスの結果としての都市東京は、様々な異なった視点から見られてきた。一九七〇年代までは秩序と都市的なクオリティの欠如を批判されていたが、一九八〇年代になると新たな称賛の波が生じてきた。これは芦原(1989)が範例だろう。芦原は日本の都市を「醜い」としつつも、カオス理論の発想を利用して、日本都市の刹那的な性格や、常に変化する「混沌とした」条件を積極的に評価し、その経済的、社会的な活力を理解しようとしている。芦原は日本の都市をもっと美しいものにする必要性を擁護するが、それは段階を踏んだ「日本的方法」の発展に基づいて行われるべきだとした。彼は西洋の「全体からの発想」を批判し、「部分からの発想」である日本的アプローチが日本には、そして二十一世紀にはより適しているとした(Ashihara p. 148〔日本語二〇三、二〇四頁〕)。同じように、シェルトン(Shelton 2012, p. 129〔日本語一一七頁〕)はより動的な都市環境を生み出す日本都市の潜在力が現代により適応しているということを、非集中化、パッチワーク、水平性、断片、変転する雲状の秩序、仮設的、フレキシブル、内容、曖昧さなどの特徴によって説明している。「西洋的」な一貫した全体への執着よりも、日本における都市の断片化と並列化の方が新しいポストモダン的な価値を体現しているように見えたのである。

しかしながら、西洋においても同じ時期に一時性や断片化を強調する議論が力を持っていた。芦原が日本に特有のものとして提示した「部分からの」アプローチは、国際的にも議論されていたのである。アウレリ(Aureli 2011, p. 32)は西洋の資料に言及しつつ、「変異や都市横断性、ポスト大都市性、移行する都市、移動する都市」といった発想の優位が、「ポスト批判」時代を支配していると指摘する。断片化の議論が東洋でも西洋でも起きていたのは明白である。都市があまりに流動的で断片的すぎたため、建築家たちはいかに都市をデザインするかという議論を放棄し、時として断片化を理想として受け入れるようにさえなったのである。これはスター建築家のシステムや、孤立したアイコンの相次ぐ建設、そして新自由主義的な都市開発方式の発展のための完璧なバックグラウンドとなった。

一九七〇年代から哲学と都市理論の両方において行われてきた全体性と階層性に対するポストモダン的な批判を経た後で、「全体」の考えを立て直すことは可能なのだろうか？　都市理論が近代的なマスタープランニングは還元主義的で過剰に決定論的だからと放棄してすでに久しい。こうして開かれた空間が新自由主義的実践によって埋められ、その結果として社会の分断や公共空間の私有化が加速したことは知られている。今日、どうやって全体性を考えればいいのだろうか？　ポストモダンの哲学者の中では、ドゥルーズがすでにこの問いに取り組んでいる。彼らが展開した新しい全体性の概念は、デ・ランダ（De Landa 2006, 2016）によって「集合体理論（assemblage theory）」として理論化・拡張され、ドーヴェイ（Dovey 2016）によって都市デザインに持ち込まれた。「集合体（assemblage）」とは、構成部分の非階層的な干渉から生み出される配列や秩序である。全体の性質は部分同士の干渉によって生み出されるため、創発的である。この創発的な全体において、部分は全体へと融合することはなく、部分としての自律性を保ち、他の集合体の部分となりうる。東京における多くの公共空間は集合体として、すなわち人間や物理的要素が干渉した結果、それ自体のアイデンティティと性質を持つようになった社会的・物理的な存在として考えることができる。そうした空間の全体としての機能性は、他と区別されるアイデンティティを発揮するために必ずしも中心化された階層的な権威を要求せず、空間の性格はそれを利用する人々が移動したり、建物が変わったりしても残り続ける。

五、新自由主義的都市開発

一般によく知られた東京のイメージは、高層ビルの立ち並ぶ巨大都市だろう。しかしながら、高層ビルは最近まで少なくまばらで、西新宿と丸の内エリア周辺に集中していた。現在、高層ビルはほとんどすべての都心駅周辺に出現し、以前は高層建築物のなかった住宅エリアにまで現れている。一九八〇年代からゆっくりと開始したこのプロセスは、二〇〇二年に「都市再生特別措置法」が通過したことで加速した。この新しい法律は特別区を設定し、そこでは容積率や建築物利用を含む既存の全規制が保留され、プライベートセクターと新たなルールを交渉できるようにされた。典型的な新自由主義的措置であるこの法律は、私企業の開発業者に強大な決定力を与えた。汐留や品川、丸の内や六本木の高層ビル群はこの法が認可されるよりも前に建設が始められていたが、これらは密集度が過激なまでに増大した渋谷駅周辺などの新たなエリアと同様の、最も劇的な事例である。新たに作り出された空間の大部分は、単一の類型のバリエーションから成っている。つまりショッピングセンター式の商店を土台として、その上にアパートメントとオフィスを重ねた超高層タワーである。こうした新開発が作り出した空間は一般市民も利用可能だが、私企業によって所有されており、実践においては商業スペースの延長として管理運営されている。

わずかな例外を除き、こうした最近の再開発の全般的なクオリティは満足のいくものではない。新しく生み出されたこうした空間の大半は周囲の環境とほとんど連結しておらず、孤立的で監視が厳重な空間となっており、消費につながらない活動は奨励されないか、積極的に禁じられている、というディマー（Dimmer 2012）の見解に私は同意する。デザインの視点では、この大型再開発の大部分に見られる単調さと想像力の欠如、あからさまな商業主義は、国際的に評価の高い日本の建築家の才能を考えるならば驚くべきことである。日本では、建築の領域は二つのほとんど切り離された世界への二極化が進んできている。一方ではアトリエと呼ばれる、多くは大学や文化活動としての建築の奨励に結びついた小規模のオフィスが、国際的に評価の高い実践として現れている。他方では、大規模建築事務所の企業界と、ゼネコンや開発会社のデザイン部門とがある。実質的には後者のグループだけが再開発を担当しており、デザインのクオリティは体系化された企業の官僚的決定プロセスの犠牲になっている。こうした決定は建築や都市の質からではなく、フロア面積から価値を生み出すことに偏向しているからである。

この建設事業はまた、環境にも影響を及ぼしている。東京湾沿いの高層ビル群はヒートアイランド現象の原因として言及されることが多い。以前は東京の夏の蒸し暑さを軽減していた風を、このビル群がブロックしているからである。ミクロ的なレベルでは、自然光の遮断やビル風は近隣住民にとっての懸念でもある。これに加えて、新しい高層マンションの多くは経済的エリートにしか払えないような値段な上、施設は自己完結的で居住者のみを対象としているため、実際には垂直のゲーテッドコミュニティとして機能している。象徴的には、孤絶した超高層ビルが低層建築の周辺住民から切り離されて存在していることが「格差社会」を空間的に表現している。「格差社会」とは、平等で同質的な中流階級社会という日本人の自己認識が、バブル以来強まる社会の多層化に対応していないことを日本のメディアが発見したことで近年浸透した言葉である。一般市民に開かれた商業コンプレックスも東京の経済的多様性に対応しておらず、高級ブランドや大型チェーン店だけが参加を許されている。大野はこれを現存する都市のただなかの「島」と考えている。「ところが『島』では、利益を確実にするために評価が確立した企業しかテナントにしない〔…〕だからどこの島も同じような構成になり、見せ掛けの多様性しかできない〔…〕」(Ohoo 2016, p.72〔日本語七一頁〕)。こうした島は同じ種類の居住者を一ヶ所に集中させ、都市を特徴づける社会的混合性を減退させるとともに、都市の革新や創造の可能性を弱めている。

六、東京の創発的な都市パターン

東京に純粋で明確な都市形態を見出すのは困難だが、その複雑な都市組織の中にはいくつかの傾向を見ることができる。東京の中心にあり最も人口密度が高い二十三区には、トップダウンとボトムアップのプロセスが組み合わさったハイブリッドな状況が多く存在する。しかし明らかに集合体として機能する公共空間を同定することは可能である。それは雑居ビル街、横丁、高架下の隙間建築、都会の村、流れる街路である。これらの都市パターンは建築と都市開発の中間の規模で出現し、基本的には戦後の都市現象として出てきたものである。その多くは残骸のような辺縁的性格を持っており、おそらくはこのおかげで中央権力の支配から逃れている。そして、こうしたパターンは特別な異常事例というわけではない。これらのパターンは事実として東京のほぼすべての区に安定して存在しているため、奇妙な例外の集積としてではなく、社会空間のパターンとして議論することが可能なのである。

六―一、雑居ビル街

日本の都市風景の中で最もよく指摘される衝撃的な特徴は、雑居ビルと呼ばれるものである。字義通りには

「共存する雑多なもの」を意味する「雑居」とは、事務所や娯楽施設が混ざった複数テナントのビルを指す言葉である。デパートやオフィスビルのように、複数の地所を集められる経済力を持った企業によって開発された大規模な区画とは異なり、雑居ビルは通常狭い区画に位置しており、「ペンシルビル」と呼ばれる細長い形をしている。

雑居ビルに関する日本の文献は災害予防に集中しているが、一部の論者はその建築としてのクオリティに言及している。ビルの正面に貼り付けられた大量の看板は、称賛（Shelton 1999, Richie 1999）あるいは蔑視（Ashihara 1983, Kerr 2001）の対象となってきた。ポパム（Popham 1985, p. 111〔日本語一五五頁〕）は竹山実の一番館を、新宿歌舞伎町の多階層居酒屋ビルの例として取り上げ、それを「ゴールデン街の小径を縦にしたもの」と形容している。シェルトンも雑居ビルを縦方向の街路と比較している（Shelton 1999, p. 96）。これは西洋の都市ではめったに見られない空間配置である。西洋では商業施設は街路の一階を占めるか、あるいはショッピングセンターの内部にあるからだ。

雑居ビルは様々な商業スペースが縦方向に少しずつ住み着いた結果として生じるものである。階段やエレベーターが街路の延長となり、ファサードは施設のための広告と化す。標準的なオフィスビルにこのような自然発

図1 靖国通り（新宿）

生的でゆるやかなコロニーが形成された後には、娯楽目的での利用のため意識的にデザインされた新しい世代が続く。店舗の住み分けはパノラマ式のエレベーターと共に示されていることが多い。入口のロビーはより広く用途がはっきりしており、ビル内の設備についての情報がきれいに整理されて示されている。一階や二階、三階の店は通りから見えやすいようにアレンジされ、ファサードや屋根に取り付けられた看板はファサードのデザインに統合される（Almazán and Tsukamoto 2007）。

代表例として選んだのは、新宿駅近くの靖国通り沿いにある直線的に並んだビル群である（図1、2）。奥行きがあって狭い区画で雑居ビルがこのように配置されている場合、それぞれのビルはできる限り街路に向かって開かれるように努力する。エレベーターはしばしば街路を上階にある施設と直接、ロビーや受付といった仲介の空間を挟まずにつなげている。この混成体の特殊な幾何学的配列は、無数の小さな区画が集まって大規模な都市表面を形成し、都市空間全体が縦方向の街路として機能することを助けている。その視覚的な魅力と珍しさのために外国の映画に現れることの多い靖国通りのこうした直線路は、意図せずして東京のモニュメントとなっている。

図2　雑居ビル街（靖国通り）

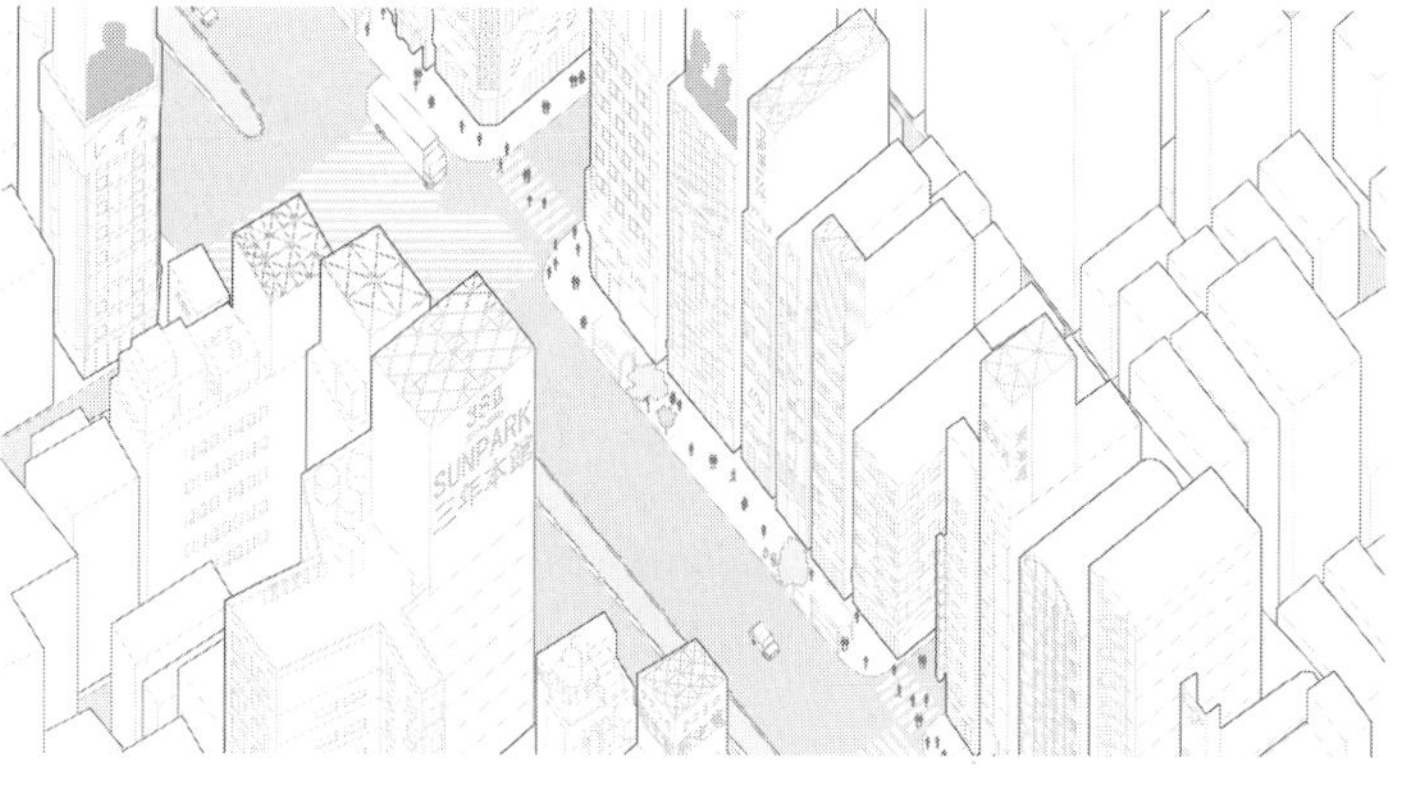

六―二、横丁

東京の商業区には横丁という、変わったタイプの居酒屋の集まりが見出される。その特徴は通りや建物の極端なまでの小ささである。居酒屋は混雑していて暗く見えるかもしれないが、その規模の小ささと親密な雰囲気は、気軽に参加可能な公共生活を促進している。横丁の大部分は戦後、主要な電車駅周辺に人々が空き地を不法占拠してバラックを建てることで出現した闇市場を起源としている。違法な市場の屋台は次第に居酒屋へと変化し、その一部は駅前から別のエリアに場所を移したが、それでも駅から歩いて行ける距離にある。

横丁は四メートル以下の狭い通りに沿って並んだ三階以下の低い建物群で形成されている。トイレは通常別の建物や部屋にあり、共有である。建物は小さく、大体五〇㎡かそれ以下の空間しか占めていない。集まり方の傾向は、一直線の配列から網目状につながった街路まで様々である。横丁の大半は駅や大通りの近くにあるが、より高いビルにやや隠れていたり、都市ブロックの内部にあったりする（Almazán and Okazaki, 2015）。

横丁は都市の遺物ではなく、親密な公共生活の生きた中核を構成するものとして考えることができる。オルデンバーグの言葉を使うならば、家や仕事のルーチンを補助するインフォーマルな公共生活を営む「第三の場

図3　ゴールデン街花園地区（新宿）

所」である。横丁居酒屋のクオリティとして最も評価されているのは、客同士の、そして店主と客との交流を促進する力があることだ（Almazán and Nakajima, 2010）。横丁の多くは消滅している。残ったものは開発会社の圧力に抵抗できる程度には商業的成功を収めている。また、現在、横丁の建物の多くは不法占拠された区画に建てられているため、地所を巡る問題が再開発の試みを挫いてきた。

おそらく最も有名な横丁の事例は、新宿東にあるゴールデン街花園地区だろう（図3、4）。たった三二六五㎡の空間――サッカー場の半分程度である――に、居酒屋店が二五三件もある。通りの幅は一・七mから二・七mで、場所によっては両手を伸ばすと壁に当たるほどだ。通常は一階が居酒屋として、二階は倉庫として使われる。スタッフはたった一人、最もよくあるフロア図面は七㎡から一五㎡であり、客も一〇人から五人しか入らない。店主への聞き取り調査（Almazán and Nakajima 2010）が示すところでは、彼らはこの小ささを利点と見ている。その主な理由はスタッフと客の間の、また客同士の交流を活発にするからである。店主たちはまた、管理の容易さと節約も魅力だとしている。居酒屋は一人で運営でき、家賃は安く、一部の施設は共有だからである。居酒屋同士は互いに競争するが、一緒になって集客するという点では協力してもいる。居酒屋のハシゴが常識になっ

図4　横丁（ゴールデン街花園地区）

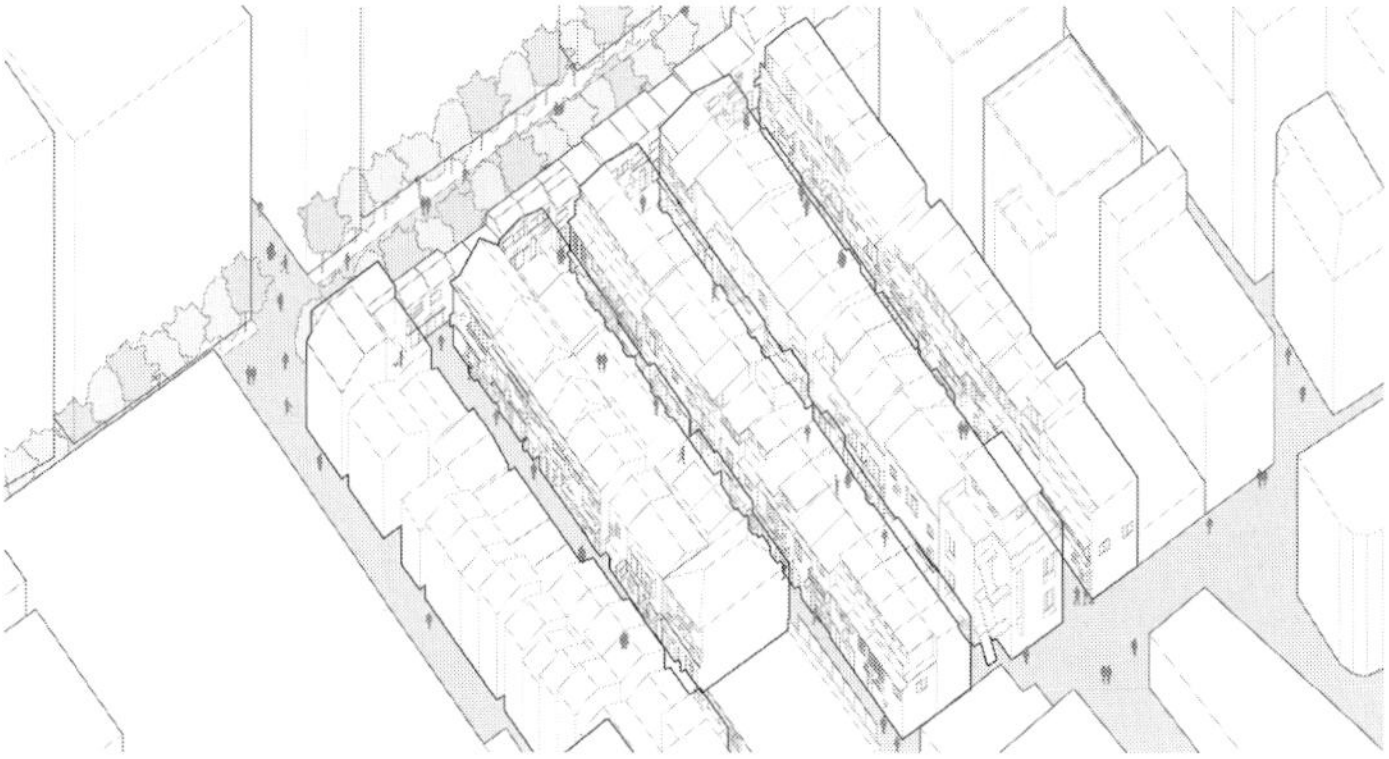

ているため、客は短時間で複数の店に行き、飲み物や雰囲気の多様性を楽しむ。この驚くほどコンパクトで、繊細に分割された空間配列は、第三の場所が特定の場所のミクロ文化として出現することを促進しており、長い年月の間その人気を保っているのである。

六―三、高架下の隙間建築

東京の鉄道および高速道路のインフラストラクチャーの大部分は高架である。階層で分離する典型的な近代都市計画は多くの国において威圧的で危険な環境を生むとして批判され、見直されている。こうした議論は東京にも現れており、特に一九六四年のオリンピックのために河川上に建てられた有名な高架高速道路の部分的解体や、日本橋を覆っている悪名高い区間に関して言われている。

しかしながら、東京には高架線が成功裡に周辺環境と同化している事例がある。それは通常、商業活動が盛んな場所にある。高架下の隙間建築は都心エリア（上野駅、有楽町駅の間と両駅の周辺の道など）にも、郊外エリア（中央線の高円寺など）にも出現している。こうした隙間建築の可能性は、マーチエキュート神田万世橋や2K540 Aki-Okaといった最近のプロジェクトにおいて発見されている。

図5　アメ横（上野）

範例と言えるのは上野駅と御徒町駅の間の、ＪＲ線高架下にある「アメ横」と呼ばれる隙間建築だろう（図5、6）。これもまたもともとは闇市場だったが、服から野菜までのあらゆる種類の店が集まる市場のような混成体に発展したものである。店は通常一階にあり、二階は倉庫として用いられるが、こうした店は柱の隙間にある高架下の空間に住み着き、高架の両側に連結する無数の通路を開いたままにしている。高架インフラの巨大さと潜在的な危険性にもかかわらず、小規模店舗は高架下の空間を満たし、近隣住民と訪問者、双方を惹きつける活動の中心点を形成しているのである。

六―四、都会の村

超近代的な高層ビル群や、ネオンの明かりに照らされた道路、そして混雑する電車といった西洋メディアにおけるステレオタイプな東京のイメージは、実際の都市風景の大部分には当てはまらない。東京は世帯単位の低層住宅と狭い街路で出来た海のようなものであり、巨大成長した村に似ている。東京の比較的高い人口密度は、こうした低階層で建ぺい率の高い場所によるものであり、一見するとこれは密集しすぎで非効率的に思える。事実、こうしたエリアの一部、山手線周辺のいわゆる「木造住宅密集地」

図6　高架下の隙間建築（アメ横）

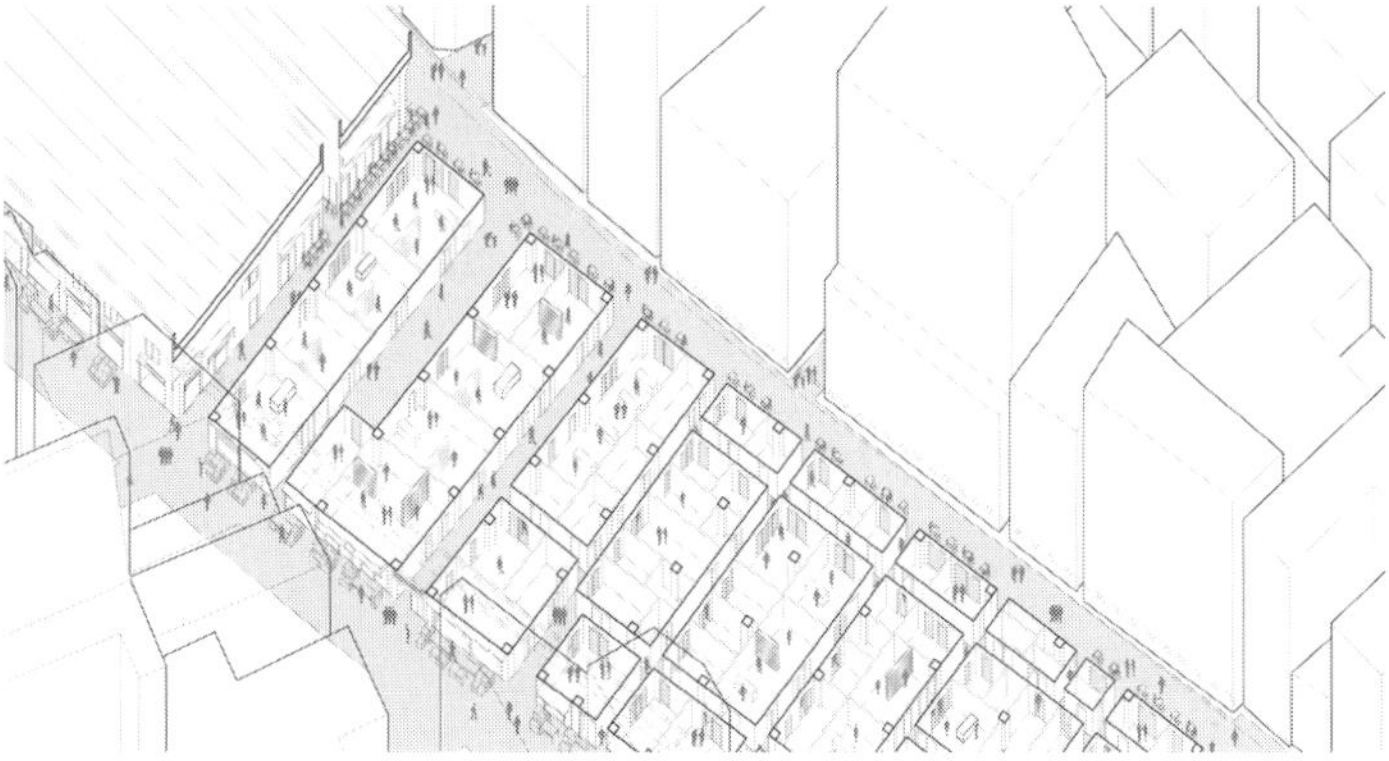

は東京都によって改修措置の優先地区に指定されている。防火性能の不足と密集度の高さ、道の狭さと乱雑さに加え、街路には行き止まりも多いため、こうしたエリアは大規模な災害の際に死の罠と化す恐れがある。さらに、こうしたエリアは規制緩和を原因とした区画の細分化や土地使用の激化によって、徐々に密集度を増している。リスクを排除するための包括的な計画が必要だが、こうしたエリアが時間をかけて育て上げてきた都市的クオリティを保存するためのガイドラインもその中に含めるべきである。

建ぺい率の大きさにもかかわらず、無数の隙間が優れた視覚的透明性を実現している。隙間は視覚的な役割を果たすだけではない。バイクや自転車、植木鉢などの個人の所有物が隙間の空間にも街路上にも多く見られるが、これは通常「あふれ出し」と呼ばれる、よく見られる現象である。狭さを補う手段として、緩やかな縄張りの境界線として、また雰囲気を良くするための共同の努力として、家屋の周辺に木を植えたり、植木鉢を置いたりすることが非常に盛んに行われているのである。こうしたエリアには開けた緑地が存在しないのだが、個人によるこうした自発的貢献は、視覚的に緑が多く、公共空間の手入れが行き届いているという雰囲気を全体として生み出している。この「あふれ出し」は公共の場所と私有地との境界を曖昧にし、外側の大きな街路から内側の狭い道に至るまでの、公共性の

図7　墨田区京島三丁目

繊細なグラデーションを生んでいる。密集度と狭さは街路の自然な監視をやりやすくするし、また外で遊んでいる子供を探すのも容易である。公共と半公共、私有といった空間の豊かな多様性は繊細な美と密度の濃いコミュニティの輪を両立させた環境を作り出しているのである。

ここで代表的な事例となるのは墨田区の京島三丁目である（図7、8）。これは一九二三年の地震で破壊された地区から人口の流入が起こった後、急速に住宅地と化したエリアである。こうして生まれた新しい近隣住民たちは、不規則なパターンで灌漑された河に沿って発展した。今日では、通り道は活気にあふれ、家庭空間と公共空間が入り混じっている。洗濯物や植木、プランター、バケツ、自転車などが外に配置され、住民は歩道を自由に使用して待ち合わせ場所を作ったり、コミュニティ意識を強めたりしている。街路の狭さと個々の住宅の小ささは、緑を利用して街路に個性を出す活動を促進している。しかし京島三丁目もまた脆弱な状態にある。人口の減少や、地元経済を支えていた小規模工場の減少、地震のリスクなどは大きな課題である。街路の拡張や小公園の増加、共同住宅の建設などが解決策として進行しているが、そのために公共性の豊かなグラデーションや小規模の緑化、コミュニティのネットワークなどが犠牲になっている。

図8　都会の村（京島三丁目）

六―五、流れる街路

東京は長い間、川と運河のネットワークによって知られていた。一九五〇年代以降の経済成長により、主に下水道として使われていた運河の多くは暗渠になり、道路へと変わった。裏の空間として生まれたこうした新しい暗渠通りは、近隣の家に住む人々によって少しずつ利用されるようになってきている。元は川だったため、暗渠通りは曲がりくねっており、複数の都市ブロックに入り込んで予期しない連結点を都市組織の中に生み出している。舗装され、散歩道としてデザインされたものもあれば、見捨てられ使われていない空間という元来の性格を残したものもある。しかし多くの場合、特に道が狭く車が入れない場合、住民は暗渠通りに手を加え、また通り道の所有者は私有地を暗渠の空間にまで拡張している。

その一例となるのが原宿のモーツァルト通りである（図9、10）。この通りは人通りの多い明治通りと常に混雑する竹下通りを連結する、曲線が多く狭い歩道を作り出している。原宿のこの一帯にある商業地区に平行する形で、モーツァルト通りはくつろげるカフェテラスや小さな店、通りを歩くにつれ現れてくる緑地といった、一本道のオアシスを提供している。

図9　モーツァルト通り（原宿）

七、東京から学ぶ

以上に説明した創発的なクオリティの意義は、最近の企業型都市開発の波と対比させることでより明らかになる。都市現象は複雑で混合的に見えるが、この場合は東京の大規模な新自由主義的再開発と創発的な都市性とをあえて二極化させることで、よりよい理解が得られるだろう。

大規模再開発は土地の所有権を開発会社による寡占へと集中させ、開発会社は管理運営を中央集権化する。創発的な都市パターンは無数の小規模土地所有者たちの交流から結果するものであり、そのため土地所有の経済的恩恵はより広く分配される。再開発は規模の経済の論理のもとで実現されうるものであり、利益を得るため大きさに依存する。それに対して東京の創発的なパターンは、多数の小さな主体が規模ではなく質と革新を競うような、集積の経済としてのみ生存可能である。だがこれは単一のエリアに集中することからも恩恵を受けられる。空間的には、創発的な混成体は戸建住宅や小さな居酒屋といった、小規模資本家や個人でも運営可能なより小さい単位に細分化される。シューマッハー（Schumacher 1973）が弁護したことで有名な小ささの経済的可能性はすでに述べたジェイコブズの都市研究で強調されているが、彼は小さな要素が歩行者のレベルでの十分な視

図10　流れる街路（モーツァルト通り）

覚的多様性を作り出すだけでなく、都市経済を支える用途の混合と多様性を養うためにも重要であることを指摘した（Jacobs 1958）。

創発的な地域は浸透性のある境界を有しており、公共空間のネットワークの一部として開かれている。それは物資の供給とアクセスが一般大衆の流動との直接的な接触に依存しているからである。東京の再開発の大部分においては、土台となっている商店へのアクセスは数か所に限定されており、公道はしばしば何もないファサードに面している。創発的な地域は社会的包摂性を持つ傾向にあるが、新しい再開発は排他的になる傾向を持つことはすでに説明した。東京の再開発は閉じられた明確な境界を持つ階層的配列を生みやすく、それが中央広場や中庭を擁していることが多い。創発的なパターンはむしろ網の目のような配列を採用し、周辺環境と連結した、開放的でぼやけた境界を持ちやすい。

これら二つのモデルはその性質も発生のプロセスもあまりに異なるので比較できないと言われるかもしれない。再開発は最近であり、トップダウンで決定され、大規模の区画に一挙に建設されるもので、時として既存の都市組織を破壊することで実現される。東京の創発的な都市性はボトムアップのプロセスにおいて、人々の長期間にわたる交流から結果したものであり、それは少なくとも第二次大戦後から開始されているのである。時間が経てば、再開発もより高度な適応と統合を発展させていくだろうという主張も出てくるかもしれない。しかし本章が示そうとしたのはまさしく、小ささや浸透性、網の目の配列といった空間的・物質的要因は、創発的な交流を解放するための決定的な前提条件だということなのである。日本の公共空間に関する議論に浸透している文化主義は、内容を文脈よりも重視し、活動を形式よりも重視することに注力しすぎてきた。それに対抗するためには、物質的要因をより明確に認識する必要がある。

東京に変化と改善が必要なのは確かである。解体が必要なエリアもあるだろう。だが商店に高層ビルを乗せるだけの単調な反復に基づいた再開発ラッシュの中、戦後東京において生み出された創発的な都市パターンの多様性を再考する時が来ている。それは過去を懐かしむからではなく、また日本的アイデンティティや特別な非西洋的風景などといったものの再生のためでもなく、複雑で、一見して無秩序な都市システムが活発で空間的に多様、かつ包摂的で革新的な都市の場を生み出すことを可能にしている、根本的なデザイン原理を再発見するためなのである。

謝　辞

この論文に記載されている創発的都市パターンの図は、二〇一七年ソウル都市建築ビエンナーレで展示された大型図の断片である。この作品を展示する機会を与えてくれたビエンナーレの学芸員たちに、また図の作成に携わってくれた慶応大学ホルヘ・アルマザン研究室の学生ハビエル・セラヤ、齋藤直紀、ケヴィン・カノニカに感謝する。

文献リスト

Almazán, J. and Nakajima, Y. (2010). Urban Micro-Spatiality in Tokyo, Case Study on Six Yokochō Bar Districts. *Advances in Spatial Planning*, J. Burian (Ed.), InTech

Almazán, J. and Okazaki, R. (2013). A Morphological Study on the Yokochō Bar Alleys: Urban micro-spatiality in Tokyo. *Journal of Architecture and Planning* (Transactions of AIJ), Vol. 78,

Issue 689, Pages 1515-1522

Almazán, J. and Tsukamoto, Y. (2007). Tokyo Public Space Networks at the Intersection of the Commercial and the Domestic Realms (Part II): Study on Urban Content Space. *Journal of Asian Architecture and Building Engineering*, vol. 6, no. 1

Aureli, P. V. (2011). *The Possibility of an Absolute Architecture*. The MIT Press

Ashihara, Y. (1970, original Jpn. 1962). *Exterior Design in Architecture*. Van Nostrand Reinhold

Ashihara, Y. (1983). *The Aesthetic Townscape*, Cambridge: The MIT Press〔芦原義信『街並みの美学』(岩波書店、一九七九年)〕

Ashihara, Y. (1989, original Jpn. 1986). *The Hidden Order*, Kodansha International〔芦原義信『隠れた秩序——二十一世紀の都市に向かって』(中公文庫、一九八六年)〕

Barthes, R. (1983). *Empire of Signs*. Hill and Wang〔ロラン・バルト『表徴の帝国』(宗左近〔訳〕、新潮社、一九七四年)〕

Dale, P. N. (1986). *The Myth of Japanese Uniqueness*. The Nissan Institute/Croom Helm Japanese Studies series

De Landa, M. (2006). *A New Philosophy of Society*. London: Continuum〔マヌエル・デランダ『社会の新たな哲学——集合体、潜在性、創発』(篠原雅武〔訳〕、人文書院、二〇一五年)〕

De Landa, M (2016). *Assemblage Theory*. Edinburgh: Edinburgh University Press

Dimmer, C. (2012). Re-imagining public space: the vicissitudes of Japan's privately owned public spaces. In: C. Brumann and E. Schulz, ed., *Urban Spaces in Japan: Cultural and Social Perspectives*. Nissan Institute / Routledge.

Dovey, K. (2016). *Urban Design Thinking: A Conceptual Toolkit*. London: Bloomsbury

Dovey, K. (2018). *Mapping Urbanities: Morphologies, Flows, Possibilities*. Rouledge

Gehl, J. (1971). *Life Between Buildings*. Island Press〔ヤン・ゲール『屋外空間の生活とデザイン』(北原理雄〔訳〕、鹿島出版会、一九九〇年)〕

Hidaka, T. and Tanaka, M.（2010）. Japanese Public Space as Defined by Event, in Pu Miao（ed.） *Public Space in Asia Pacific Cities*, Kluwer Academic Publishers

Jacobs, J.（1958）. Downtown is for people, article for *Fortune Magazine*［Available at: http://features.blogs.fortune.cnn.com/2011/09/18］［Accessed 20 Oct. 2012］

Jacobs, J（1961）. *The Death and Life of Great American Cities*, Vintage; Reissue ed.（1992）〔ジェイン・ジェイコブズ『アメリカ大都市の死と生』（山形浩生〔訳〕、鹿島出版会、二〇一〇年）〕

Jinnai, H.（1995）. *Tokyo: A Spatial Anthropology*. University of California Press〔陣内秀信『東京の空間人類学』（筑摩書房、一九八五年）〕

Jinnai, H.（2015）. Diversity of Unique Japanese Public Spaces. In: K. Kuma and H. Jinnai, ed., *Hiroba: All About Public Spaces in Japan*. Tokyo: Tankosha〔隈研吾、陣内秀信〔監修〕、鈴木知之〔写真〕『広場』（淡交社、二〇一五年）〕

Kerr, A.（2001）. *Dogs and Demons: the fall of modern Japan*. London: Penguin Books〔アレックス・カー『犬と鬼――知られざる日本の肖像』（講談社、二〇〇二年）〕

Koolhaas, R.（1978）. *Delirious New York: A Retroactive Manifesto for Manhattan*. The Monacelly Press〔レム・コールハース『錯乱のニューヨーク』（鈴木圭介〔訳〕、筑摩書房、一九九五年）〕

Lynch, K.（1960）. The Image of the City. The MIT Press〔ケヴィン・リンチ『都市のイメージ』（丹下健三、富田玲子〔訳〕、岩波書店、一九六八年）〕

Ohno, H.（2016）. *Fiber City: A Vision for the Shrinking Megacity*, Tokyo 2050, University of Tokyo Press〔大野英寿『ファイバーシティ――縮小の時代の都市像』（東京大学出版会、二〇一六年）〕

Oldenburg, R.（1999）. *The Great Good Place: Cafes, Coffee Shops, Bookstores, Bars, Hair Salons, and Other Hangouts at the Heart of a Community*, Da Capo Press〔レイ・オルデンバーグ『サードプレイス』（忠平美幸〔訳〕、みすず書房、二〇一三年）〕

Onodera, Y. (2015). Restoration of New Public Spaces. In: K. Kuma and H. Jinnai, ed., *Hiroba: All About Public Spaces in Japan*. Tokyo: Tankosha〔小野寺康「新たなパブリックスペースの復権」(隈研吾、陣内秀信〔監修〕、鈴木知之〔写真〕『広場』に収録)〕

Popham, P. (1985). *Tokyo: the city at the end of the world*, Tokyo: Kodansha International〔ピーター・ポパム『東京の肖像』(高橋和久〔訳〕、朝日新聞社、一九九一年)〕

Richie, D. (1999). *Tokyo: A view on the city*. London: Reaktion Books

Said, E. (1978). *Orientalism*. Pantheon Books〔エドワード・サイード『オリエンタリズム』(今沢紀子〔訳〕、板垣雄三、杉田英明〔監修〕、平凡社、一九八六年)〕

Sand, J. (2013). *Tokyo vernacular: common spaces, local histories, found objects*. University of California Press

Schumacher, E. F. (2010, 1st ed. 1973). *Small is Beautiful: Economics as if People Mattered*, Harper Perennial〔アーンスト・フリードリッヒ・シューマッハー『スモール イズ ビューティフル』(小島慶三、酒井懋共〔訳〕、講談社学術文庫、一九八六年)〕

Shelton, B. (1999, 2nd ed. 2012). *Learning from the Japanese City*. Routledge〔バリー・シェルトン『日本の都市から学ぶこと――西洋から見た日本の都市デザイン』(片木篤〔訳〕、鹿島出版会、二〇一四年)〕

Sugimoto, Y. (1999). Making Sense of Nihonjinron. *Thesis Eleven*, No. 57, May 1999: 81-96

Toshi Dezain Kenkyutai (2009, 1st ed. 1971). *Nihon no hiroba*. Shokokusha〔都市デザイン研究体『復刻版 日本の広場』(彰国社、二〇〇九年〔オリジナルは一九七一年〕)〕

Venturi, R., Izenour, S., Scott Brown, D (1977). Learning from Las Vegas - The Forgotten Symbolism of Architectural Form. The MIT Press (revised ed. 1977)〔ロバート・ヴェンチューリ他『ラスベガス』(石井和紘、伊藤公文〔訳〕、鹿島出版会、一九七八年)〕

Yoshino, K. (1992). *Cultural Nationalism in Contemporary Japan: A Sociological Enquiry*. London, UK: Routledge〔吉野耕作『文化ナショナリズムの社会学――現代日本のアイデンティティの

行方』（名古屋大学出版会、一九九七年）〕

（石渡崇文 訳）

セッションII　討論

北山　恒

仮説

二十世紀、世界の都市は、欧米で発明された社会システムに対応する経済活動を中心にした都市としてつくられてきた。このような都市類型を「現代都市」という。二十世紀初頭にこの現代都市を研究対象とするシカゴ学派という都市社会学が生まれ、この現代都市がかかえる問題を指摘している。その「都市の問題」は現在も継続され、それは顕在化している。二十一世紀に入って、先進国では都市の拡張、拡大は終わりを迎え定常型の社会に移行しつつある。現代都市という都市類型から次の都市の在り方に向かう移行期に、現在、差し掛かっているという見方がある。その次の都市をどうつくるのか、その一番先験的な場所にあるのが東京ではないかという仮説を、このセッションのはじめにプレゼンテーションした。

江戸東京の巨視的視座

第二セッションのテーマは「江戸東京の巨視的コンセプト　Post-Western/Non-Western」としたが、ラテンヨーロッパから参加した三名のパネラーは皆、このテーマに誠実に反応していただいた。日本から見ると欧米というひとつの文明圏に思えるのだが、ヨーロッパ世界にいる人々にとってはラテンヨーロッパとアングロアメリカは異なる文化圏に感じるようである。現代都市とは市民革命、産業革命を経たヨーロッパ文明のなかでも、アングロアメリカの文明圏の中で発明された都市類型である。その現代都市は産業化された社会を支える空間組織としてデザインされているのだが、その産業社会は自然環境を破壊する傾向があり、高度な資本経済活動を支えるために人々の生活は切り分けられ、そのなかで共同体が失われていく。ヨーロッパ文明のなかで発明され展開したこの産業社会は、拡張拡大を求める資本主義とともに世界を席巻している。

そして、江戸／東京という時間軸を提示することで、江戸時代は選択的であったヨーロッパ文明の移入が、明治維新後は全面的におこなわれたことを示した。明治維新とは社会システムを大きく変革した切断面である。日本は「近代化」という、産業化を押し進める社会に向かい、社会制度が切り替えられるのであるが、そのなかでも、明治六（一八七三）年の地租改正条例によって、すべての土地が区分所有されるようになり、土地は担保価値が与えられ、市場のなかで売り買いされるものとなった。そこで、現代都市の要件である、「土地の私有化と自由な市場経済」が整えられ、東京は経済活動を中心とした都市構造につくられた。

パオロ・チェッカレッリは、今回の議論の構図を作っている自身が提示した「Post-Western/Non-Western」という巨視的な世界観に準じて議論を進めた。現在の世界をコントロールしている新自由主義、さらに大きな時間で世界を支配している資本主義、さらには共産主義という規範はヨーロッパ文明が発明したものであり、そのような規範によって社会はつくられ、現代都市が表現されているという認識を確認した。このような規範の背景にある産業化、工業化が自然環境に大きな影響を与えているという、現在、顕在している問題が提議された。そして、コルビュジエのヴォアザンプランを参照しながら、現代の都市の問題は、二十世紀に世界を席捲した「シカゴモデルの都市」の後始末であるとする。そして、顕在する問題群とは、未来の都市をどのようなものにするのか、自然破壊をどのように修復するのか、都市は縮小できるのかという事柄などであるとし、先見的にこれらの問題群に対応しなくてはならない東京は「新しいモダニティのための実験室」ではないかと、東京という都市の方向性を示唆した。

オープンスペースとパブリック概念

パオロ・チェッカレッリは西欧がつくった批評的都市モデルとしてヴォアザンプランを示したが、このコルビュジエのモデルはパリの都市の半分を壊すようなアイデアであり、その都市破壊に対する批判がある。そして、コルビュジエのつくったこの都市モデルにおいては、建物以外のオープンスペースは全てパブリックである。西欧におけるパブリックという概念は、第一に国家という権力につながるもの、第二に個人の利益を超えた公益を示すもの、そして、第三に誰にでも開かれた公開という三つに大別できる。その観点で見ると、コルビュジェの示している都市モデルはコミュニティのためのモデルではない。そのオープンスペースは共有地ではなく、そこにいる人は警察に管理され機関銃で撃たれるかもしれない（アンリ・ルフェーヴル『都市への権利』）、そういうパブリックのように見える。そうではないコモンズをどう作っていくかというのが、現代の切実な命題なのだ。

外部空間は誰でもがアクセスを許される空間であるから、空間性能として本来的に公共性をもつのであるが、それは国家の権力の下にある場合と、公益が尊重される場合がある。そこで、現代都市の抱える問題群は、建物以外のオープンスペースの在り方を取り上げると見えてくるのではないかと考え、ロレーナ・アレッシオとホルヘ・アルマザンに日本のパブリックスペースとコモンズについて質問した。ふたりはともに日本の都市空間に対して造詣が深く、ヨーロッパの都市空間と対比的に研究している。

ロレーナ・アレッシオはイタリアのトリノと東京でのワークショップの経験から、東京のパブリックスペースには人々の行為が警察にコントロールされている抑圧の構造があること、それに対してトリノではパブリックスペースに市民の自治という概念が存在することを報告した。そして、日本の寺社地の境内や河川敷などの使われ方を見ると、江戸東京ではパブリック概念ではない自発的な寄り合いというものがあって、それはヨーロッパの市民社会がもつパブリックとは異なるとし、近代化が始まる前の江戸時代にはパブリックという概念は存在しなかったのではないかと指摘した。

続いてホルヘ・アルマザンは、江戸時代の日本はヨーロッパ文明圏の外にあり、パブリックスペースの概念は西欧世界のそれと大きく異なっていたのではないかとして、江戸の街のなかのオープンスペースは、パブリックであったりコモンズであったり、また権力の抑制があったり、庶民の公益的なものであったり、それはダイナミックに移ろい動いていたのではないかと推論した。ただし、それは日本の文化と異質なものとみるのではなく、社会制度がつくる文化的差異であるとする。そして、現代の日本では、西欧を模倣したパブリックスペースの使い方ではなく日本独自の使い方があるのではと提言した。さらに、ヨーロッパ文明圏では、市民社会の民主的概念がオープンスペースに表現されており、警察のコントロールよりも民主的な権利のほうが優先される社会であると報告した。

インフォーマル・コモンズに発見される新しい都市

日本という国家は明治維新から一五〇年の間に、「近代化」という、拡張拡大をおこなう産業社会を非常に効率良くつくってきた。それは市民革命、産業革命を経験したヨーロッパ文明圏で発明され世界を席捲した社会システムである。しかし、現代の日本は人口がピークを打ち、これからは減衰する社会を迎える。急激な近代化の中で、それ以前の社会システムは切断され、人々の関係性は切り刻まれ、コミュニティが壊されてきた。そして家族という社会の最小単位も解体され、社会の再生産は行われず、単身世帯が急激に増えている。近代化がつくってきたこの産業社会は人々を必ずしも幸せにはしなかった。さらに、都市空間も区分所有され切り刻まれている。減衰する社会のなかで、もう一度人々が共有できるような都市空間とすることが、近未来に向けた都市への最前線ではないか。

日本は、高度に洗練された工業化社会を達成した後、先見的にポスト産業社会に飛び込み始めている。それはパオロ・チェッカレッリが、東京を「新しいモダニティのための実験室」と呼んだように、日本の社会は「近代」以降の、次世代の都市をつくりだす可能性がある。新自由主義という極北の資本主義である社会システムの終焉がみえてきた現在、世界中の都市が必要とする社会実験を東京がおこなうことになるのかもしれない。それは「近代」を乗り越える新しい文明の研究となる。そのとき「江戸東京センター」が担う「近代」以前の社会システムの研究は有益である。

ロレーナ・アレッシオは東京のインフォーマルな木造密集市街地を研究対象とし、ホルヘ・アルマザンは市民社会からボトムアップのようにつくる街についてプレゼンテーションした。このプレゼンテーションで使われた言葉が示すように、コントロールされる都市空間ではない、インフォーマル・セクターから近未来の都市のあり方は始まるのではないか。そんな自発的な新しい都市が生まれる可能性が、東京にはある。それは最も資産価値のない、劣悪と言われる木造密集市街地に見出されるインフォーマル・コモンズとしての共有地であり、そこに新しい都市の萌芽が生まれてくるかもしれないと私は考えている。

セッションⅢ　水都の再評価と再生を可能にする哲学と戦略

水都の再評価と再生を可能にする哲学と戦略

陣内秀信

比較の視点から東京を考える

第三セッションのテーマは、「水都の再評価と再生を可能にする哲学と戦略」である。水都としての東京を考えるのに、今日は、この観点から見た世界の三つの典型的なゾーン、即ちヨーロッパ、米国、アジアと比較する形をとりたい（図1）。

世界の水都の系譜をたどっていくと、いろいろな発展形が見出せ、幾つかのタイプに分類できると思われる。古代からの都市文明が見られる地中海には、当然、古い港町が数多くつくられた。その典型は、ジェノヴァ、マルセイユなど、丘や山を背後に控え小さな入江に発展した古代からの港町で、大規模港湾機能が外へ移動した現在、古い港の空間での再生への動きが活発である。一方、北イタリアには、平坦地に発達した水網都市が多く、その代表が中世にその骨格を形成したヴェネツィアだが、内陸部にあるミラノも運河を網目状に巡らした古代起源の水都なのである。内陸の水網都市の多くは、近代化で運河の多くを失ったが、ミラノのように今、見直しが活発に行われている都市もある。もうひとつの典型的な港町は、川港によって発展したタイプで、イタリアにもフィレンツェ、ピサ、ローマなど古代起源の都市が数多く、今なお川が都市の美しい景観軸となっている。これらが、古いタイプの港町である。

少し時代が遅れて、中世から近世に発達したアルプス以北のヨーロッパにおいて、また様々な港町の類型が見られた。ブリュージュ、アムステルダムのように低地に運河網を巡らし発展し交易で繁栄した水都がある一方、パリ、ロンドン、ハンブルク等、内陸部の川沿いに港をつくり発達した重要都市が数多い。近代に入った十九世紀には、物流機能が大規模化し、旧市街の外にその役割を移す動きが生まれた。ロンドンではテムズ川のやや下流エリアで、入口に閘門をもつドックを連続的に配したドックランドが造成され、ハンブルクでは旧市街の小河川から、大きなエルベ川に近いエリアに生まれた直線運河と大規模倉庫群からなる近代空間に物流機能が移動した。こうした近代の先端的な港の仕組みも、今では役割を終え、ロンドン、ハンブルクのいずれでも、その空間、施設のストックを活かしながら都市再生が大規模に実施されている。

そのなかで、港町の最終発展形を示すのが、米国の海に開いた都市群で、ニューヨーク、ボストン、サンフランシスコなど、湾や川の河口に無数の桟橋、埠頭を突き出す大規模物流空間を築き上げ、十九世紀から二十世紀中頃までその機能を誇った。

世界の港町の発展を類型的に分析考察すると、このような流れとして理

図1　異なる文化圏からの水都の比較対象

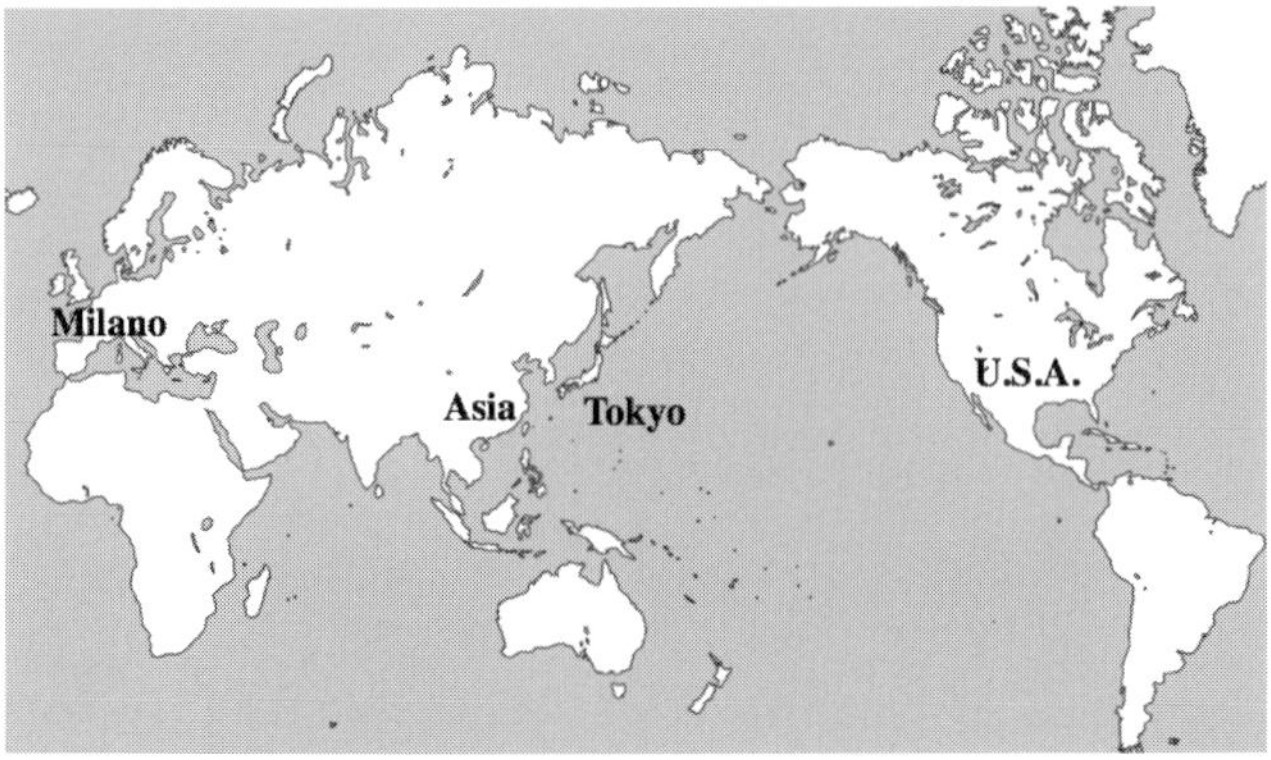

解できることがわかる。現在、それぞれのタイプに応じ、その特徴を活かし、抱える問題を解決しながら港空間の再生が各地で展開していることも観察できる。

このセッションの最初のスピーカーはリチャード・ベンダー教授で、先ずはアメリカからスタートしたい。アメリカ都市は、一九七〇年代からウォーターフロントの再生に取り組み、世界に大きな影響を与え、その後も様々な段階を経て、旧港の空間を現代的役割をもった空間に甦らせる興味深い動きを継続的に見せており、東京のベイエリアを考えるのにも大いに参考になると考えられる。ベンダー教授は米国の西海岸、東海岸のいずれの港町再生の事情に精通しておられる。

次に、ヨーロッパからは、ライフワークとして水都ミラノ再生に取り組むミラノ工科大学のボアッテイ教授を招き、まさに東京や大阪と同様、多くの運河を失ったこの街での、残された運河の再生、かつて埋められた運河の掘り起こし計画等、日本、そして東京にとって大変興味深い内容の話をしていただく。

一方、アジアは独自の水の都市の在り方を示してきた。歴史的には、内陸部で河川網を活かし、水と深い関係をもちながら地域形成を展開する傾向が強く、湾岸に都市ができたのは、ヨーロッパの人々が来た比較的新しい時代に、海に開く港町が必要になってからのことである。むしろ内陸部に古くからの水の都市や集落があった。蘇州、その周辺の水郷鎮、バンコクのような海から少し内側に位置する水網都市もアジアには多い。

それに対し日本はどうだろうか。海沿いにも内陸河川沿いにも、中世から小さな港町はあったものの、水害の危険のある河口のデルタに港機能を発展させ、舟運を活かした大きな都市ができたのは江戸時代のことである。しかも大坂や江戸、あるいは新潟は水網都市の性格をもった。

アジア都市については東京との比較の意味もこめて、法政大学の高村教授に論じていただく。このセッションでは、こういった構成で、世界の西としてヨーロッパとアメリカ、東としてのアジアと日本、それらを比較しながら東京の問題を考えていきたい。

水都東京――喪失から再発見、そして再生へ

先ずは、東京を水都として見るにあたっての問題提起として、この都市がどういう特徴や固有の資産を持っているか、そして現在、東京がどんな問題を抱えているかから述べていきたい。江戸を前身にもつ東京は、とりわけ高度成長以後、その性格を大きく損ねたとはいえ、本来はエコシティーだったと言ってよいだろう。自然の脅威を知りつつ、その恵みを巧みに引き出し、自然と共生するバランスのとれたエコシティーだった。それが先ほど第二セッションで問題になっていたように、近代で大きく時代が切断され、産業化を優先したことから、バランスを失ってきた。しかし、我々はその反省期に入っており、かつて成立していた江戸東京の水都の在り方を多角的に見直し、それを現在の社会、及び技術の状況を考えながらいい形で再生することで近未来を切り拓くという戦略で考えていきたい。

東京スカイツリーの展望台に立つと、江戸時代に人々が見慣れていた江

図2　東京スカイツリー後方からの眺望

戸の景観イメージと同じアングルから東京を眺めるというファンタスティックな経験ができる。十九世紀初頭に画家の鍬形蕙斎が初めて江戸の鳥瞰図を描いた際に、東の高い所に視点をとり、西を眺めるというアングルを選んだ（図2、図3）。画面のなかで、庶民が親しむ下町、江東の水の都市空間が明らかに強調されている。このアングルが、その後、長い間、東京のイメージを決定づけ、江戸東京＝水都という印象を強くアピールしてきたのである。外国の方々には是非この展望台に上っていただき、水都東京の現在を感じとっていただきたい。

新たな高いテレビ塔をどこにつくるかを決める委員会があり、私もそのメンバーの一人だった。実は、さいたま市が誘致合戦で断然優位に立っていたのだが、われわれの委員会は、このような歴史的意味があり、しかも舟運復活の可能性を秘めたこの押上を強く推したのである。

この絵からわかるように、江戸の都市のグランドデザインとは、地形や自然条件に依拠し、大地に根ざしたものだったといえる。山の手は緑に溢れる田園都市であり、一方の下町は水の都市だった。先ほどの第二セッションでオケ教授から、「ヴェネツィアと東京を比較して、どこが似ているのか」という質問があったが、幕末から大正時代にまで、ヴェネツィアと東京を比較して論ずる系譜がずっとあった。

図3　鍬形蕙斎「江戸名所の絵」法政大学江戸東京研究センター蔵

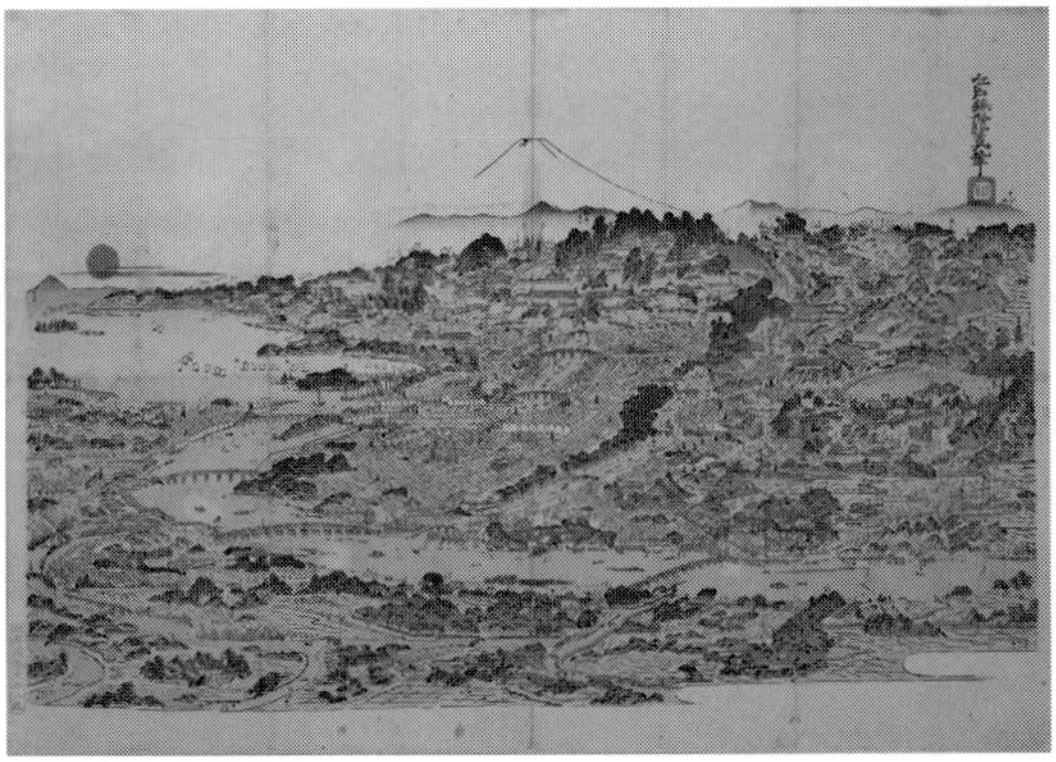

ヨーロッパやアメリカの都市とは大きく異なり、ヴェネツィアでは水が多様な役割をもっていたが、江戸もそれとよく似た状況を示し、水が実にいろいろな形、機能・活動、そして意味をもっていたのである。実際に一六三〇年代の江戸を描いた絵（図4）に、その様子がいかんなく表現されている。市街地を洪水から守りながら、水に親しむ都市文化を育んだのが江戸であった。

ところが、戦後の工業化・近代化で水辺が喪失され、とりわけ一九六四年の東京オリンピック直前に高速道路が日本橋の上空に架かったことで、水都東京の最大の象徴が失われることにもなった。

この時期、埋立てもどんどん続き、海も遠のいて、水辺と人間の関係が切り離された。実はこの度、築地市場が移転する豊洲の土地はもともと、高度成長期に造成された産業社会を支える石炭と鉄鋼の埠頭があった場所にあたり、土壌汚染が深刻だったのも当然である。

東京の水辺が大きく痛めつけられた状況のなかで、われわれは一九八〇年頃から、佃島の船宿から釣り船を出し、隅田川・日本橋川・神田川などをまわり、水の側から東京を観察するという調査を継続して行ってきた（図5）。幸い、今では東京が水の都市だったという認識が広がり、その再生に向けて様々な動きが起きている。本日も、そういう活動をしている

図4　描かれた江戸の水辺空間（「江戸名所図屏風」出光美術館蔵）

方々が、たくさんこのシンポジウムに参加されている。

　江戸を受け継ぐ東京は、川や掘割が網目状に巡る市街地からなり、確かにヴェネツィアやアムステルダムのような水の都市の性格を強く持っていた。だが、これらヨーロッパ都市が、近代になって運河の役割が変化しても、逆に新たな役割を水路に与え、その水都としての魅力を現在、さらに高めているのに対し、東京は多くの掘割を埋め立て、またその象徴、日本橋川は完全に都市の裏側の空間に貶められてきた。だが、今、その価値、魅力をどのようにして取り戻せるかが議論され始めている。

「水の都市」東京の拡大定義

　一方、一六四三年の地図（図6）が示すように、東京都心の水路網としては、実は、日本橋を中心とする低地＝下町の平坦な土地を巡る掘割、河川だけではなく、武蔵野台地の東端に位置する江戸城のまわりを、南から西、北にかけてぐるりと囲む内濠、外濠が重要な役割をもっている。東京独特の凸凹地形からなる山の手だけに、高い所は掘って低い所相互を繋ぎ、水のループを創り出したのである。内濠では半蔵門、外濠では四谷が最も

図5　高速道路が被った日本橋　陣内研究室による水の側からのフィールド調査（一九八〇年〜）

高い位置にある。しかも、江戸市中に飲料水を供給する目的でつくられた玉川上水が、延々武蔵野台地の尾根筋を通って、途中、枝を伸ばし乾いた台地上に農業用水を配りながら市中に到達し、この四谷で外濠に、半蔵門で内濠にその水の一部を供給したのである。その水が雨水、豊富な湧水に加わって北と南に分かれ、それぞれ時計回り、反時計回りに循環する仕組みが生まれたのである。江戸は壮大な水循環都市だったともいえる（図7）。

徳川幕府の下、天下普請の大土木事業によって実現したこうした江戸の壮大な水都づくりの歴史を解説するＮＨＫスペシャルの番組が私も協力して制作された（放映は二〇一八年四月二十九日）。凸凹地形を活かしたこれほどダイナミックな水都の構造というのは、江戸＝東京の大きな特徴であり、海外にも類例がない（図8）。

その外側の江戸の山の手を見ると、斜面につくられた大名屋敷の多くは、湧水を活かし、池のまわりに回遊式庭園をつくった。さらに西側に広がる武蔵野台地に目を向けると、湧水が随所で池をつくり、それが水源となって数多くの中規模河川が流れ、田園と市街地を潤してきた。こう考えると、山の手も武蔵野・多摩も、東の東京低地もすべて水都と捉えることができよう。東京の基層には、様々な次元の水資源があり、それが大きなネットワークで結ばれ、都市や地域の独自の在り方を生み出しているのである。

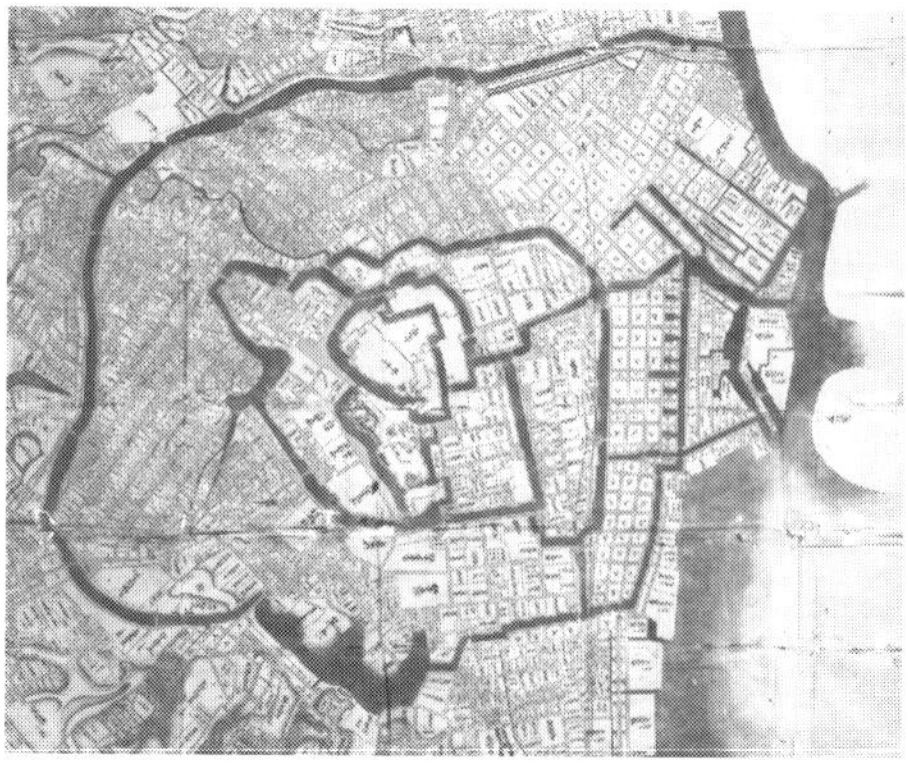

図6　初期の江戸の地図　寛永二十（一六四三）年頃（「寛永江戸全図」臼杵市教育委員会蔵）

新たな水の都市像が浮かび上がる。

ボアッティ教授のミラノの運河ネットワークに関する研究でも、大きなスケールの広域の河川・運河から、小さなスケールの街のなかの水路までが研究の対象となっており、水循環や舟運の可能性を考えるのにテリトーリオ地域の発想に立つのが重要だということがわかる。

江戸時代には、都市とその周辺に広がる地域全体の構造を、河川・水路のネットワークを中心に描いた地図がつくられた（図9）。江戸城のまわりに二つの濠が巡り、武蔵野台地に湧いた水を水源とする中河川、玉川上水、そして多摩川、荒川、利根川の大河川が江戸のテリトーリオを形づくっていることを見事に表現する。河川や運河沿いに数多くの河岸が形成されていた様子もわかる。イタリアで近年、重要視されるテリトーリオの考え方に立って、もう一度、水の都市、水の地域として東京を見直そうとわれわれは考えている。

近未来の水都東京のイメージ

ここで、海の方に目を向けたい。東京の近未来のイメージとして、お台

図7　外濠内濠断面構成（作成・神谷博氏）

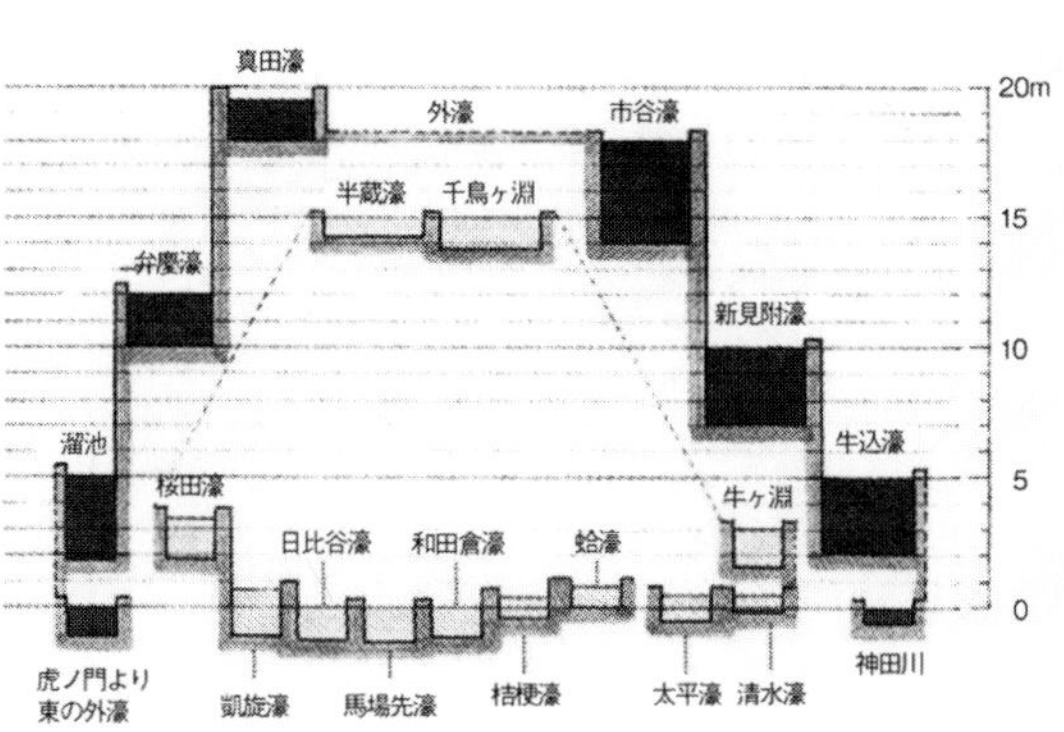

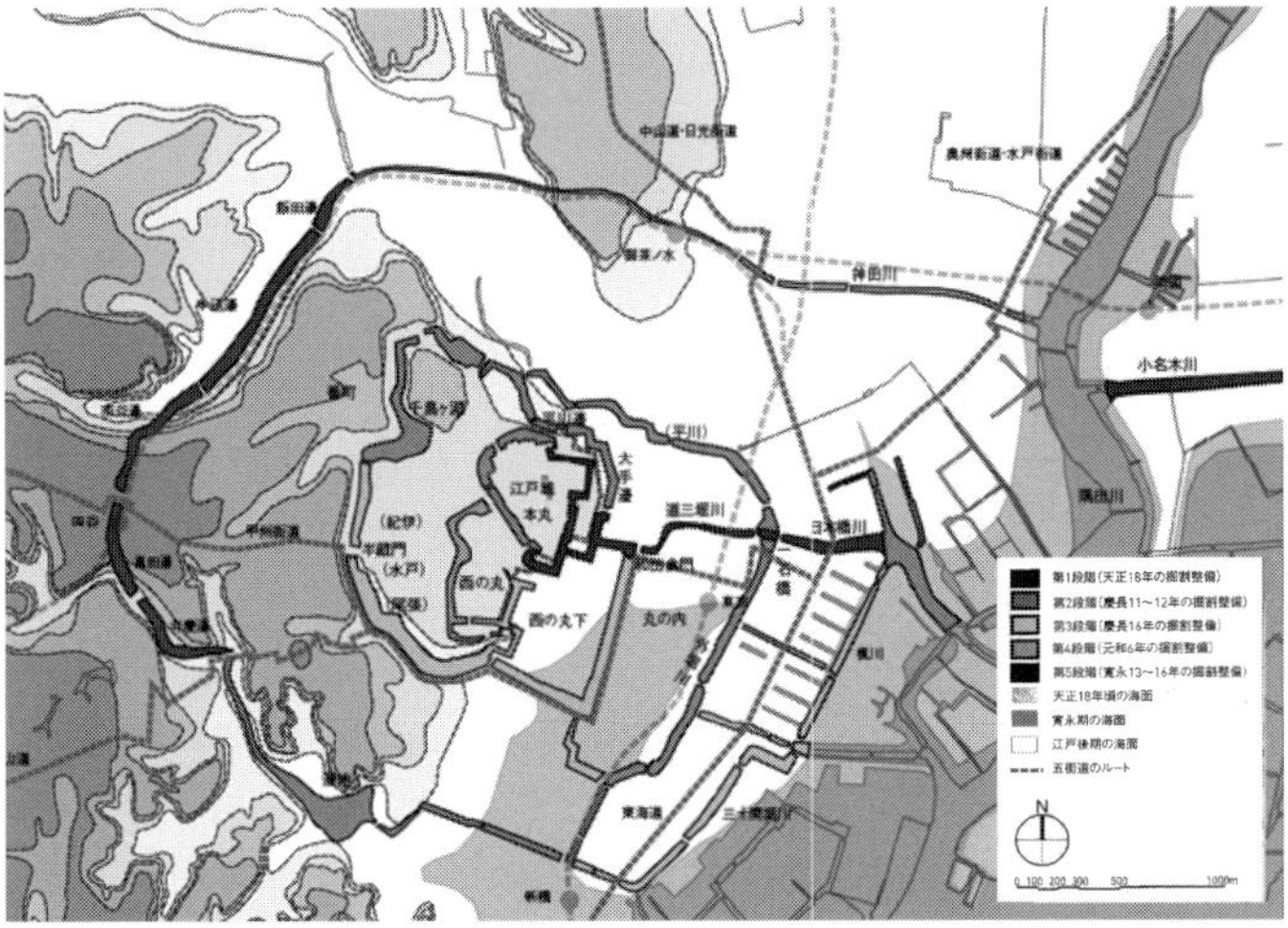

図8　寛永期までの江戸城内濠・外濠の整備（作成・岡本哲志氏）

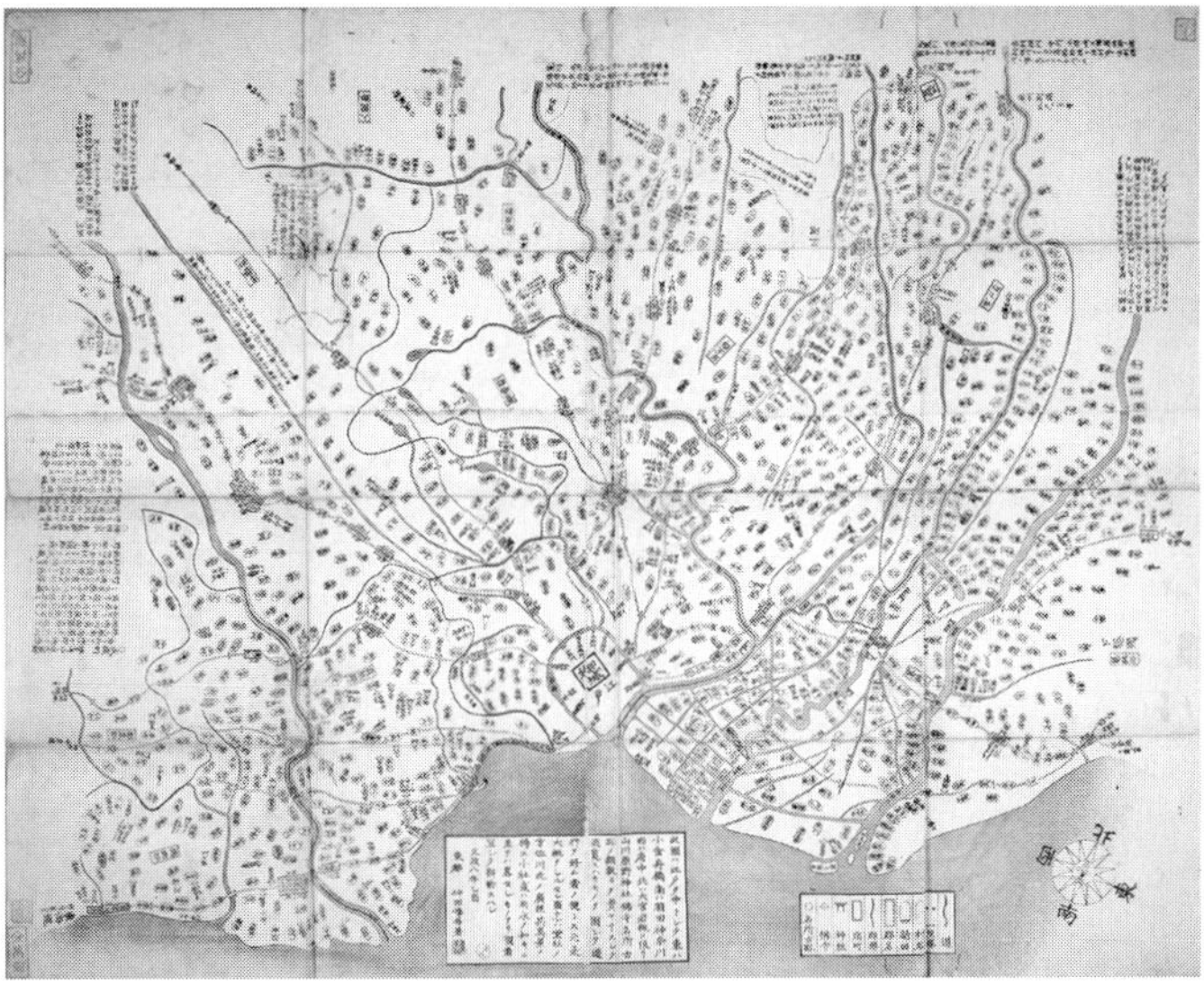

図9　江戸近郊の河川・水路網を描いた地図（「東都近郊図」品川区立品川歴史館蔵）

場海浜公園の様子を見てみよう。水質が徐々に改善され、多少生態系も戻り、アサリも獲れ、水の空間で遊べるようになってきた。現代と近未来が重なるばかりか、伝統的な屋形船による水上の宴会の、そして品川の荏原神社の海中渡御の舞台ともなり、そこに過去が見え隠れしている(図10、図11)。しかも、こうした宗教行事は観光のためではなく、純粋に地域コミュニティーの活動として継続的に行われている。本来の日本らしい自然と共生し、歴史・文化の遺伝子や場所性を継承しながら、水辺に新しい時代に相応しい機能・役割を生み出し、人々の賑わいが水辺に溢れるような魅力ある水都を創り上げていきたい。そのためには、水都を脅かす災害や自然及び生活環境の破壊に対してレジリエンス、即ち、しなやかな強さ、回復力をそなえた都市づくりを考えることも重要である。

ローザ・カーロリ教授が中心となり、二〇一五年一月にヴェネツィアで国際シンポジウム、Fragile and Resilient Cities on Water: Perspectives from Venice and Tokyo が開催され、本にもなっている。水上、あるいは水辺にあるヴェネツィアと東京の二つの都市を脆弱性とレジリエンスの視点から比較するこの刺激的なシンポジウムに私も日本の仲間たちと参加し、水都の難しさと大きな可能性について一緒に考えた。

図10　屋形船が浮かぶお台場海浜公園の夕景

水都再生の実践とその方法

このシンポジウムの企画が立ち上がった頃、ボアッティ教授からメールでクリスマスと正月の挨拶カードが届き、そこに掘り起こされ再生されたミラノの運河のイメージが描かれていた（図12）。ボアッティ教授は、ライフワークとしてミラノの運河再生に取り組み、市長から依頼されその可能性を探る研究プロジェクトを推進している。市民投票で、失われた運河の掘り起こしに対し、イエスかノーかを市民に問う可能性も浮上してきているという。市長、行政のリーダーシップのもと、専門家が調査研究を踏まえた具体的な提案をし、市民の意見も反映させながら実現に向けて進もうとする姿勢がよくわかる。

折しも、東京では、一九六四年の東京オリンピックの直前に日本橋上につくられた高速道路を撤去するか、あるいはどのようにして撤去するかに関し、議論が始まっており、実は、このシンポジウムの二日前に、「日本橋の上空に青空を取り戻し、東京の堀と川の再生を考える意見交換会」が開催されたばかりであった。今、中央区や東京都、国交省がトップダウン的に考え提案しているのは、日本橋を中心とする限られた範囲のみで高速道路を撤去し地下に入れるという計画であり、その案を巡り今、専門家・

図11　海中渡御の舞台となるお台場海浜公園の水辺

市民の間で論争が生まれている。現在建設中の東京外かく環状道路が完成すれば、都心に入ってくる通過交通の量を減らすことができ、近い将来、都心環状線すべてを撤去することも可能になるはずと考える専門家も多い。こうした議論にとっても、今日のボアッティ教授の話は大いに参考になる。

そして、日本の都市開発の事情に詳しいベンダー教授は、一九八〇年代後半の臨海副都心計画（図13）に対して、広大な埋立地に短期間に一気に未来都市をつくろうとした大規模開発のあやうさに警鐘を鳴らしていた人物であり、本日もウォーターフロント開発をクリティカルな視点で論じてくれるだろう。

都市開発の在り方について、「トップダウン」か「ボトムアップ」かという議論が近頃、よく聞かれる。この点に関し、第二セッションに登場したチェッカレッリ教授は、世界各地で精力的に仕事をした立場から、日本をはじめとする非西洋世界においては、「Non-Western/Post-Western」の考え方によるまちづくりを進めるべきと提唱し、日本の「まちづくり」をbottom-up community based town developmentと捉え、住民主体のボトムアップの在り方を高く評価する。里山や里川を例にとり、住民が山や川をコモンの場として自分たちで管理し、利用し、愛着を持って守り育ててきたことの重要性を指摘する。

図12　ボアッティ教授から届いたクリスマス・正月の挨拶カード

とはいえ、東京では大きな開発については長らくトップダウンが続き、先に見た臨海副都心計画（一九八六―八七年）がその頂点をなすものだった。結局、バブルの崩壊とともに、ベンダー教授の危惧の通り、海上に第七の副都心をつくり、ビジネスセンターを実現しようとする最初の目的は失敗した。だが、自然と人工が融合した新たな水景をもつお台場海浜公園の文化・商業施設、そして集客力のあるイベントが開催されるビッグサイトは、人気スポットとなり、何とか辻褄を合わせた格好になっている。今こそ、現代の要請に合わせ、この中途半端になっている副都心計画の全体を根本的に見直し、より魅力ある場所に創り直す必要があろう。

ところが、東京都はこの失敗で自信を失い、しかも行政の財政事情も悪化するなか、都市開発に関する大きなビジョンをまったく描けなくなった。その間に、逆に力をつけたデベロッパーが、ベイエリアの広大な埋立地の工業、物流機能の跡地を舞台に、タワー型の高層マンションばかりが建ち並ぶ、世界的に見るといささか特殊な地区をどんどん生み出しているというのが、東京のウォーターフロント開発の実情である。

ヨーロッパやアメリカはそれとは異なり、行政が主導権をもって公益性を考えながらグランドビジョンを描き、民間の協力のもとに開発を進め、市民も色々な形で参加する機会がもてる。トップダウンとボトムアップの

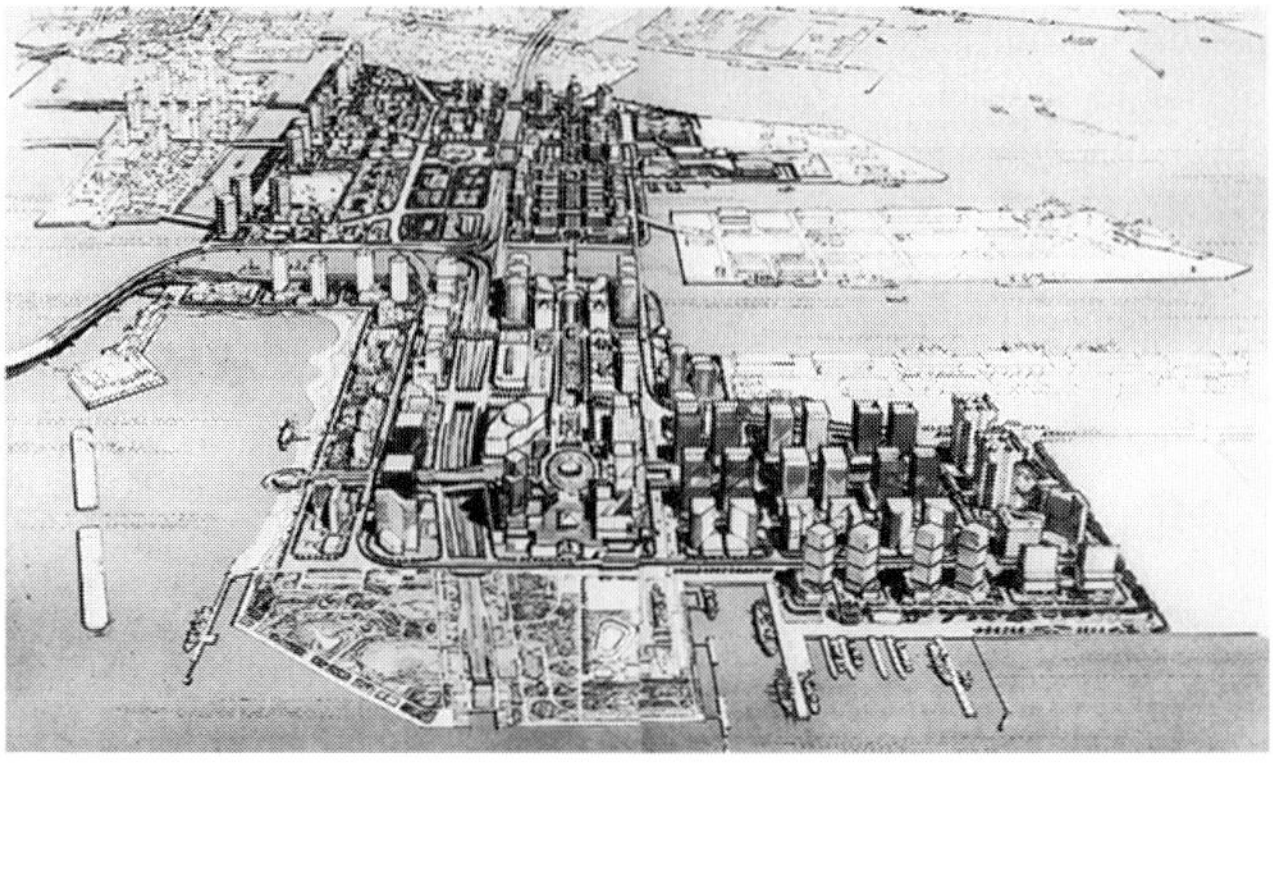

図13 臨海部副都心開発基本計画 一九八六年

間にこのタイプが位置づけられよう。

　このように見た時、果たして日本は、近未来の水都再生に向ってどのような方法をとることができるのか。アジアの問題とも比較しながら考えていきたい。ヨーロッパからもアメリカからも学びつつ、同時に、日本からも、その水都の奥深い歴史、そして現在の市民サイドからの興味深い動き等を世界に向けて発信したい。それがこのセッションのテーマである。

新千年紀へのいくつかの指針

リチャード・ベンダー

概　要

私たちは一つの革命のただ中にいる。その革命の規模は、およそ私たちに理解可能な限度を超えている。現在、これまでにない、刺激的な発展の成果が日々私たちにもたらされているが、未来は、私たちの想像の限度を超えた難題を私たちに突きつけている。私たち、アーバンデザイン〔都市設計〕と都市計画の担い手にとっての最も困難な課題とは、一つの新たな世界を発明する（あるいは夢想する）ことにあるのであって、私たちがすでに行っている事柄を、新たな資源なり、道具なり、技法なりを用いて――たしかに多少は前よりもうまく――行う方法を考え出すことではない。私たちの未来の都市――グローバルであるがローカルであり、物的であるがバーチャルである都市――が成功を収めるとしたら、それらの都市は多数の市民たちによって形成されねばならないだろう。すなわち、それらの都市は、ささやかな行為とささやかなステップの大規模な集合体から創発するのでなければならないであろうし、自然と調和すると共に、今現在創発しつつある夢や可能性への応答となっており、また時代〔時間〕・場所・伝統に根差したものとして作り出されねばならないであろう。

環境の質（訳注1）という問題に関わっている私たちのような人々――建築家、ランドスケープ・デザイナー、アーティスト、都市プランナー、市民たち――にとって、現代は決定的に重要な時代である。私たちが生きる現在の世界は、過ぎ去った過去と、まだ見ぬ未来の間にある。この世界では、複雑さの度合いが日々増加しており、新たな通信と交通の技術により、ローカルなものとグローバルなものとの密接な連携が可能となっている。このような世界は、個々の人や場所に的を絞った新たなチャンスをもたらしてくれる。しかしその一方、巨大な貧富の差が存在し、しかもそれがますます広がっていくという特徴を帯びてもいる。しかもこの世界では、人類の文明が、気象の変動や資源の枯渇といった、それまでになかった恐るべき危機を創出してきたのである。

現代は、都市における巨大な変化が生じてきた時代でもある――新たな懸念、新たな感受性、新たな知見、新たな一連のツール・技法・資源、といったものが出現してきたのだ。都市化の進行と共にさまざまな新技術がもたらされ、それによって人口・富・権力・情報がグローバルな規模であふれ、そのせいで史跡、貴重な習俗、変化に弱い環境といったものへの深刻な脅威が、従来にない規模でつくり出されてしまう、という過程を私たちは目にしてきた。

一世代前に生じた都市化に伴う変化は、前代未聞の規模であった。単独で、カリフォルニア州全体と同じ人口を住まわせている都市がいくつも存在している――しかも、都市の形態も大きさも極めて多様である――という現状において、私たちが考察する対象を、これまで用いてきた「都市」という名で呼び続けることなどできるものであろうか？　きたるべき世代の都市の設計や計画に携わる人々が取り組むべき難題は、途方もないものとなることが見込まれよう。その難題に取り組むことに躊躇してはならない。とはいえまた、私たちが知っている、時間という試練に耐えてきた諸価値を、改めて見直す必要もある――求める解決のすべてが、製図板やパソコンの画面の上で、いちから意図的に創り出されるわけではない、ということを自覚する必要がある。

さて私は、この場でこのようなお話をすることを光栄に思う一方、少々落ち着かない思いも抱いている。古くからの友人――槇とチェッカレッリ――との再会は、まったく思いがけないことだったし、そもそも私がこの会に駆けつけたのは、私たちの年下の先生《センセイ》が（私同様に）誰の目にも「現役を退きそびれている」様子で活躍していることを、ほめたたえるためだったのである。この部屋に集まられているかたがたの専門性と豊かな経験に対して、また、この新時代に向けて、この私が何か意味のある発言をすることの難しさに、私は恐れおののいている。

アメリカの都市

今回の報告に際して、陣内教授から特に依頼されたのは、ボストン、ニューヨーク、サンフランシスコといったアメリカの「水都」の最近の発展を、〔水都〕東京の再生に目を向けるための序論として考察する、ということであった（図1）。都市地理学者ポール・グロスがかつて指摘したことだが、アメリカの都市の大部分は通商の落とし子として産み出された都市であって、その起源をさかのぼると水のある地域に行き着く（図2）。だが、一九八〇年代までの間に、それらの都市の発展の初期に水が果たしていた役割は別の地域に担われるようになり、それらの都市の産業用のウォーターフロント（訳注2）は徐々に廃れていった。

図1 バークレイから見たサンフランシスコ

図2 サンフランシスコの鳥瞰図とそこに描かれたウォーターフロントの景観。一八七五年

一般的に言って、このような変化の根底にある論理は、生産と流通の規模・手段・地理的範囲におけるパターンの変化を伴うものであった。アメリカの都市のウォーターフロントが、単にそこにある「港」に尽くされない、それよりも奥行きのある地域であることを認識しておくのは、さらに重要である。つまりこのような地域は産業とインフラを招き寄せるのであり、すなわち鉄道の整備された人口密集地帯[訳注3]と同様に、船の発着地の近くの、

「裏口を出ればすぐに」積み荷や荷下ろしができる優れた立地を求めて、産業とインフラが集中するようになるのだ。このような地域はまた、非常に多くの労働者の居住区を備えてもいる。この労働者は、典型的には他の地方や他の国から移住してきた人々である。崩壊が生じたとき、これらの要因は、崩壊の規模を何重にも倍加させるものとなった。

しかしながらアメリカでは、産業用ウォーターフロントの衰退と同時期に、ポスト産業社会的な経済の成立が進んでいた。上述のような、比較的古くからある港湾都市は、現在では情報の生産と操作の重要な中心地となっている。そしてそれらの都市の古びた港湾地帯には、新たな住民が住まうようになった。このような情報経済に参加し、ウォーターフロントを以前とは違う目で見るようになった住人である。それゆえ、一世代前に生じた変化とは、ウォーターフロントを誰もが出入りできる快適《アメニティ》な場所として、また、暮らしやすく都会的な生活を提供してくれる場として見いだすという、ウォーターフロントの再発見であったことになる。

アメリカの多くの都市にある昔からのウォーターフロントは、否定的な環境的影響がなくなったことで、今や何よりも重要な歴史的事例として、新たな価値の創出を促す役割を果たしている。例えばマンハッタン島南部のバッテリーパーク・シティは、最初期の大規模なウォーターフロント再開発地域の一つである。この都市は交通のアクセスを改善させた上で、バッテリーパークという、公園として長い間海辺とつながってきた場所を手本として作られたのだった。

一九七〇年代半ば、新たな公共施設をボルティモアとボストンに建設する流れができ始めて以降、事実上、すべてのアメリカの都市で、古くからある埠頭と産業用の地域は、商店、娯楽、遊技、居住などの空間として作り変えられるようになっていった。例えば一九八九年の地震の際、サンフランシスコ中心部のウォーターフロント地域へ向かう高速道路が損壊したのだが、サンフランシスコは、典型的な対応として、その道路を廃棄することを選んだのであった。

環境意識の向上も、産業主義的経済からポスト産業主義的経済への変化と連繋しながら進んでいった。都市の住民はもはや、周囲の水域を有毒物質のごった煮としてではなく、むしろ生きた生態系と見なし、その再生へ向けて、自分たちが役割を果たすことができると考えている。ドキュメンタリーフィルム『セイビング・ザ・ベイ〔この湾を守る〕』(訳注4)は、このような、サンフランシスコ湾を見る見方の一世紀半にわたる変化をたどっている。

今日の多くの都市のウォーターフロントでは、カヤック〔ここではスポーツ用のカヌーの一種を指す〕の姿を、バージ〔平底の荷船〕と同じぐらいに普通に見かけることができる。サンフランシスコ・ジャイアンツの球場に隣接する湾であるマコベイ・コーブには、現在、飛んできたホームランボールを拾おうとする人々が押し寄せているが、この様子を思い描くだけで、この湾で生じた変化の大きさを理解するには十分である。まさにここミッション・クリークの河口にあたる水域は、かつてはその北にあるチャイナ・ベイシンの工場や倉庫からの廃棄物で汚染された入江だったのである。

大まかに見れば同様のパターンをもつ変化が、東京でも進行しているのは明らかである。だが、今回の討議で――うまく進めば――議論したいと思っているのは、東京のウォーターフロントの脱・産業化とは、東京という都市に潜んでいたより古い都市を明るみに出すことなのかもしれない、ということである――その古い都市は、ちょうどローマの広場《フォーラム》のように、新たな活動の層によって覆われていたに過ぎないということだ。そしてこの、より古い都市の構造こそが、未来への重要な鍵を提供するかもしれないのである。

問題

変化のペースとスケール、グローバルなものとローカルなものとの絡み合い、今のところ想像する以外にない環境危機の輪郭——これらすべてについてどう語ればよいか？　これが現在の問題である。いったい、地図の作成もこれからだという都市の姿を描いてほしいと言われたら、みなさんならどうするだろうか？

このような未来を具体的に描写してみせることは、私にはできない。それゆえ私は「描く」というやり方ではなく、むしろ示唆するというやり方で語ってみよう——つまり、未来へのビジョンと想像力を切り開くために、みなさんの詩的発想を促すのである。私のこの示唆は、ひょっとしたらこの先の時代、他の人々がその先を付け足していくための「暗黙の枠組み《サイレント・フレーム》」となって、みなさんがまだ見ぬ地図を作っていくための刺激となるかもしれない。

この目的のために、いくつかのイメージを紹介しよう——思考として、観察として、それに、そう、〈メタファー〉として働くイメージを。こうしてみなさんと足場を共有した上で、このフォーラムの主題となっているたくさんのアイデアをまとめ上げるための、いくつかのテーマを示唆したい。

砂の城

私が紹介する第一のメタファーには、未来の都市を構築し、それを豊かにしていくときの市民の活動と、そこで彼らが果たす役割のあり方が込められている。

私は七―八歳ぐらいの少年だった頃、家族で浜辺近くに住んでいた。夏の長い一日を、砂の城や、ダムや、水路を造って過ごすのが常であった。もう少し年長になると、樹皮や流木でヨットをこしらえて楽しんでいた。ゴムひもで動くモーターボートを組み立てたこともあった。着古したシャツを引き裂いてヨットの帆を組み立てたことも何度となくあった。

私の周りには、浜辺で共同作業をする友人がたくさんいた。できあがるのは、ただの砂の城を超えたもの、つまりは砂の都市だった――そこには道路があり、城壁があり、排水網があった。私たちは何日もかけて建築と装飾を行い、それから、自分たちが作ったものすべてを海が消し去る様子を見守った（図3）。

輝かしい時代だった。朝は目覚めるのをほとんど待っていられないほどで、昨日自分が作ったもの――みんなで作ったもの――を確かめるため、一目散に海岸へ飛び出したものだ。そうして、みんなの作り方が正しかったか、夜の冷気にあてられて様子がどう変わったのか、確かめるのだ。設計《デザイン》こそ人生そのもの、という時代であった。

他の人々と共に、地面にかがみ込んで、図を描き、組み立て、ものを作り上げるというのは、私にとっては昔も今も、この世で一番自然な営みだ

図3　砂の城――子供たちは夜明けから夕暮れまで一緒に熱中した

と思える作業であった——みなさんにも似たような経験があるかもしれない。そうであったらと思う。

だが最近の私は「専門家」として、場所も時間も確保できないまま、人工的な空間の中で考えをまとめることがとても多くなった。人工的空間とはつまり、電話とファックスとEメールの空間であり、会議とスケジュールとポリシーと飛行機の空間である。こんな自分が、公衆の面前で綱渡りのアクロバットを演じているような気分になる時がある。しかもその公衆はほとんどイメージし難い存在で、彼らの賞賛も非難も、ほとんど私の耳に届いてこないのだ。こうした世界で、私の砂の城や、流木の船や、(帆の役割を果たさない)破ったシャツを使ってくれようという人々と知り合いになれる機会など、あるのだろうか?

こんな話にはついていけない、と思われるだろうか? 私がどうにかして伝えたいのは、私たちにはかつて、自分たちで組み立て、生きる手段とするものに触れる機会が、今よりずっと多くあった、ということだ。私たちはこの先、自分の仕事を、目の前にいる血の通った人々と共に行っていかねばならない。改めて、社会というものを、単なる顧客を超えた存在として、神秘的な可能性の場として、見ることができるようにならねばならないのである。

ソリをひく犬と象

二つ目のイメージ/メタファーは、私たちに突きつけられている難題の規模と複雑性に関わるものである。

近年の都市計画プロジェクトの多くに見られる、何より目をひく特徴は、その巨大なスケールであり、同時に、その活動や用途の豊かさが大きく制限されてしまっている、という点である。このようなプロジェクトは「象」のように見える――さながら巨大なマンモスが地面を踏みしだくように、ビルと人々がひしめき合い、空を覆い隠してしまうのだ（図4）。

　いくつかの都市では、このような動きへの対抗がなされてきた。中でも最も興味深いのは、この種のプロジェクトをもっと小さい部分へと分解していく動きである。つまり、現存する都市の街並み《テクスチャ》を解体して新しいものだけを作ろうとするのではなく、むしろそこに多様性と複雑性をつけ加え、新たな構造を織り上げていく、という動きである。今日の都市計画の立案者および建設者にとって、ここに見られる対立関係は、〔一方の〕組織化における予測可能性と、〔他方の〕互いに衝突し合うさまざまな

図4　メタファーとしての象のソリと犬たちのソリ

用途・人々・団体の錯綜を扱う際の「乱雑さ」との間の対立、という形で与えられることが最も多い。

この種の都市が目指しているかもしれないものが、象ではなく、一人のエスキモーと、彼のソリをひく犬たちに当たる、と考えてみよう。この別な選択肢においては、エネルギーは動物たちのチームから供給される。それぞれの犬が、自分なりの歩みで、雪面上のでこぼこを通り抜けたり迂回したりして進んでいけるようになっているので、それができるのだ。犬同士で噛みつき合ったり、リードが絡まったりすることがあるとしても、全体としての犬たちは安定した推進力を提供する。傷ついたり、病気になったり、あるいは死んだりする犬がいたとしても、チーム全体は進むことができる。状況に応じて、互いにばらばらに離れることすら可能である。そして、長い時間の間に犬たちは繁殖してチームを維持し、場合によってはチームの規模を増大させる。そしてそのエネルギーを更新するのである。

ここで、このエスキモーが自分のソリを象につないだとしたらどうなるか、想像してほしい。象の体重が凍った湖面をいきなり割ってしまうことはない、としておこう。だとしても、象のずしりとした足がでこぼこの雪面をなんとか進もうとすると、よろけてしまうことだろう。象には、一度にただ一つのルートをたどることしかできないだろうし、ソリの積み荷の大部分は象の餌で占められることになろう。さらに、象が怪我をして弱ってしまえば、このエスキモーは歩くしかなくなってしまうだろう。ソリを象につないだこのエスキモーが、寒い夜に自分の動物と一緒に丸まって寝ている姿や、とりわけ深刻な状況に置かれて、動物の一部を食糧にする姿というのも、やはり想像しがたい。

「ソリをひく犬たち」の予測不可能性——すなわち、幅広い所有者・利用者に対応し、彼らの生きる自然環境と場所に適合した形式を備え、構築・運営・適応を増進させる余地をもち、ひるまずに複雑性を扱うようなプロ

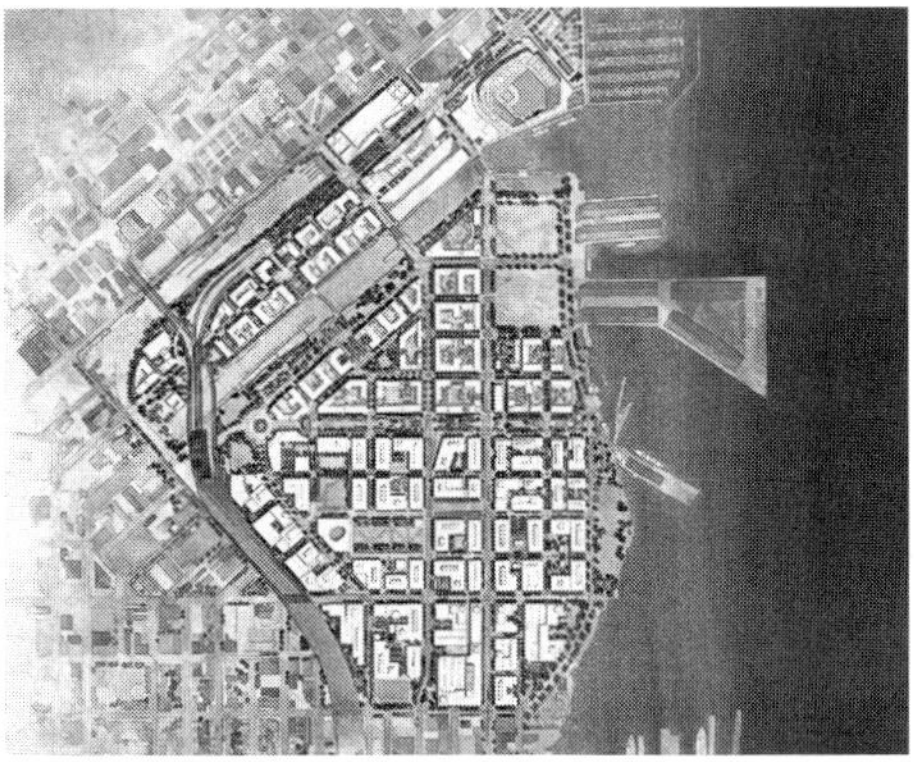

図5　サンフランシスコのミッション・ベイのための計画途中で考えられた犬ゾリの発想による開発案

ジェクトの予測不可能性——は、未来の都市にとって、象の予測可能性よりも大きな価値をもちうる（図5）。

　進行性の巨人症を患ったビル群と空間の建造（図6）を推奨する必要はない——実のところ、それは経済的でもない。それに、このような環境は住人にヒステリーの発症ぎりぎりのストレスを与えるものだ。むしろ、上で述べたような〔犬ゾリ型の〕プロジェクトこそが、私たちの開発の現在の規模、および開発の中心の置き方から推奨されるタイプのプロジェクトである（図7）。

　都市環境をめぐる分散型制御と集中型制御の対立は、権威主義的な政治構造と民主的な政治構造との間に生じている、現在進行中のグローバ

図6　水辺における象のような巨大開発例。ニューヨークのルーズベルト島のコーネル・テク・キャンパス及びサンフランシスコのトランジット・センター（次頁）

ルな対立関係の反映である。都市とは有機体なのであって、それを作り上げている多くの部分は、豊かで複雑な仕方で相互作用せねばならないようになっている、という見方を、私たちは改めて学び直さねばならない。都市とは私たちを支配するために作られたのではなく、私たちの住まいとなるために作られたのである。そして、私たちがどのような都市を構築するのかが、私たちがどんな文明で生きるのかを決定するのだ。

　私たちは新たな都市の未来という前代未聞の難題に直面しているが、このとき、人々の努力を分散化させることが、他ならぬ私たちの存続のための鍵になるかもしれない。例えば、グローバルに進行中の海水面の上昇を考えてみよう。日本の人々なら承知していることだが、水とは喜びの源であると同時に危険の源でもありうる。ところがアメリカの沿岸部の都市は、ようやく今になって水の危険さに目を向けつつあるのだ。

　サンフランシスコ湾の海水面上昇がもたらす影響に対処する計画について言えば、現在、――一つだけではなく――一〇ないし一二ほどの新たな対策案が、異なった場所で同時に進行中である。最善の解決がどんなものとなるのか誰も知らない。実のところ、この問題の本質や影響範囲についてすら、誰も何も知らないのである。このような難題に対しては、象よりも、ソリを引く犬たちの方がずっと優れた方策となるのは明らかである。

図7　歴史をもつサンフランシスコ　犬ゾリの発想でできた都市

錯視図形

ここで提示したいと思っている三つ目のイメージが教えてくれるのは、私たちが予期せぬものについて、たとえそれが「まさに目の前にある」場合ですら、それを見るための準備をどれほど必要とするのか、ということである。

図8を見てほしい。二次元の図としてであれば、これは星形に見える。だが、これを三次元の図として見る可能性に気づいてしまえば、私たちはただちに、そこに三つの立方体を見るようになる。そして、そう見えるようになってしまうと、この図を再び星として見ることが難しくなる。〔何が見えそうかという〕「見え

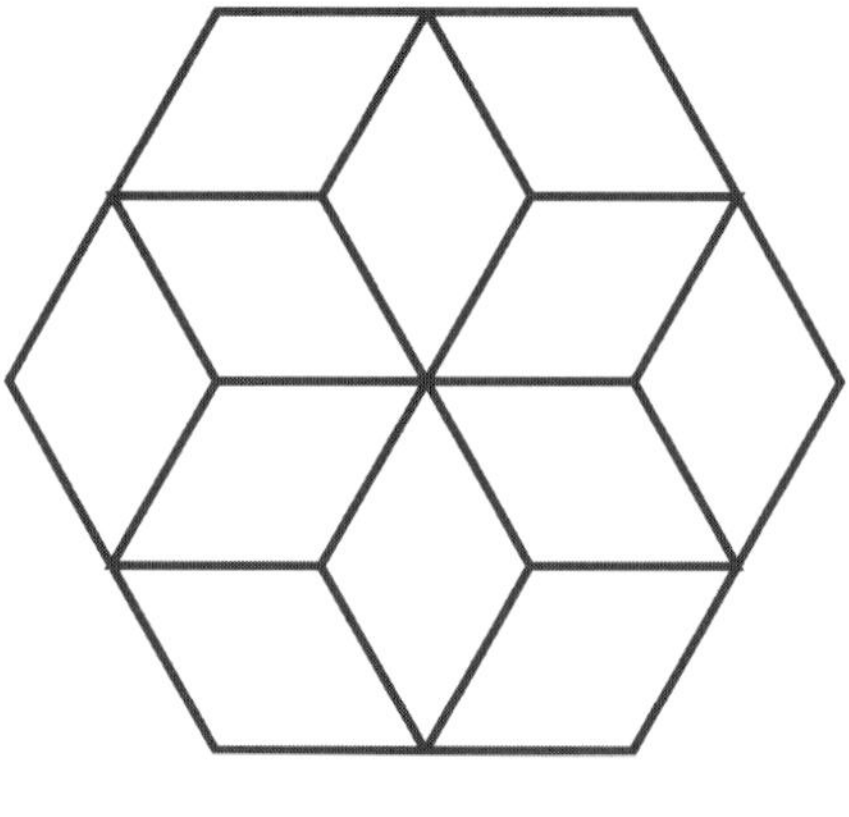

図8　錯視図形の例

方」への予期以外には、何も変わっていないのにである。

私が初めて東京に来たのは一九八九年のことであったが、その時代から、あふれかえるソーシャルメディアや、ウーバー（訳注5）やエアビーアンドビー（訳注6）のようなシェアリングエコノミー（訳注7）やMOOCs（訳注8）の誕生、あるいは3Dプリンターの出現、といった事態を、誰が事前に予測できただろう？ 私たちの世界の急速な変化のペースを考えるなら、二〇五〇年の世界が――それどころか、二〇二五年の世界ですらも――どんな様子をしているかなど、予測するのは不可能である。

現在、新たなプレイヤーたちが多数参入して、都市空間の経験を形づくるようになっている。こうした新たなプレイヤーたちは、一歩また一歩、私たちの従来のやり方をかき乱している。変化は私たちの目の前で進行している。この、目の前にある錯視図形を反転させるためのよりよいやり方を、どうやって身につければいいだろう？

エネルギー問題を例にとろう。無尽蔵に供給される太陽エネルギーが地球に到達する時間は、八分である。ところが私たちはいまだに化石燃料という、形成に二億五〇〇〇万年ないし三億五〇〇〇万年の時間を要し、しかもその使用により、地球の莫大な部分が生存不能になってしまうエネルギーに、依存し続けている。持続可能《サステイナブル》なデザインに関わっている人であれば誰もがこの現実を見ることができる。ところが、いまだ旧態依然たる仕方で運用されている資金、オイルマネーを後押しする腐敗した政治体制、種々の既得権益、といったものがあまりも多いため、〔何が見えそうかという〕「見え方」への私たちの予期を変化させることができなくなっている。アイルランド出身の歌手ボノ（訳注9）によると、アフリカの一部の地域では、「石油が発見されないように祈ろう」が民間の格言となっているということである。

日本的な都市性

これまで示してきた「パッチワーク」に加えたい、最後の一ピースがある。これをつけ加えたいと思うのは、私を迎え入れてくれている日本の人々が、この点をあえて強調しようとはしないだろうと、私には分かっているからである。日本の人々――いつもすぐに他国に目を向ける人々――はそれを強調しないが、だとしても、自分たちが住まう諸島に目を向け、この諸島がアーバンデザイン〔都市設計〕について、どれほど多くを教えてくれるのかを知ることもまた、恐らくは有益なことなのである。

今の私を形成したのは、グローピウス（訳注10）、ブロイヤー（訳注11）、コルビュジエ（訳注12）、セルト（訳注13）といった、CIAM（訳注14）と共に、その中で成長した世代の人々である。当時の彼らは（したがって私たちも）日本の中に、自分たちがこう見えるだろうと予期していたものを見ていた。これは非常に一面的な見方であり、初期モダン建築の、ミニマリスト的、構造主義的、機能的、モジュール的な純粋さに合致したものだけを選択的に見るような見方であった。だがこのような、初期モダニストのカメラのレンズ越しに伝えられたイメージは、都市生活のあらゆる痕跡を視界から削除していた。私たちが見ていたのは家であり、寺院であり、庭園であったが、そこには日本の都市の街並み《テクスチャ》、エネルギー、豊かさ、といったものはかけらも混じっていなかった。私たちの教師／指導者であった人々は、複雑性と単純性——込み入ったものと平明なもの——とが織り成す対位法を削除することにより、この構築物を、私たちに重要な関わりをもたないものであるかのように見せていたのであった。

　私や、私と同世代の人々の多くは、永年の間訪日を先延ばしにしていたのだが、これは驚くことではない。そして一九八九年、私が東京大学のGC－5の講座（訳注15）を担当することになり、目白のアパートに引っ越し、目黒区の東大駒場キャンパスに山手線新宿駅経由で通勤するようになったとき、私は呆気にとられたのである。

　東京の体験は、さながら稲妻に打たれるようなものだった！　私が育った一九三〇—四〇年代のニューヨークの時代以来、一つの都市にこれほどの興奮をおぼえたことは一度もなかったのである。日本の都市は、都市生活とアーバンデザインについて、とても多くのことを教えてくれる。たしかに日本の都市は、カオス的な様子を呈することが多い。それは認めよう。だがこのようなカオスは、さまざまな尺度や、形式や、象徴や、リズムといったものの絶妙な多様性が、でたらめな構成と、想像もつかない配列の中で、それを利用する際の喜びとエネルギーによって育まれ、成長してきた産物なのである（図9）。

　「ミカド」の甘美さを期待していた私は、京都の三門のスケールに、南禅寺の巨大な礎石のパワーに、そして清水と浅草の、寺社を基盤にした、商業的エネルギーの都市的な豊かさに、呆然と立ちすくんだのだ。

　日本の諸都市の活動は、それがそこにあることを「声高に語らず、ひっそりとささやくべし」という規律の強力な支配によっている。このような規律の支配によって、この国の都市の初期のテクノロジーは発展した。その発展の基礎にあったのは、伸縮性の大きい軽量な木材、防火の効果をもたらす〔建造物相互の〕分断や分離、地震の被害を防ぐために必要な小振りの建材、といったものであった。

これらは、伝統的な日本の都市の、細分化された財産所有の形態から育ってきた。それは都市の「DNA」であって、何度も破壊され、再建され、更新されてきた。私たち〔非日本人〕の中でも、ポストカードの写真と安っぽい模造品しか〔日本について〕知らなかった人々は、その力と街並み《テクスチャ》——日本の都市の都市らしさ——に打たれ、物も言えなくなる。私たちは、ローマや、ヴェネツィアや、パリにはあると予期してきたものを日本に見いだすとは、まったく予期していなかったのである。

私はみなさんの都市を愛している——その精神と、リアリティのゆえに。その「ソリを引く犬」的な性格ゆえに、「砂の城」的な出自のゆえに、愛する。私はみなさんの都市に、それを形づくった自然の諸力を維持し、それとのつながりを取り戻そうとする努力のゆえに、価値を認める。矛盾と対立、豊かさと曖昧さを包括するそのあり方ゆえに、みなさんの都市を愛するのである。

図9　東京の都市イメージ

一つの切なる願い

〈アーバンデザイン〉がすなわち「巨大建築」を指すと見なされ、そのようなものとして実行されることは非常に多い。こういう場合に焦点が合わされるのは、複雑な建築物《コンプレックス・ビルディングズ》や建築物の複合体《ビルディング・コンプレクシズ》のデザインである。だが、都市にその形を与えるのは長い時間にわたる数多くの力である。街路や公共空間の性質とパターン、それに、その土地の所有形態と発展の性質とさまざまなパターン。これらが都市の生を形成し、それに生気を吹き込んでいるのである。

私たちは、これらについてもっと多くのことを学ぶ時期にきている——それらが私たちの見るようなものになるまでの経過はどんなものだったのか、そして、都市生活の条件としてのそれらを設計《デザイン》し、設計し直《リ・デザイン》し、維持していくためにはどうすべきか、ということを。脱産業化し、人口を縮小させ、水際の地域を再発見しつつある東京は、それを学び始めるための、この上ない場所ではないだろうか？

私たちは、いくつかの基本原理から再出発しなくてはならない——例えば、誰もがリーズナブルな費用でまずまずの場所に住まう権利や、都市を平等主義的に利用する権利、といった基本原理である。これは、私たちの

時代に生きる何億もの人々のニーズに応える、というだけのことには尽きない。私たちはすでに、彼らにとってよくない都市は、私たちにとってもよくない都市であるということを知っている。

私はこの主張によって、一つの切なる願いを訴えたい。それは、人類の可能性を封殺するのではなく、むしろ支援する希望を与えてくれるような、より開かれた都市生活に立ち返ろう、という切なる願いである――グローバルな文化に開かれていると同時に、その地の地域性《ローカリティ》にも深く根差しているようなあり方をする都市を、私は切に願っている。

この新たな都市は、伝統的な都市を模倣したり、それに取って代わったりすることはなく、むしろ伝統的な都市から成長していくものとなろう。陣内先生《センセイ》はまさにこのような成長の経過を、私たちの足下に存する江戸から現在の東京が成長してきた過程として、私たちの目に見えるようにしてくれたのであった。

私たちは、〔新たな都市と伝統的な都市という〕両方の世界の最善の部分を手に入れることができるだろうか？　私はできると信じているし、このシンポジウムはその出発点にふさわしい時と場所となっていると信じている。

それゆえ実のところ、本日の私からみなさんへのメッセージは、一つの招待である。新たな都市の未来への接近を阻んでいる壁を、共に手を組み、打ち破っていこうではないか。

訳　注

（訳注1）「環境の質」と訳したenvironmental qualityは、恐らくＱＯＬと略される「生（活）の質（quality of life）」と同じ意味合いでの「質」、あるいは、ＱＯＬの環境に関わる側面を指していると見られる。

（訳注2）「ウォーターフロント（waterfront）」はおおむね「臨海地域」を指すが、湖岸や川岸の地域を指すこともある（例えば後述のバッテリーパーク・シティはハドソン川の岸辺にある）。「ウォーターフロント」という片仮名表記も十分定着していると思われるので本訳稿ではそれを採用する。

（訳注3）「鉄道の整備された人口密集地帯」の原語はrail corridorsで、corridorはここでは「鉄道、航空路そのほか主要交通機関を持つ、人口密集地帯、主要輸送ルート」（『ランダムハウス英語辞典』）を指すと思われる。

（訳注4）*Saving the Bay: The Story of San Francisco Bay*はＫＱＥＤテレビジョン制作のテレビドキュメンタリー番組。ロバート・レッドフォードがナレーターを務める。

（訳注5）ウーバー（Uber）はウーバー社によるインターネット配車サービス。タクシーの配車以外に、本サービスを通じ、一般人がドライバーとなり利用者を運ぶこともできるのが特徴。

（訳注6）エアビーアンドビー（Airbnb）はエアビーアンドビー社による、インターネット宿泊施設提供サービス。一般人による民泊提供の仲介を行っているのが特徴。

（訳注7）シェアリング・エコノミー（sharing economy）とは上述のウーバーやエアビーアンドビーのような、個人資産の貸し出しや貸し出し仲介サービスの総称。

（訳注8）ＭＯＯＣｓはMassive open online courses（大規模オンライン公開講義）の略称で、アメリカの大学を中心に、多くの大学がこれを採り入れている。

（訳注9）Bono（1960-）はロックバンドＵ２のリードボーカル。アフリカの発展途上国支援の活動も行っている。

（訳注10）ヴァルター・グローピウス（Walter Gropius: 1883-1969）。ドイツの建築家。美術学校バウハウスの初代校長も務めた。

（訳注11）マルセル・ブロイヤー（Marcel Breuer: 1902-1981）。ハンガリー出身の、主にアメリカで活動した建築家。

（訳注12）ル・コルビュジエ（Le Corbusier: 1887-1965）。スイス出身の、主にフランスで活動した建築家。

（訳注13）ホセ・ルイ・セルト（Josep Lluis Sert: 1902-1983）。スペイン出身の、主にアメリカで活動した建築家。

（訳注14）一九二八年から一九五九年まで存在した近代建築国際会議（Congrès International d'Architecture Moderne）を指す。

（訳注15）東京大学先端科学技術研究センターで一九八九年から一九九四年にかけて設置された「都市開発工学（ＧＣ－５）寄附研究部門」の講座。「ＧＣ－５」は大林組・鹿島建設・清水建設・大成建設・竹中工務店のゼネコン五社連合を指す。


（木島泰三 訳）

ミラノの運河再開——未来のための歴史

アントネッロ・ボアッティ

東京とミラノは、大きさ、位置、歴史から考えると、完全に異なる都市である。東京が海に臨む都市であるのに対して、ミラノはヨーロッパで最も標高の高い山々に隣接する平地のただ中に現れる。では、これほど離れた二つの都市をつなぐのは何だろうか？　どちらも水都なのである。しかし、どちらも自分たちの由来を忘れてしまっている、とも言える。いわゆる近代の圧力を受けて、年々、数世紀にわたって、東京もミラノも、まさに自分たちの同一性をなしていたもの、自分たちを水都たらしめていたもの、つまり水そのものを失ってしまった。しかし、本当にそうなのだろうか？　水は姿を消し、近代的な道路に場所を譲ったように見える。コンクリートとアスファルトが、かつて運河、閘門、船だまり、橋だったものに取って代わったのである。しかし、水は都市の下を流れ続けている（図1）。

一八八〇年以前のミラノの地図を手に取ると、大きな水のネットワークが、ロンバルディア州の二つのきわめて重要な川、マッジョーレ湖からミラノの西側を流れるティチーノ川とコモ湖から東側を流れるアッダ川を結び、ミラノを取り囲んでいたのがわかる。この青のネットワークは、自然の要素だけから成り立っていたわけではなく、灌漑と航行のため、商品をミラノへと輸送する目的で、人の手によって建設された運河もその構成要素となっていた。ナヴィリNavigli（ナヴィリオNaviglioの複数形）と呼ばれるこれらの運河のうち、三つのナヴィリオが、市の中心部まで入ってきていた。ミラノの大聖堂、ドゥオーモの建築に使われた大理石の大きな塊は、運河に沿ってボートで運ばれ、教会の敷地のわきに下ろされたと言っても、今日おそらく信じられないだろう。

ミラノの昔の中心地は事実、「チェルキアCerchia」あるいは「フォッサ・インテルナFossa interna」と呼ばれた環状の運河に囲まれていた。（元々はスフォルツェスコ城を守るために建設された）この運河は、ナヴィリオ・マルテザーナNaviglio Martesanaが北東から運んだアッダ川の水によって主に「育まれて」いた。この水は、閘門のシステムを通って、ミラノの昔の船だまり、ダルセナDarsenaの低い部分へと達した。このドックで、南西からナヴィリオ・グランデNaviglio Grandeによって運ばれたティチーノ川の水は、チェルキアからの水に合流した。この水は、ナヴィリオ・パヴェーゼNaviglio Paveseによってミラノの外へ運び出され、パヴィーアの町へと向かい、そこで再びティチーノ川に合流していた。

ナヴィリオ・マルテザーナ、内側の環状運河であるチェルキア・インテルナCerchia Interna、ナヴィリオ・グランデ、ナヴィリオ・パヴェーゼが、複合的な水門学的システム、ミラノを取り囲む水のネットワークの主な運河であった（図2）。

しかし、一八八四年のミラノのマスター・プランは、市の未来の発

図1　内側環状運河のセナート通り閘門を通過する準備中の船。一九二〇年代初頭。

展のガイドラインを含んでいて、それを見ると水と運河がすでに放棄されていたことがわかる（図3）。水と運河の運命は示されていたのである。一八八四年から一九六〇年代の終わりにかけて、都市部の運河は、衛生上の理由から、そして主に、新しい「都会の主人公」、つまり車に自分の場所を譲るために、徐々に覆い隠されていった。今日では、運河のほんの数キロしか、太陽の光を見ることはない。それらの多くは、フォッサ・インテルナのように埋められてしまった。多くの場合、運河は進路を地下へと変えた、というより地下へ押し込まれた。長年にわたって船だまりだったダルセナも放棄されており、その下に駐車場を建設する計画があったくらいである。ダルセナが救済され、修復されたのも、二〇一五年の万博のおかげである。

ミラノの現在の地図を見ると、水の進路が依然として、例えばドゥオーモ、サンタンブロージョ教会、ミラノ大学といった歴史的建造物や、ポルタ・ヌオーヴァ地区に隣接するガエ・アウレンティ広場の新しいビジネス・ショッピングセンターのような現代の都市のランドマークの近くを流れていることがわかる。

しかし、水が消滅することも、水が光の下へと帰ってくるのが見たいという多くの人々の夢が消えてしまうこともありえない。ここ数年の間に、

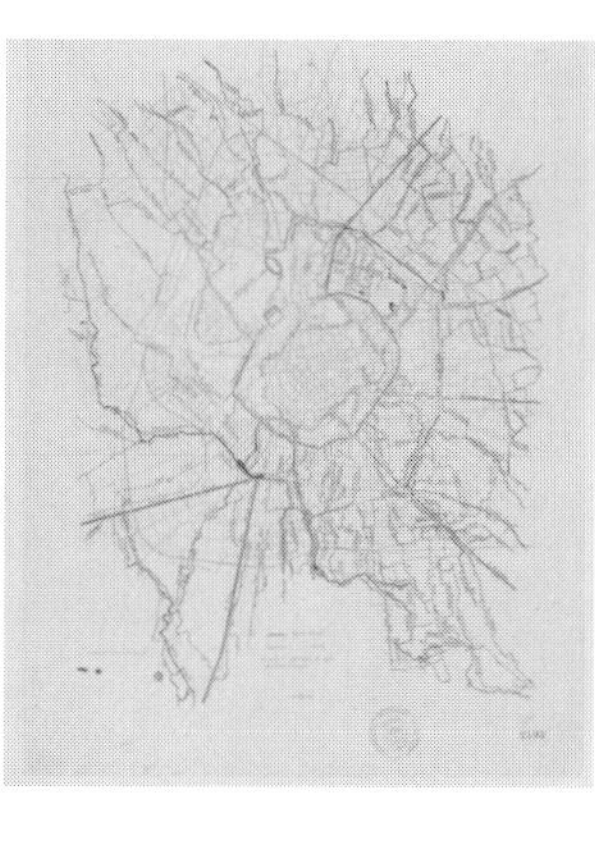

図2　ミラノの水系図。一八八八年

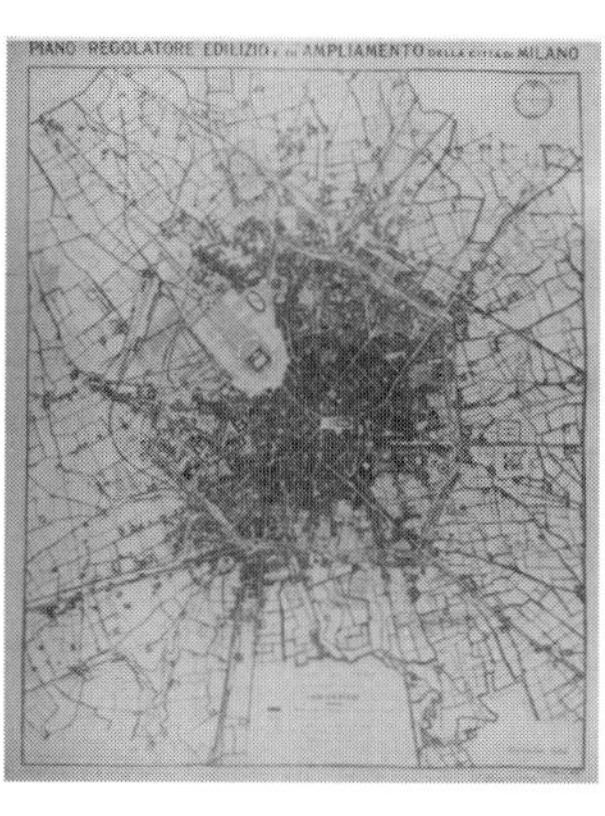

図3　一八八四年のミラノのマスター・プラン

この夢はアイディアとなり、アイディアがプロジェクトとなった。こうしてわれわれは、ミラノのナヴィリ・システムの再稼働が、夢からプロジェクトになる道筋をたどる旅を始めることができる（図4）。

多くの市民グループ、市民団体の推進力のおかげで、二〇一一年、住民投票が行われた。地域への五番目の質問は次のようなものだった。「ミラノ市に、ダルセナを市の港として、エコロジカルな地区として再整備し、明確に実現可能な計画にもとづいて、ナヴィリ・システムを実際に水が流れる運河として、景観として再稼働させることに徐々に取り組むよう、求めますか？」四八万九七二七名の市民（投票者の九四・三二%）がイエスと答えた。こうして第一歩が踏み出され、二〇一二年、歴史上初めて、ナヴィリ・システムの漸進的・部分的再開の提案が、ミラノ地方の都市計画に関する公式文書に含まれることになったのである。

二〇一四年、ミラノ市当局とミラノ工科大学（建築・都市研究学部Dipartimento di Architettura e Studi Urbani - DAStU）は、「すべてのナヴィリ・システムの再稼働の一部としてミラノ・ナヴィリを再開すること、そして、そこを航行することの実現可能性の調査」を行う目的で、科学者と技術者のチームを設置することに関して、最初の合意に至った。このチームのゴールは、漸進的な介入を続けることで、ミラノのナヴィリの完全な

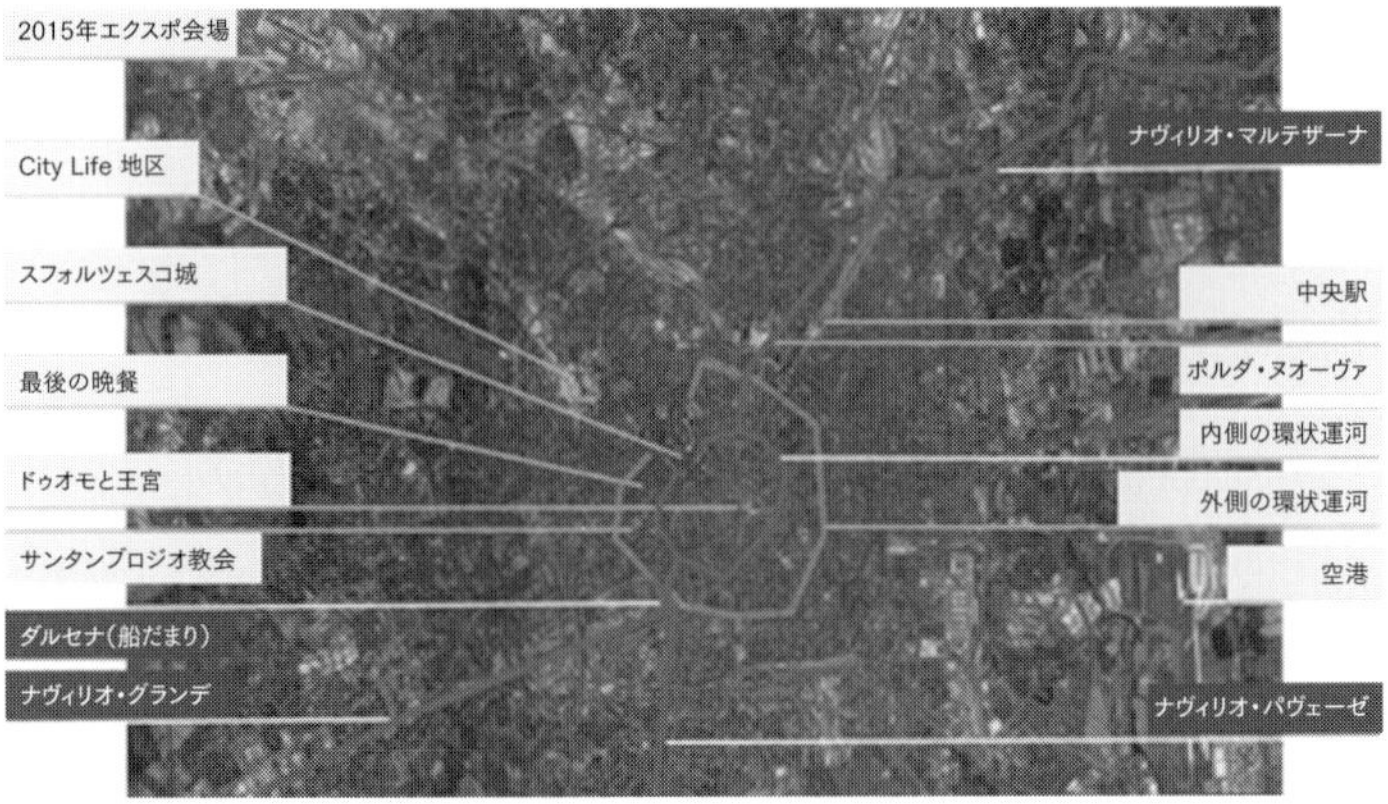

図4　周辺部の開渠と中心部の暗渠

再開へ向けた道筋に形をあたえる研究をめざす予備的活動と、それと同様にすべての進路で航行の再稼働の可能性を定義することである。完全に再開された暁には、このナヴィリは、ロンバルディアの運河システム全体を再接続して水が流れるようにする役割を担うことになる。アイディアがプロジェクトになったのである。

二〇一五年、実現可能性の調査の第二段階について、新しい合意が締結された。この合意は、研究の根本的な特徴を繰り返した上で、ミラノ工科大学に調査の第一段階で始められた分析を継続させ、メトロポリターナ・ミラネーゼ株式会社（ＭＭ）にも業務を委託する。この委託業務は、ミラノ工科大学に成果を提供し、技術の連携を行い、サポートすることである。サポートは、内部の者に特定の任務を割り当てることによって、あるいは、施行中の当該規定にしたがって選ばれる外部の専門家を使うことによって行われる。

二年間で、七〇〇ページにわたる調査・研究、そして五〇もの図面がミラノ市に手渡された（図5）。それでも、この仕事が終わることはなかった。二〇一六年十二月、市長ジュゼッペ・サーラは、運河再開の科学委員会を設置し、私をその調整役に任命したのである。

再開は段階的に行われる。これが可能なのは、最初から、ナヴィリ・

図5　ミラノ市から委託された調査研究の成果報告書を完成させた筆者

システム全体で航行が実現されるべく、プロジェクトの研究が進められてきたからである。そして、このプロジェクトに取り組んでいるのが、例えば、プランニング、建築・都市デザイン、水理学、水文学そして水文地質学、モビリティ・システム、コストと共同体が受ける利益の研究、住民の関与、情報の発信過程、歴史的文化的価値の向上といった様々な領域、学問分野の人々である、という事実のおかげに他ならない。

プランニング、建築・都市デザイン

プロジェクトは、景観の研究、新しい橋のプロジェクト、公共空間、資材、そして植生にいたるまであらゆる側面から研究されてきた。

水理学、水文学、水文地質学

われわれは、レオナルド・ダ・ヴィンチが構想した計画にしたがって、一〇個の閘門を土台にした水理学モデルを構築した（図6）。このモデルによれば、小さなボートならすべての経路を航行することができると同時に、すべての乗り物が、循環する運河の両岸を行

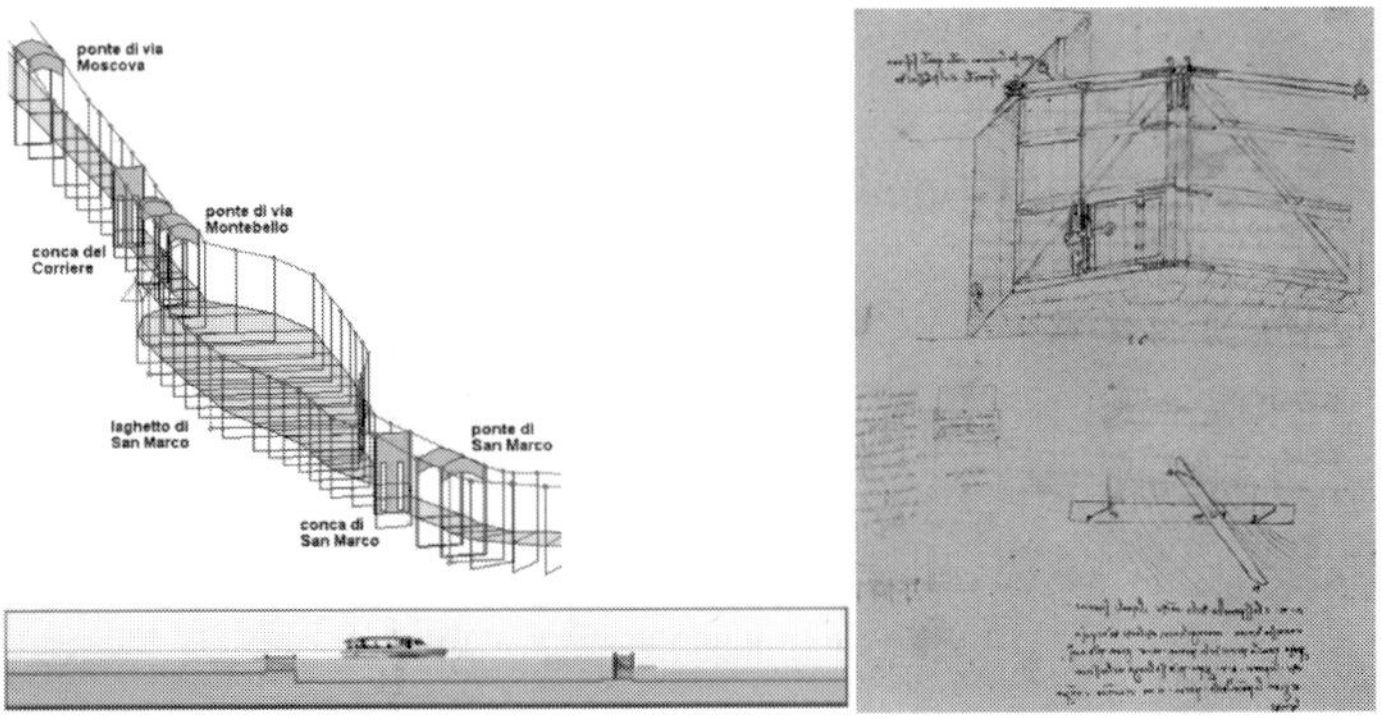

図6　閘門システムと船の運航

き来することができる。

モビリティ・システム

ミラノのこの地域の公共の交通機関は高いレヴェルにあり、歴史的に中心だった地区の内側の交通量を縮小するだろう。この円環地帯は、住民、商業、そして緊急時に限定された交通の区域になるだろうが、市の他の区域に影響を及ぼすことはない。

コストと共同体が受ける利益の研究

公共投資はほぼ四億七〇〇〇万ユーロになるが、見積もられている利益は、後で追加される、評価が困難な観光地としての価値や他の要因を考慮に入れずに、ほぼ一〇億ドルになる。

住民の関与、情報の発信過程、歴史的文化的価値の向上

プロジェクトの評価と住民の参加を促進するため、例えば、昔の運河の経路を市の道路に表示したり、ナヴィリの歴史の情報を路上やバス停の一連のパネルで提供するといった文化事業が検討されている（図7）。

表　コストと共同体が受ける利益の研究

A	公共投資コスト		406,9 mln €
B	投資の結果増大する仕事の収入	168,0 mln €	
C	都市としてのクオリティ改善	759,9 mln €	
D	商業活動の収益性増大	66,9 mln €	
	量化される利益の総計	994,8 mln €	
E	酷使による不便		Cで計算済み
F	建設用地がもたらす不都合		評価困難
G	モビリティとアクセスビリティの再構築	環状運河沿いの交通量、交通事故の縮小	市中心の周辺部でのアクセスビリティの減少
H	観光地としての魅力の増大	非常に大きいが、評価不可能。部分的にはDに含まれる	
I	熱、そして水力発電による電気の産出	利益は限定されたものになる	

さて、われわれは「船に乗り込み」、ミラノの中心を通りながら、北から南へ、郊外から郊外へ、プロジェクトの全行程をたどる準備ができた。プロジェクトは、次のイメージが示すように、航行可能な運河と環状の経路からなる歴史的なルートにそって、連続的なシステムを創造するだろう。ここでわれわれは、どのように新しいプロジェクトが以前の水理学的システムを修復する目的とのつながりを完成させるものであるのか、見ることができる。しかし、これは新しいプロジェクトで、懐古趣味のプロジェクトではない。未来のための歴史となるのである。

プロジェクトの記述

プロジェクトが市の様々な地区で帯びる意味にしたがい、三つの主要カテゴリーを使ってこのプロジェクトを説明することができる（図8）。

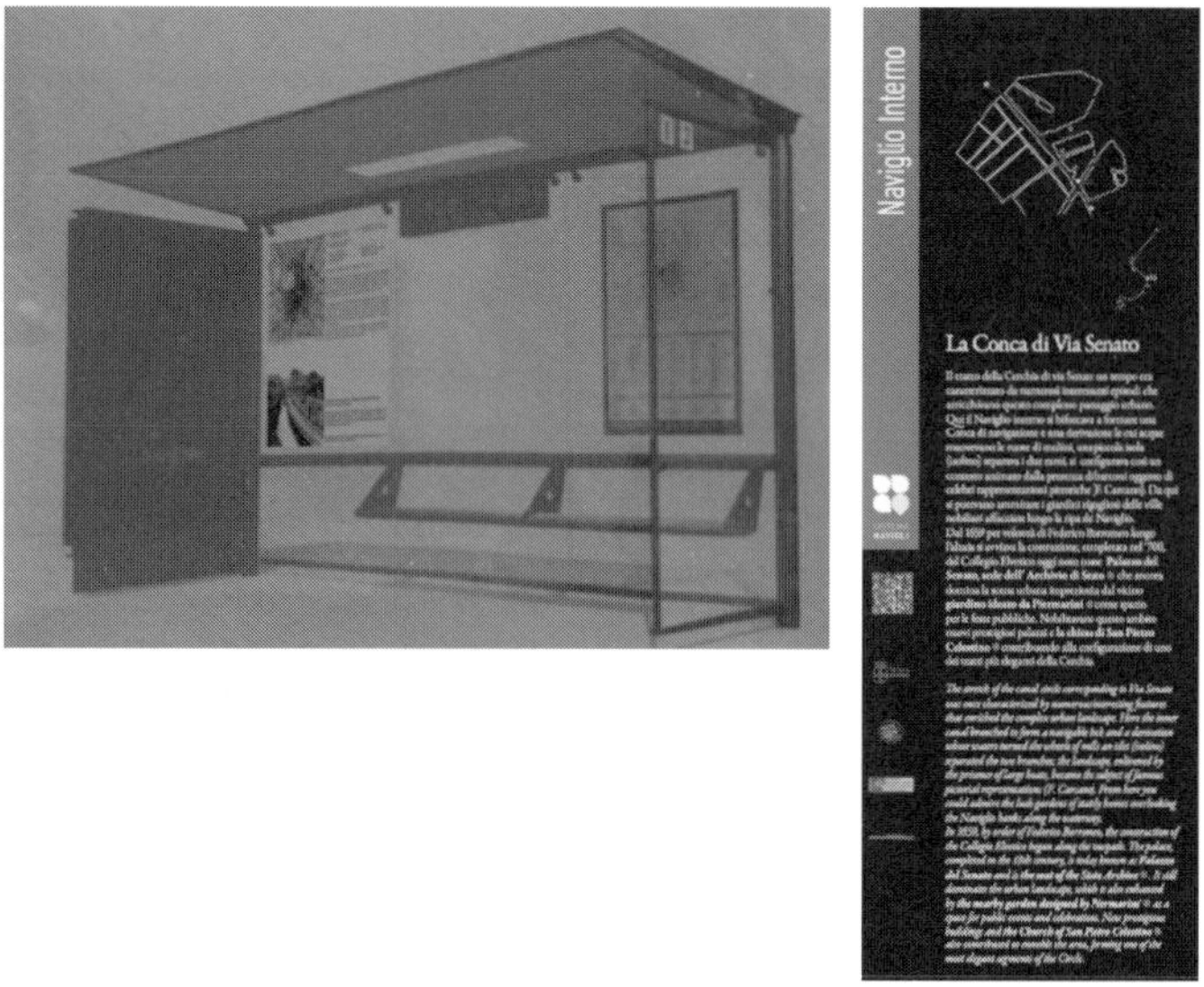

図7　住民の参加を促す工夫。セナート通りの閘門の解説（右）、バス停のパネル解説（左）

一、都会生活の新しい形式の構築。古くに建設されたが、いまでは現実に人が住む地区というより、道路に見える都市の区域で、新しい都市生活の可能性を模索する。例は、ミラノのメルキオッレ・ジョイア通り。

メルキオッレ・ジョイア通りの計画は、ナヴィリオが突然道路の下に入って見えなくなるカッシーナ・デ・ポム Cassina de 'Pomm（リンゴ農園から由来する地名）というミラノの街の最も外側にあたるエリアの現実を変えたいという欲望をなによりも表している（図9）。この計画は、都市構造のこの部分の価値を高めることを目的に設定し、ここが市の周縁だと思われないように努力している。

カッシーナ・デ・ポムの後すぐに、ナヴィリオは外に出て、マルテザーナの町から市の中心へ向かう観光客と市民にずっと付き添う。

メルキオッレ・ジョイア通りの中心で再び現れて、ナヴィリオは新しい眺めを生み出し、道路のネットワークを多機能な場所へと変える。車が通る上部のあり方は、再び現

図8　歴史的につくられた航行可能な運河の連続システム

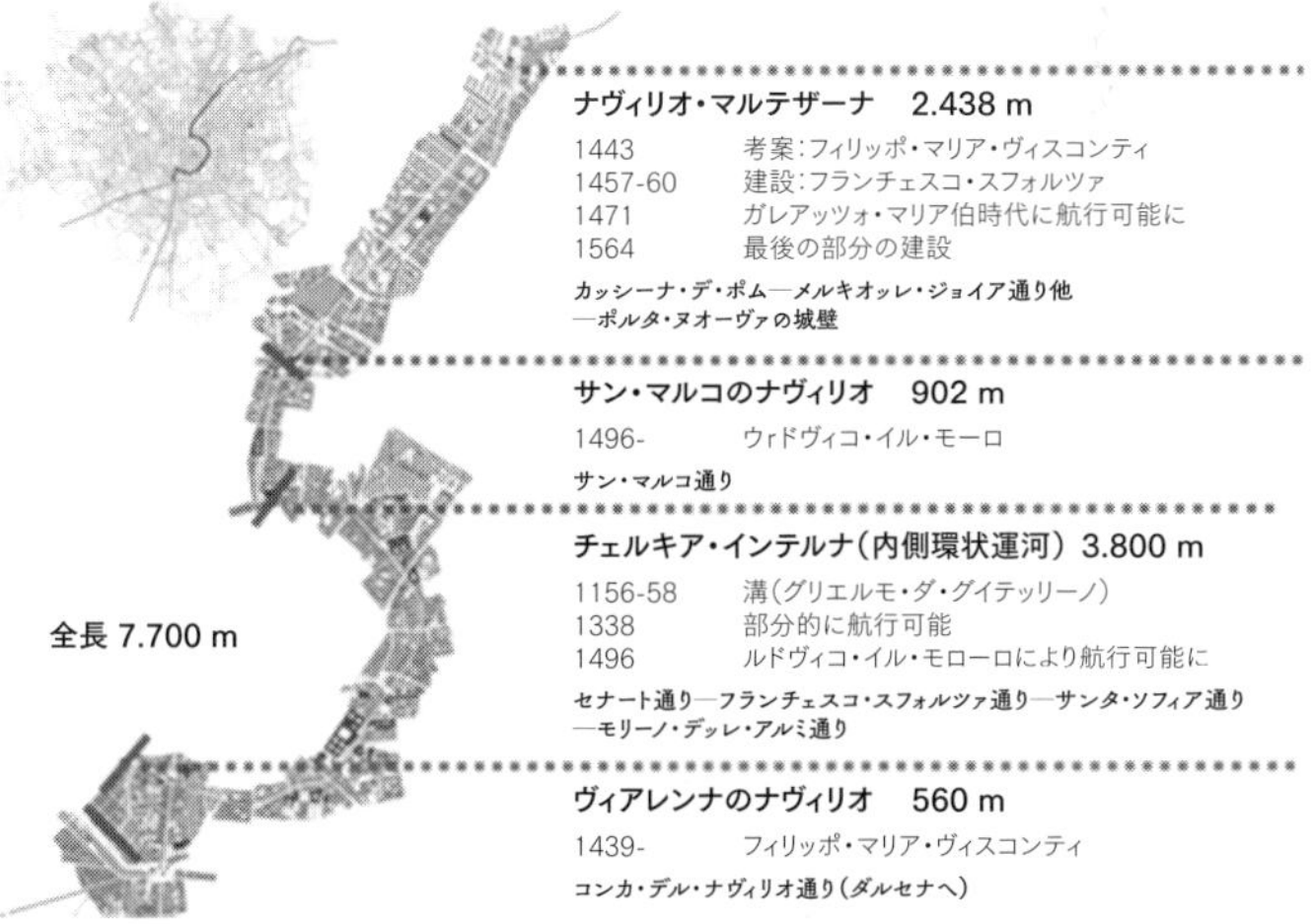

れた運河沿いの歩行者と自転車の通路と共存している。歩行者と自転車のための通路を作り、（文化、娯楽、社会の）サービス、商業や様々な活動の選択が可能になったので、左側の土手の散策が、その地区に新しい機会を生み出すことになる。

新しく植えられた木々がメルキオッレ・ジョイア通り沿いの眺めを変えるだろう（図10）。モビリティ・プランが、ナヴィリ再開のシナリオの中で確認するように、その周辺の地区で、道路のネットワークの交通事情がとりわけ悪化することはないだろう。

メルキオッレ・ジョイア通り沿いの規定の駐車場を縮小しなければならなくなるので、周辺の通りと広場に駐車場を作る可能性を探る必要があるだろ

図9 カッシーナ・デ・ポム。ここでナヴィリオが道路の下に入る

図10 植樹されるメルキオッレ・ジョイア通り

う。しかし、提案されたイノヴェーションの価値はきわめて高く、例えば自動車やバイクの駐車問題が未解決でも、このイノヴェーションを主なゴールとして強調してよいだろう（図11）。

最後に、そのナヴィリオがアルベリ図書館公園の中に入ることが示唆されているが、このことはとりわけ重要である。それは、最近の新しい変化が特徴づけているように、市の歴史的な部分と建設された部分の視覚的な連続性を創造して、ナヴィリオ再開が導入する市の中心と周縁の接近を、造形的に表現するのである（図12）。

図11　メルキオッレ・ジョイア通り。現状（上）、再開後のイメージ図（下）

二、昔に建設された市の中核（チェルキア・インテルナ）の価値を、歴史的な場所、記念碑的な場所、都会的な景観を持つ場所を再生しつつ、向上させる。

チェルキア沿いのナヴィリ再開に向けた介入は、すでにナヴィリオ・サン・マルコ Naviglio San Marco から始まっているが、先のメルキオッレ・ジョイア通りでの介入とは、完全に異なるが、補完的な意味を帯びる。

われわれは市の中心部、最も古くに建設された市の中核にいるのである。ここの都会の景観には、歴史的に強化されてきた絶対的なクオリティを持つ場所があり、ナヴィリ再開のような介入は、そのような場所の価値を高める義務がある。

メルキオッレ・ジョイア通り沿いの第一のシステムと、チェルキア・インテルナの間のつながりを現在表しているのは、ナヴィリオ・サン・マルコであるが、そこにマルテザーナの水はもはや流れていない。

インコロナータ閘門 Conca dell'Incoronata の復旧は、運河再開プロジェクトが市に提供できる最も象徴的な介入の一つである（図13・14）。

プロジェクトのねらいは、この歴史的な閘門を復活させて、ミランの最も複合的なナヴィリ・システムの、現在も作動する生きた証人にすることである。このために、すべての残された建築物が修復され、運河が集まる、

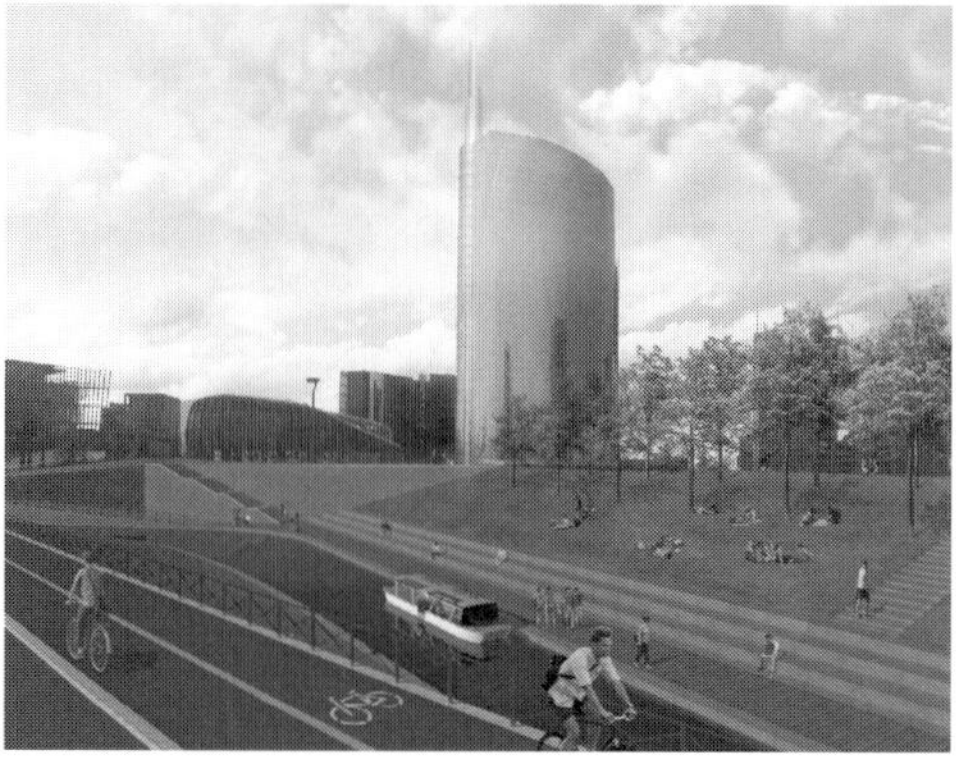

図12　ポルタ・ヌオーヴァの業務地区にすでに存在するアルベリ図書館公園を通る新しい運河の計画

現存する「トンボーネTombone」の下手に、通路に沿って水を流す、環状の経路が建造される。

システムは、完全に作動すると、メルキオッレ・ジョイア通りからカステルフィダルド通り、そこからサン・マルコ通りに沿って、モスコヴァ通り、そしてさらにモンテベッロ通りまで、連続して機能する。

モンテベッロ通りの南で、サン・マルコの池が再開、再配置されることで、ナヴィリの閉鎖によって失われていた重要な歴史的眺望が、ミラノに返される。一九二九年までは、市の歴史の中で、サン・マルコの小さな池は、イタリアでもっとも普及している新聞、コリエーレ・デッラ・セーラCorriere della Seraに印刷紙を供給するのに使

図13　サン・マルコ通り――インコロナータ閘門の現状（上）と再開後のイメージ図（下）

図14 サン・マルコ通り—ポルタ・ヴォルタの城壁を見る。現状（上）と再開後のイメージ（下）

図15 サン・マルコの池

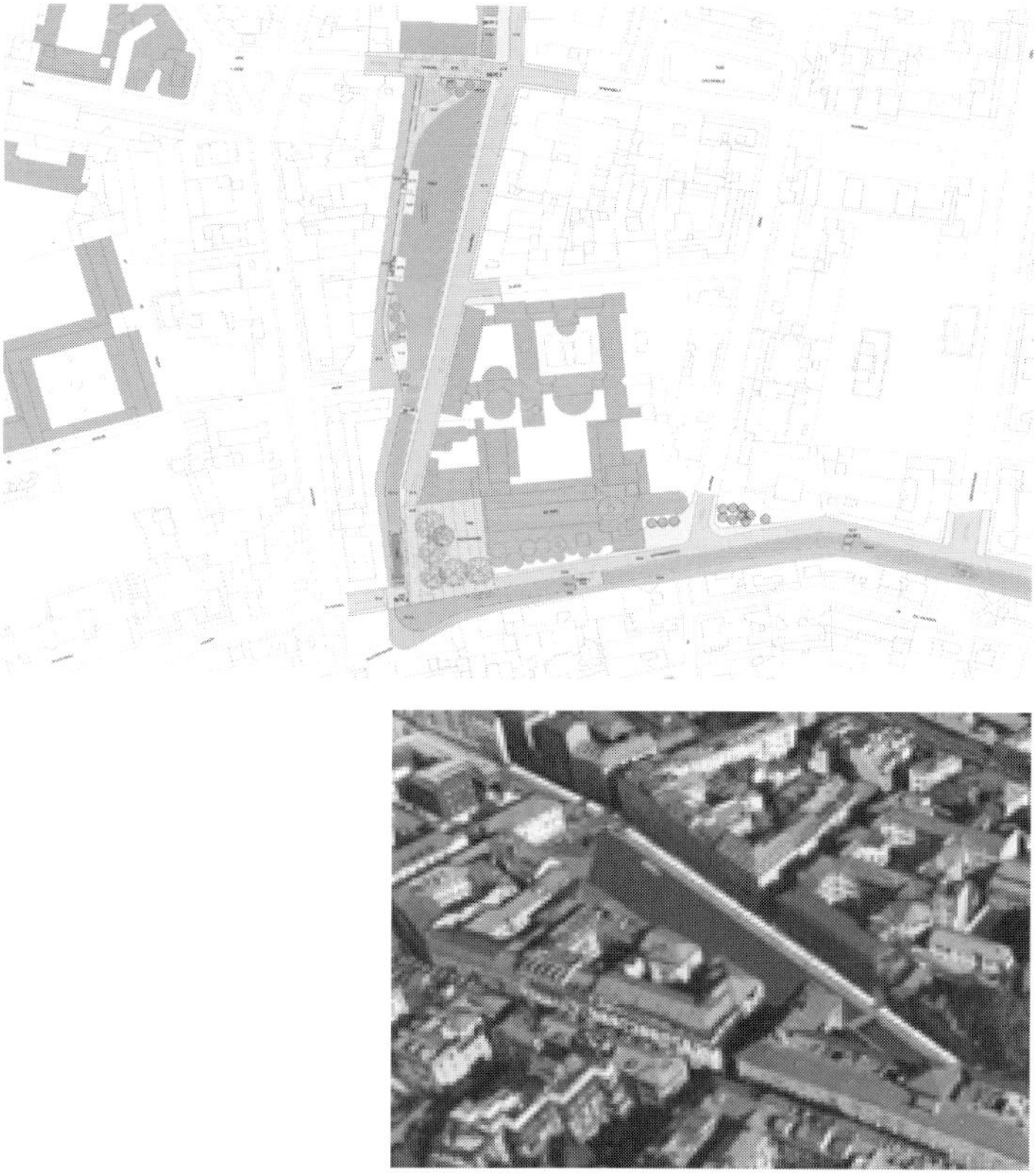

図16　サン・マルコ通りと池。下図はサン・マルコの水辺の市場計画

われた小さな閘門として知られていた（図15）。この新聞の歴史的敷地は背景に目にすることができる。プロジェクトでは、池が、元々の形で再開されることになっている。新しいプロジェクトの中では、その地区の市場は運河に面して、さらにその魅力を高める（図16）。プロジェクトには、運河に面したレストランや屋外のバーや、船だまり、下の部分では運河にすぐ隣接してのびる遊歩道の建設も含まれている（図17）。

　調査は、未来の眺望を明らかにするいくつものシミュレーションやレンダリングによって、充実したものになっている。

　ファテベネフラテッリ通り沿いのルートの連続性が再び確立され、プ

図17　新しい水辺の公共空間の大規模プロジェクト

ロジェクトはカヴール広場に取り組むことになる（図18）。この広場は潜在的な可能性に満ちていたが、これらの可能性が時間の経過の中で実現する際、例えば、ジャルディーニ・プッブリチ公園や、中世の城壁の遺物の上に修復されたポルタ・ヌオーヴァのアーチ、パレストロ通りのヴィッラ・レアーレVilla Reale、マニン通りのドゥニャーニ宮といった、現存する貴重な建造物の重要性にふさわしい都市計画への注意が払われていなかった。

そのプロジェクトは新しい小さな池を作るアイディアを始動する。ここで、ボートが乗客をおろすために停止できるので、観光客は、様々な歴史的建造物に取り囲まれた複合的なアトラクションへ訪れるよう誘われる。

市の記念碑的、歴史的、芸術的地区の価値の増大への取り組みは継続する。とりわけセナート通りでは、ミラノ国立公文書館前の公共空間の都市再開発が、ナヴィリオとマリーナ通りの庭園とのつながりを際立たせることになり、例外的なチャンスがある（図19）。

ここがミラノの歴史的中心であると考えると、運河の広さと土手の深さの比率は根本的な問題である。プロジェクトの目的はこれらの比率を注意深く見積もり、道路のレヴェルに対して運河を可能な限り浅くして、公共空間のクオリティにマイナスのインパクトを与えないようにすることである。

図18 サン・マルコ通りからカヴール広場へ。再開後のイメージ図

図19 内側環状運河―セナート通り

ここで、ソルマーニ図書館、ミラノ大学、グアスタッラ庭園から複合的に構成される例外的な地区に焦点を当てたい。

ポルタ・ヴィットリア大通りからポルタ・ロマーナ大通りまで続くナヴィリオの開始は、戦略的な価値を帯びる。

カ・グランダCa' Granda、ラゲット通りからなる複合的な地区を取り囲むここにこそ、ナヴィリ再開を通して、ミラノの最も重要な歴史が姿を現す。

市の歴史の土台にある本質的なシナリオが思い出される。ナヴィリに沿って、小さな池に運ばれた素材によって建てられた偉大なる大聖堂（ドゥオーモ）の建築物である。

ナヴィリオ・デッラ・カ・グランダNaviglio della Ca' Grandaの魅力から逃れることはできない。十五世紀後半、病人を収容するよう初めて指定を受けた、市の歴史的な建造物を目にしているのである。この建造物は一九三九年まで機能しつづけたが、一九四三年八月、戦争によって破壊された。一九五八年再建され、以来大学となっている。

ナヴィリオの再発見は、フランチェスコ・スフォルツァ通りを歩行者専用にすることで、ミラノ大学－グアスタッラ庭園の複合施設に新しい都市の価値を与えるだろう（図20）。この通りの歩行者専用化によって、ミラノ大学に、環境と景観のクオリティの視点から、他のヨーロッパの大学に匹敵する競争力を与える、魅力的で絶対的に貴重なシナリオを描くことができるだろう。

現在でも、ナヴィリの周りでは、運河システムが破壊される前にこれらの場所の特徴となっていた雰囲気を感

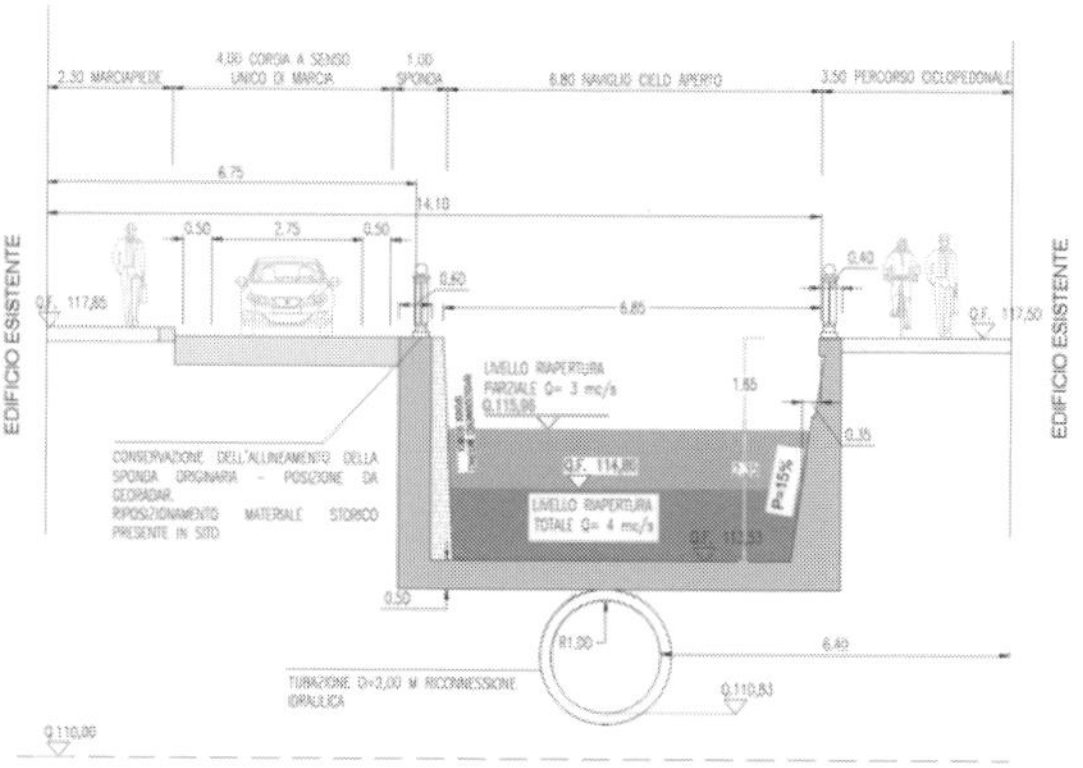

図20　内側環状運河―フランチェスコ・スフォルツァ通り。再開後のイメージ図（上・中）と断面図（下）

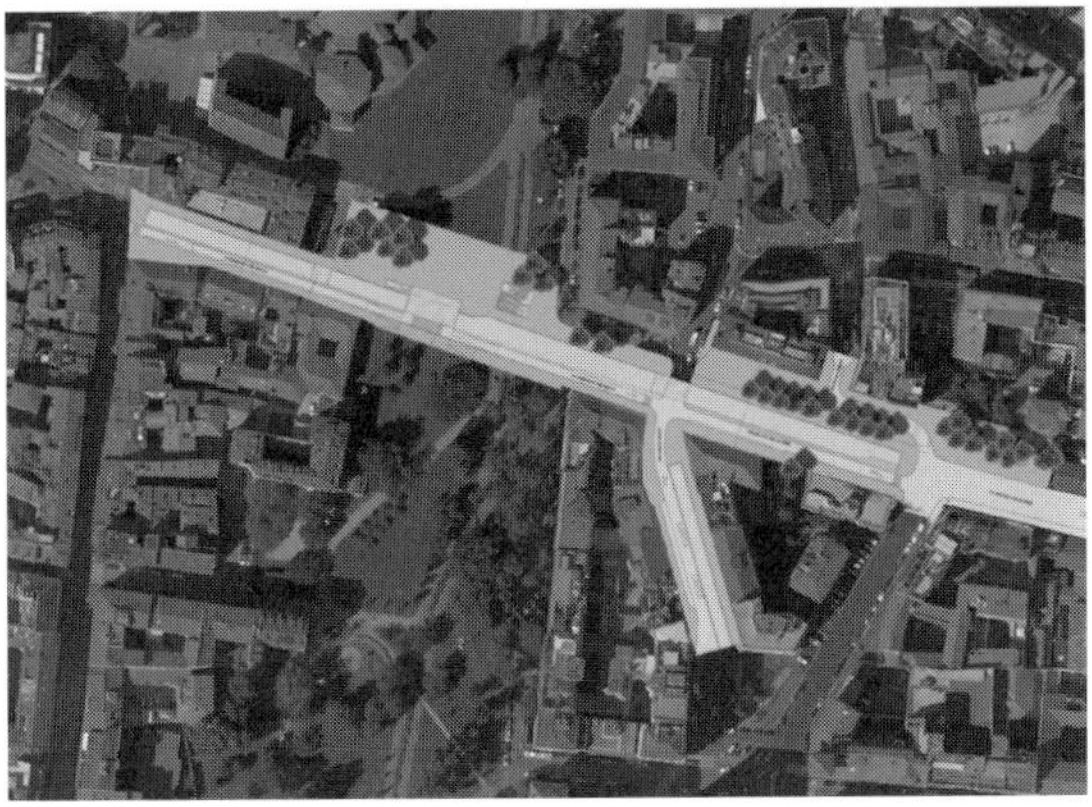

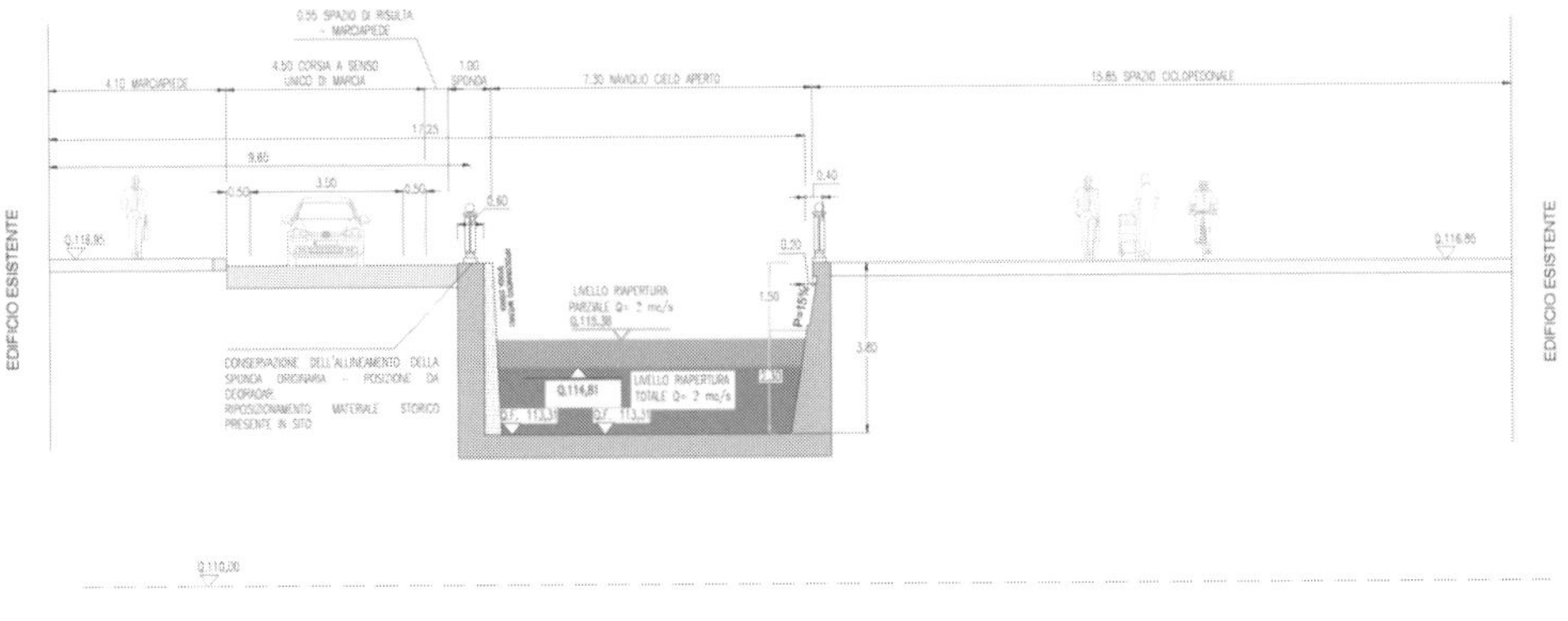

図21　サン・ロレンツォ地区での運河再開後のイメージ図、モリーノ・デッレ・アルミ通りとヴェトラ広場（上）。内側環状運河―モリーノ・デッレ・アルミ通り（中）とその断面図（下）。

じることができる。

サンタ・ソフィア通りまで続くこのルートの沿道には、新しく木々が植えられ、七〇年代に立てられたクオリティの低い建物を改善することになる。


サン・ロレンツォからサンテュストルジョを進むナヴィリオと同様に、モリーノ・デッレ・アルミ(武器の水車)通りを流れるナヴィリオは、都市の文脈でナヴィリが担うことができる、きわめて高い価値を持つ役割のもう一つの模範となる(図21)。この地区も第二次世界大戦中爆撃を受け、都市、そして景観の視点から公園が創設されることで、不動産への投資から奇跡的に逃れた。ナヴィリオは、その地区を明確な歴史的な視点に結びつけることによって、それが建設されている場所を評価する可能性をミラノの人々に返したのである。

三、**ダルセナへの帰還(ヴィアレンナ閘門を経由して)――ミラノ市はいかにしてこれまでの都市のシナリオへ接続し、これからの都市のシナリオを開くのか。**

再開したナヴィリオは今、コンカ・デル・ナヴィリオ通りに入ってくる。ここから、ロンツォーニ通りに沿って進み、ダルセナに再び合流する。

ミラノの船だまりであるダルセナへの帰還によって、ミラノは、これまでの都市のシナリオに接続し、これからのシナリオを開くことになる。

ここで新しい運河は、姿をほとんど見せない部分もいくつかあるが、地下を進む(図22)。運河はここで他に比べて狭くなり、一度に通過できるボートも一隻で、この通り全体を特徴づけていた六〇本の木を救った。

図22　地下を進む新しい運河、部分的に半分開かれている。コンカ・デル・ナヴィリオ通りからダルセナへ。

図23　ヴィアレンナ閘門

新しい運河は、ミラノで最も古い閘門であるヴィアレンナ閘門を通って、ダルセナに接続し、今や、われわれは旅の終わりを迎えている（図22）。ヴィアレンナ閘門は、この地区の古い木々を切り倒すことなく、歴史的な地図に従って再び建設された（図23）。

詳細に至るまで、綿密にデザインされている。ヴィアレンナ閘門の場合、歴史的建造物の修復保存と、後の時代に生えて成長し現存している大きな木々の保存という二つの異なる要求を調停するため、ナヴィリオの川床に緑の出っ張りを作り、都市のシナリオの景観と環境のクオリティを向上させた。

ナヴィリの長い経路は、ついにダルセナに到着する。ダヌンツィオ通りVia D'Annunzioに新しい横断路が作られ、システム全体で水が再び流れ、航行が可能になる。

計画全体について、二〇一七年七月、市長ベッペ・サーラは、工事の第一段階には、全長二キロに及ぶ五つの部分の再開が含まれていることを発表した。都市、環境、文化、経済、観光の観点から、これは、実行可能で、サステイナブルな市の発展目標である。そして、二〇一八年七月、一連の討議、「公開討論集会」（図24）の中で、以下の五つの地区が、市民の評価を受け、重要な指摘を得て、市民参加プランニングへ向け重要な一歩を踏み出した（図25）。

一、A地区：メルキオッレ・ジョイア通り

ナヴィリオの再開によってその地区の生活は改善される。水面と同じ高さで歩道が建設されるとともに、新しく木々が植えられ、商業活動や様々なサーヴィスが姿を現す。これによって自転車用の道路を交通から分離することが可能になる。

図24　公開討論集会

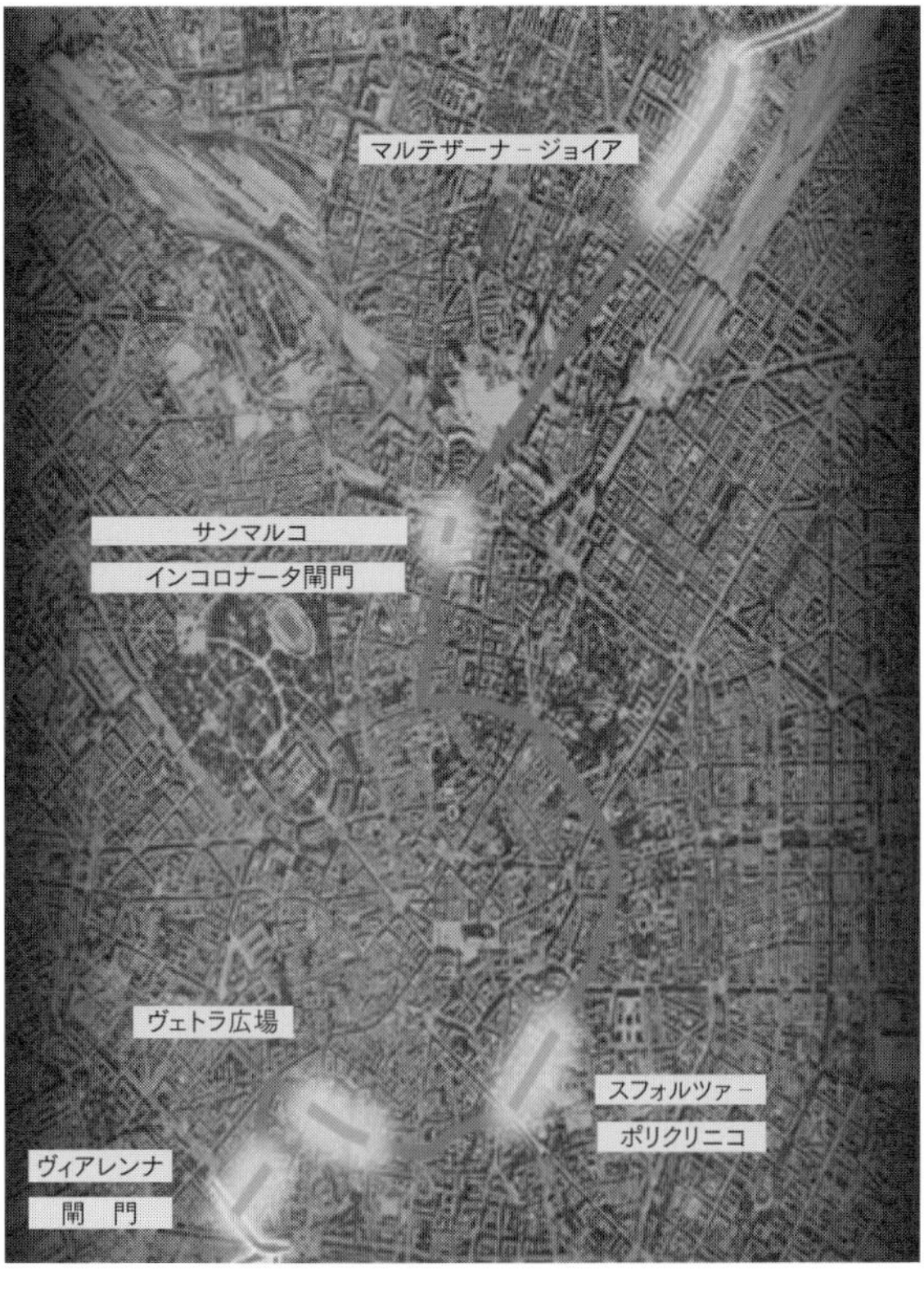

図25　運河再開のルートと重要スポット

二、B地区：インコロナータ閘門

「ナヴィリオ・ディ・サン・マルコ」はメルキオッレ・ジョイア通りのシステムとチェルキア・インテルナをつなぐ。その再開とともに、歴史的なダ・ヴィンチの水門が修復され、インコロナータ閘門の価値を高める。

三、C地区：フランチェスコ・スフォルツァ通り

この地区のナヴィリオは、運河網によって湖から運ばれた大理石で立てられた大聖堂（ドゥオーモ）の建造物、現在はミラノ大学となっている、カ・グランダからのナヴィリオの眺めなど、歴史的シナリオを想起する。

四、D地区：ヴェトラ広場

この地区は、第二次世界大戦中爆撃を受け、バジリケ公園が作られたが、ナヴィリオは、きわめて強力な歴史的視点にそれらを結びつける場所の修復を可能にする。

五、E地区：ヴィアレンナ閘門

閘門の再開が意味するのは、城壁の下に水への通路を開き、水の流れを可能にする水理学的操作を修復し、ダルセナまでの航行を可能にする一連の作業が完了したことである。

すでにプロジェクトの第一段階から、われわれは都市装飾の統一的な概念を把握することができる。この概念は運河の河岸や周辺地域の処理に見てとることができる。

中心となる市と、最も外側の町で生活を営む多くの共同体との間を結ぶ、新しい要素が生まれ、市は自らの歴史的な船だまりを再び発見することになる。

ミラノの運河ネットワークを再び開くことは、それゆえ、都市部の真の基礎の確立に貢献することができる。この基礎は、単に行政の法律や規制に根ざしているだけではなく、都市の生活条件の向上や改善のための大きな共同プロジェクトを共に取り組むことによって、確立されるのである。

（松井久訳）

〈水都学〉のアジアから再発見する東京の可能性

高村雅彦

いま、東京の水辺が面白い

東京都江東区の清澄白河では、いま様々な方法を使ってまちを活性化させている。家康が江戸に入府後すぐに開削した小名木川と、その南の仙台堀川に挟まれた一帯では、かつての工場や倉庫、町家の建物をカフェやレストランにコンバージョンすることで、これまではほとんど見かけなかった若者が集まっている。なかには、オブジェや音響、映像などを使って空間を変化させる、いわゆるインスタレーションの手法によって住民みずからが現代アートを表現し、来訪者とともに楽しむ場所に意味を変えている。震災や戦災を通して、東京の住宅地は西の郊外へと広がり、どちらかと言えばこの東側は大きな開発から取り残された地区であった。それゆえに、歴史的かつ多彩な建築や空間のストックを活かして再生することができたのであって、まさに「一周遅れのトップランナー」と言うにふさわしい。

水辺は都市の財産であることを知り、東京にしかない歴史と風景の集積を活かす。そう考えれば、あまり評価されることのない一三号埋立地、つまりいまのお台場とそこからの風景も面白い（図1）。幕末に防衛線としての台場を築いたのち、大正から昭和の戦前にかけては、各財閥の倉庫が対岸の大川端から日の出、竹芝に並んだ。しかし、一九六四年の東京オリンピックを境に、船に代わってトラック輸送が主流となり、品川沖には日本初の大型のコンテナ埠頭がつくられて、水辺は人々から遠ざかっていく。少し前には、東京湾のシンボルとして東京タワーが竣工している。情緒に溢れ活動の中心であった前近代からの水辺が、人を寄せ付けない物流と単に眺める空間へと意味を変えた瞬間である。

ところが、一九九〇年代に入るとお台場が臨海副都心として整備され、レインボーブリッジやフジテレビ社屋が新たなランドマークとなって東京湾の入口を飾るようになる。足元には砂浜の広がる海浜公園を造り、自然と近代的な構造物が一体となった都市風景を新たに生み出した。夜には提灯を付けた屋形船が水上に集まり、夏には盛大な東京湾大花火が開催され、現代の東京に江戸時代の風景と賑わいを復活させている（図2）。近年では、東京湾の空間を船で自由に移動できる水上タクシーも運航を開始し、一年を通して昼夜人々のアクティビティに満ちた場所へと変化している。人々の興味に加えて、これには地域の意見を治水と利水に反映できる

図1　お台場の風景　左手前から第三台場、奥の第六台場、対岸に一九六七年に造られた日本初の品川コンテナ埠頭、天気のいい日には遠方に富士山が見える。一方、右手には芝浦、日の出、竹芝の各桟橋が続き、奥に東京タワー、さらにその後方に東京都庁舎も見える。

一九九七年の河川法改正、河川空間にオープンカフェなどの設置を許可する二〇一一年の河川敷地占用許可準則の改正も功を奏している。

積層と動態のアジア都市

このように、盛衰を繰り返しつつも、幕末から現在までの一五〇年以上の歴史と風景がお台場には蓄積されている。一つの領域を成す空間に、いくつもの時代の層が重なり、同時に建築が動態的に変化して継続するのがアジア都市の特質と言える。西欧のように、ある一定の期間に形成され、その後も大きく変わらなかった街並みとは違い、様々な時代の歴史のポテンシャルを統合して整備し成り立たせるという、水辺の再生を可能にするひとつの明確な戦略をお台場から知ることができる。しかも、そこには西欧にはない多彩なアクティビティもが断絶の時間をあいだに挟みながら、いま再び創出されている。一見して歴史や特性がわかりやすい西欧と異なり、この種の地域理解は知識と想像力が必須の手間のかかるものではある。だからといって、西欧をモデルに、統一されたデザインで水際の空間を新規に作りだす方法しか発想できない時代はすでに終わっている。

図2　お台場の東京湾大花火と屋形船（不動建設株式会社・山本仁二氏撮影）

こうしたお台場から知る水都の特性は、アジアのほかの都市にも共通している。とくに、水と陸が接するそのエッジの空間そのものが常に人々の活動の中心であって、その場所の意味も時代によって大きく変わってきたという歴史は、日本のみならずアジアの諸都市も同じである。

破壊と再生のアジア

戦後、アジアの歴史都市は破壊と再生を繰り返してきた。ヨーロッパの都市が、一度は戦後の荒廃した旧市街地を改良すべきとして破壊しようとしたものの、たとえ劣悪な環境であっても、それは都市の歴史の一部であり再生が可能だとして保存したのとは大きく異なる。アジア都市の破壊の歴史は、戦後の民衆意識の矯正をも意図して、老朽化・不衛生・危険という名目で旧市街地を排除し、より健康的で、より清潔に、そしてより効率的な都市と社会を追求してきた結果である。一九七〇年代までは、ときにそれを経済的側面から強力にバックアップするため、地区を指定して開発の税が免除されたり、不動産投資の対象として宣伝され実行された例も少なくない。時間差はあっても、このことは多くのアジア都市に共通した歴史といえる。

その主なターゲットとなったのは都市の水辺であった。長い歴史のなかで常に不法占拠され続けた空間であり、下層階級や裏社会の巣窟でもあり、戦後の輝かしい近代化にあっては、早急に、そして完全に排除しなければならない対象であった。建築の質が悪く不ぞろいではあっても、活気に満ち、水が身体にきわめて近いアジア独特の水辺空間は、こうした理由でカミソリ堤防が整備され、西欧によく見られるきれいなプロムナードが水際に通され、それに沿ってツルツルピカピカしたオフィスビルやマンションが建ち並ぶようになる。ヨーロッパのように、水辺にモニュメンタルな建物がなかった点も破壊に一層拍車をかけた。アジア都市の水辺空間は、宮殿や寺院のような象徴的な単一の建物が主役なのではなく、小さな住宅や店舗が密度高く集まり組織されるその集合のあり方そのものに魅力を持つ。西欧をモデルとしたアジアの近代化にあっては、その複雑な独自性が理解されず、単純な機能的観点と見た目のほうが重視された。

だが、一九八〇年代から、アジアの都市は変化を求めるようになる。とくに、二〇〇〇年に入ってからは本当の意味での歴史と文化に根ざした水辺空間の再生が様々なかたちで現れつつある。高速道路を撤去し、川を復元したソウルの清渓川《チョンゲチョン》再生は有名である。その水辺はどのような歴史と文化を蓄積した空間なのか、そこは都市全体との関係の中でいかなる意味を持ってきたのか、という構図のなか、水辺空間の意義を知り再生を図ろうとしている。

〈水都学〉の意義

世界の水の都市を多様な視点から読み解く研究の枠組みは、まず河川や運河、港湾の機能と役割、環境や生態、また防災、制度といった、過去と現在のそれらを取り巻くテーマが対象となる。法政大学の陣内秀信とともに提唱した〈水都学〉では、まさにそうした観点からの論考を積み重ねてきた（陣内秀信・高村雅彦編『水都学I〜V』法政大学出版局、二〇一三〜二〇一六年）。そこでは、ヴェネツィアや蘇州、東京など水路が縦横に巡る、いわゆる水郷都市だけでなく、港町や用水路が流れる郊外の農村をも対象とした。つまり、単に対象としての水都の魅力を掘り起こそうとしたのではなく、都市を解読し、新たな研究の視点を見出し、時代を読んで、次へと更新するための横断的な研究方法としての〈水都学〉の確立を目指したのである。

加えて、一九八〇年代から活発になる日本近代の見直しの過程で、アジアを研究の対象とすることそれ自体が、新たな地平を切り拓く象徴のように期待された。従来の枠組みから脱皮し、欧米とは異なるモデルをそこに求め、同時にそれまでとは異なる方法論をも獲得できるのではないかという希望があった。国交回復や対外開放によって外に開かれたばかりの国々だからこそ、現地でのフィールドワークを積み重ね、生き生きとしたアジアに触れようとした。そこで暮らす人々の生活を目のあたりにし、実感としてのアジア研究を展開したのである。しかも、それらは過去の遺物ではなく、すべてが実際に目の前に存在するものであったから、現代の問題として、その後の都市や地域の更新へと広くそして深くつながることが可能だった。

本稿では、まず最初にアジア全体に視野を広げ、水都の伝統と近代の特質を概観し、それと同様の背景を持ちつつも、東京が受け入れた二十世紀以降の水辺の変化の意図を主に探っていきたい。このセッションのテーマを考えるとき、現在や未来だけでなく、その都市が歴史的にいかなる再生を成し遂げてきたのか、そのときに伝統と新規性をどのように受け入れたのか。水都再生のための哲学と戦略を探るために、こうしてアジアに共通する水の都市のキーワードを見つける作業から始めたい。

近代都市への再生

アジアの都市は、常に破壊と再生を繰り返す。それが良いとか悪いとかではなく、それ自体が宿命である。都市の人口や規模が巨大で、経済の中心という点でも西欧とはかけ離れた存在である。そのうえ、そもそもアジア都市には重層し動態することで生気を継続させる特質が内包されている。

マカオは、西洋にイメージされる新世界としてのアジアの役割を担った。宣教師フランシスコ・ザビエルが日本にキリスト教を伝えたとされる同時期の一五五七年、マカオは中国側の官憲から居住の許可を得て、初めて中国大陸唯一の西洋人居住地となる。その後、中国人の移住者が増大し、一八〇三年にはマカオ主教が「ここにはもう土地がない」と言って飽和状態を嘆き、北部の新規開発と内港の埋立てが進む。

十九世紀中期アヘン戦争後の自由港宣言による人口増加と、太平天国の避難民流入、それに続く西洋人専用居住地の撤廃などを背景とした急激な都市化は、環境への意識の高揚を招いた。高密な中国人による内港の開発とは違って、外港側の崖上に西洋人のための別荘や庭園、またその下にはデザインの統一されたオフィス群を建築する。かつての外港の障壁は景勝地として生まれ変わり、対岸のタイパ島から眺めたマカオの新しい風景が

図3　生まれ変わる外港の景観（George Chinnery, "Vista da Praia Grande, Macau", 1835）

絵画に描かれる（図3）。

だが、西洋的な「眺める」という行為とは異なり、アジアらしい身体で感じる海は、やはり内港側にあった。マカオの中心は、一七七〇年創建のレアル・セナドとその前面のセナド広場である。ポルトガル人の居住が認められた十六世紀から徐々に土砂が堆積し、十九世紀以降は人工的な埋め立てによって、海岸線は断続的に遠ざかっていった。その両者のあいだに倉庫や市場、問屋、店舗などが並ぶ華人街が形成されたが、中国人は常に港の方向だけを重視してまちづくりを行い、しかも密度高く建て込んだため、高台に位置する西洋人の空間は孤立状態にあった。

そこで、日本を含むアジアのほかの都市と同様、近代都市への再生を企図して、一九一〇年にマカオの市区改正が実施される。内港の埠頭と高台の中心部を一直線に結ぶ明快な都市軸の形成、迷宮的な不規則街区の整備、それにともなう新たなデザインによるストリートの実現、衛生改善と防火対策がその主な目的であった。目抜き通りのアルメイダ・リベイロの新規開通事業がそれである。統一されたデザインからなる直線的な街並みを計画し、マカオを象徴する明快な都市軸を生み出すという近代らしい再生手法である。まさに、ポルトガル人が海と結びつく都市の実権を中国人の手から取り戻した瞬間である（図4）。

図4　一九一八年のアルメイダ・リベイロ通り（Album Macau 3, Macau Livros do Oriente, 1993）

図5　一九五〇年代のボート・キー（OVER SINGAPORE 50 YEARS AGO, An aerial view in the 1950s, Editions Didier Millet Pte Ltd, 2007）

新旧混在の都市再生へ

シンガポールは、植民都市としてイメージしやすい海峡型の都市である。アジア全体を往来するための要として、その地理的優勢をトーマス・ラッフルズが見抜き、まずイギリス東インド会社の交易所、その後すぐの一八二六年に正式にイギリスの植民地とした。

一九八〇年代までのシンガポールは、強力な住宅政策のもとで生活水準を一気に高め、同時に川沿いの低層の建築群を一掃して、街並みの美化を貫徹する。アジアのなかでもいち早く近代化を成し遂げた都市であって、優等生的存在であった。とりわけ、当時の強力なリーダーであったリー・クアンユー首相は、一九七七年から一〇年計画で川の完全浄化を宣言し、また一九八三年には岸に停泊していた小舟をすべて撤去させる（図5）。一九八五年には、川沿いのボート・キーやクラーク・キーを中心に、この都市に特徴的なショップハウス、つまり伝統的な町家の再建と、プロムナードの整備を基軸としたマスタープランを作成する。ヨーロッパから「見られる」対象であるという事実をそのまま受け入れ、それを踏まえながら自らが自身のイメージを再創造し、そのうえで他のアジアを客体化して自分たちも「見る」側にまわるという構造、いわゆる戦後のアジア都市に蔓

延した「自己オリエンタリズム」である。

しかしながら、シンガポール人が考える西欧の衛生的で美しい建物が並ぶ水辺に作り直した代わりに、そこに展開する人々のアクティビティと、西欧人がアジアに求めるもう一つの側面のエキゾチックさまでをも失ったことに気付く。そして二十一世紀に入ると、むしろ近未来的なデザインのホテルを新たなランドマークとして開発したマリーナ湾のほうに人々の注目は集まる（図6）。新旧の両者が水辺に共存する風景は、西欧のような確固たる歴史的な統一性ではなく、ましてや一部のアジアに見られる無秩序なものとも異なる新しい都市再生の姿を示した。

水の都として有名な中国の蘇州の都市再生の考え方もよく似ている。紀元前に呉国の都として築かれた蘇州は、遅くとも十三世紀には各住宅の前後で水路に接する理想的な住環境を持ち、十六世紀には同じ手法を使って宅地を再生させることで、この時期に最も水路の多い成熟した水都を完成させる。だが、一九六〇年代からの文化大革命の影響で、住宅は血縁関係のない人々によって不法に占拠され雑居状態となり、また廃材やゴミの捨て場所となって水路の多くが姿を消す。

そこで、二〇〇〇年代初頭を境に、市政府は水の都の再生と住環境の改善に向けて動き出す。そもそも、蘇州は都市計画制度の一つである

図6　新水都の創造・マリーナ湾

一九八二年の「歴史文化名城」の指定を受けた国家レベルの保存対象であった。一九八六年には、都市の全面的保存を基礎とする「蘇州市マスタープラン」が国務院によって認可され、一部の住宅を対象とした試験的な改築事例もあったが、常に開発と保存の葛藤に悩まされていた。そうしたなかで、地元政府の主導のもと、老朽化を理由に住宅を取り壊して集合住宅が多く新築され、その場合は修景を考慮して高さを三、四層まで、また外観は従来の白漆喰と黒瓦で統一することが求められた。これが問題であった。それだけを開発のひな形としたばかりに、まったく同じ集合住宅があちこちに広がって、数百年続いてきた多様な街の個性が失われたのである。

それに気づくと、二〇一〇年に地元政府は、中国の歴史的な都市ならどこでも見られるようなカキワリやテーマパークといった開発からの脱皮を目指して、わずかに残された水路が地区を貫く平江路一帯の再生計画に着手する。それは、外来者にとって魅力的な空間を用意すると同時に、住民らの生活改善のためにコモンスペース、つまり居住者の私的な共有空間を充実することに重点が置かれた。まず水路沿いの建物を入念に調査し、状況に応じて修繕、改築、新築を行い、できるだけ街並みを維持しつつも、内部は現代的にアレンジして、住宅やレストラン、ホテルにコンバージョンし、また空地に斬新なデザインの建築を組み込んで、地区全体を更新す

図7　観光客で溢れる休日の平江路

ることが企図された（図7）。長年、不法に占有を続けた住民の一部がこのとき追い出されている。

これにより、多くの外来者が水の都らしい蘇州と新たなまちのデザインの両方を同時に楽しむ空間が生まれた。ただし、一方で住民からすれば静寂な住環境が奪われることになる。そこで、プライベートな住居部分を街区内部の中央に集中させ、道路沿いの一部にゲートを設けて、そこから内部にアプローチする手法がとられた。いわゆる「ガワとアンコ」の方法だが、中国の場合はもともとプライベートな空間よりも、中庭や通路などのコモンスペースが充実しているため、それらを最大限に生かして住環境全体の改善が図られたのである。

都市や建築の歴史の重要性があたり前のように浸透した現代にあっては、それまでの破壊に対して反省しますと言わんばかりに、むしろ「古いものをリノベーションすればよい」という免罪符にも似た単純な風潮が横行している。そもそも、都市であっても建築であっても、本当の意味での再生は、実際に何を残し、何を壊すかといった的確な判断が個々の場面で求められるのであって、残すべきよいものと更新すべきものとを見きわめ、それによって「全体的に新たな価値を生み出す」ということが重要なのであって、きわめて創造的な行為であるという根本に立ち返る必要がある。

グランドビジョンは誰が描くのか

社会主義の中国では、日本やヨーロッパ、アメリカとは異なり、市民が参加する機会が増えつつあるものの、やはり行政や政府が主導権をもってグランドビジョンを描くトップダウン型の都市再生と言っていいだろう。しかしながら、われわれが思うそれとは少し違う。

二十一世紀に入ってからのアジア都市の再生、とりわけ水辺の再生の速度は速かった。その理由に権威主義的な政治によるトップダウンが大きく影響したと理解されることが多い。中国だけでなく、シンガポールもまた政治学的にはソフトな権威主義として位置づけられている。あたかも、そこに民衆は存在せず、一部の官僚が推し進めたように考えられている。これらは、確かに表面的には官僚主導による社会改良・都市再生であると見てよい。しかしながら、そのメカニズムはそれほど単純なものではない。

まず、これらの都市では官僚がきわめて優秀であることに気付く。つまり、そのメカニズムの中心をなす官僚とその制度は社会改良のための最高水準が常に求められて維持され、都市運営のために民間をしのぐ経営力を身につけている。しかも、省庁体制が縦割りではなく、できるだけ縄張りを排除して横のつながりを積極的に持つべきであると自覚し実践している。日本の都市計画と文化財保存を担う国交省と文化庁のような縦割りではなく、両者が同じ省庁に共存あるいは一体化して対処するのである。多くは、開発部局内に保存課があり予算化される。民主的な国家といえる台湾では、まさに両者がそのまま一体となった名前の「文化建設委員会」が大きな権限と予算を持つ。

これらの都市では、とくに都市計画や文化財保存の専門家の権限が強く働き、官僚との密接な関係が築かれている点に注目すべきである。たとえば、中国では都市行政の官僚は、ほとんどその関係の学識者の研究室、あるいは同じ大学の卒業生であり、台湾もまた文化財の専門家が行政に対して同等、あるいはそれよりも強い権限を持つ。歴史のどこを見ても、学識者の主張が政治学的な妥協の産物として採用されるケースばかりだが、これらの都市ではそれが実際に政策に直接反映されるのである。

上海では、一九九〇年代の終わりころから特徴的なエリアや建築を活かした再生事業が町のあちこちに出現し、それまでのデパートやショッピングモールに替わって、若者を中心にむしろレトロ・モダンといった新たなトレンドが求められるようになる。その背景には、急激な都市開発に対する市当局の一部と上海市民の危機感があった。一九九三年に地下鉄、またその後すぐに高架道路が開通し、渋滞解消を喜びつつも、一方で毎日見て慣れ親しんできた街並みが消えていく。それぞれの地域が受け継いできた上海中心部の町の個性がインフラの整備とともに失われつつあったのである。

そこで、上海市計画局と学識者が一緒になって、まず歴史的な建物や地区の保護に本腰を入れる。一九八九年からすでに運用されていた上海市指定「優秀歴史建築」の制度を強化し、一部の著名でモニュメンタルな建築だけでなく、普通の建物も多様な人々の手によって蘇る。とくに、それまで上海の顔として代表的な役割を担った外灘沿いの近代建築群の保存や道路の地下化などの事業とは別に、この時期は水辺が主な対象となっているのが特徴であろう。かつて屠殺場だった〈1933老場坊〉、工場群をアーティストビレッジに変えた蘇州河沿いの〈M50〉、その上流に位置する〈夢清園〉、二〇一〇年の上海万博を機に再生した〈老碼頭〉などは、川沿いの近代建築を再生した好例としてよく知られている（図8）。たとえば、夢清園は一九二〇年代のビール工場とそのオフィスをレストランと公園に再生した。実は、この建物は一九九九年に優秀歴史建築に指定されていたにも関わらず、国家文物局の保存対象ではないという理由で、地元区政府の開発部が取り壊す計画が打ち出された。しかし、市の計画局や大学の学識者が説得にまわり、それが実って水辺の美しいモダニズム建築を商業・文化の複合施設として再生し、工場の跡地に公園を造成して市民に開放した。そのための費用は、対岸の工場群を高層マンションに建て替え売却することで捻出されている。

こうして、ここ二〇年余りで、上海には魅力的な水辺が数多く出現している。今日はどこに行こうかと迷うほどに都市に多様性が生み出されたのである。破壊を繰り返してきたアジアの都市にあって、上海のいまは、いずれもが二十世紀初頭に建築・開発された建物や地区の再生に成功している。わずか一五〇年の歴史しか持たない上海だが、これらの事例に出会うたびに、まちと建築の豊富なバリエーション、そしてその懐の深さを実感する。住民に多くをゆだねるのではなく、行政が自信を持ってグランドビジョンを描くことの大切さを上海から学ぶことができる。

伝統としての身体性とアクティビティ

さて、アジアでは水に対するもっと本質的な意味が別にあることを忘れてはならない。アジアの人々は川や海に寄り添うように都市と建築をつくり、水際の場所それ自体が活動の中心となってきた。そして、西欧とは異なり、水と身体がきわめて近く、時には一体となるような文化を育んできた。

たとえば、タイでは国土を南北に貫くチャオプラヤー川に沿って都市を

図8　再生された夢清園

立地させ、上流と下流で一年あるいは一日の水位が大きく異なる環境に適応させるよう、浮家や高床の建築を発達させた。高い堤防を築いて水位の変化に抗うのではなく、むしろ環境の変化を受け流す方法を選んだのである。

一八二一年頃、スコットランドの旅行家ジョージ・フィンレイスンは「陸地側の奥まった場所に高床式のタイ人の住居が建ち、その手前の水辺に竹筏に載る中国人の浮家が多い」と記録していて、干満の差で水際線が一定しないために水陸両生的な建築が作られていることを説明している（Finlayson, *Journal de voyage-Boul de la Societe des Etudes Indochinoises*, 1939）。身体の半分が水に浸かりながら高床住居を移築し、舟から直接ベランダをつたって居間に物が運ばれる様子を描いたバンコク・パトゥムワラナム寺院の壁画は、人も建物も水に近く、陸と水の間を自由に往来する都市と人々を象徴的に表現している（図9）。

インドのバラーナシもまた、水と身体が一体となることを顕著に示す都市である。アジアに多い川港型の水都で、ヒンドゥー教の聖地であり、〈ガート〉と呼ばれる水辺の階段がガンジス川沿い六・四キロにわたって連続する。石で舗装されたものは十四世紀の例が最も古く、全部で八四を数え、そのあいだに九八の寺院や祠が点在する。人々は早朝から階段を下

図9　パトゥムワラナム寺院の壁画。水中を移動中の左下の高床住居、舟からベランダをつたって居間に物が運ばれる右の住居（一八〇〇年代前半）

りて沐浴しながら祈りをささげ、別の場所では荼毘に付された遺体が河に流される。まさに、生と死の行為が水辺の空間に一体となって繰り広げられる（図10）。

バラーナシの都市にあって、人々が常に追い求めているものは、神に対する畏怖や畏敬の念を持ち続けることにより、水と一体となった身体と精神を獲得することにある。聖地として、水そのものが聖なる象徴であり、それに触れることで罪を流し功徳を増すことが追求されるのである。

水都東京の再評価

これまでアジアの水都で見出されたキーワードの多くは、東京の近現代の水辺の変動とも共通している。

たとえば、江戸から現在まで続く品川荏原神社の海中渡御は、御神体を海の水に戻し入れる儀式であって、人々もまた水に浸かる盛大な夏祭りである。まさに、伝統としての身体性とアクティビティが東京の各地で生きている。

東京では、明治初期から二十世紀初めの一九二〇年代に至るまで、東京

図10　聖地バラーナシのガートと沐浴する巡礼者

湾をいかに近代的な港として発展させるべきか、実に多くの議論が展開する。海外の技術者を招へいして最先端の港湾を創り出し、東京が世界の近代都市の仲間入りを果たすことを目指したものであったが、政治的・経済的な理由から、その多くは実現しなかった。

その後、大正から昭和初期の一九三〇年代中期にかけては、中州や箱崎の運河沿いに貨物運送のだるま船が幾重にも岸に横付けされ、東京湾は船、人、物であふれかえる最も華やかな時代を迎えた。だるま船は〈宿舟〉と呼ばれ、船頭とその家族の住まいとしても利用され、まさに水上そのものが彼らの活動の場であり生活の場でもあった。

同時に、江戸初期から三〇〇年続く内陸部の大根河岸や竹河岸なども、この二十世紀初頭に大きな賑わいを見せる。東京駅から南東にわずか五〇〇メートルの京橋川に沿って、荷を積みかえた小さな船が並び、各問屋は護岸の壁面に設けた搬入口から商品を運び入れた（図11）。このように江戸から続く内港システムをさらに充実させて、東京湾だけでなく、水路が巡る内陸部にまで人や船が行き交う時代が、二十世紀初頭にあった。この川もまた、東京の他の河川と同様に、一九五九年に埋め立てられて姿を消す。

こうして東京湾や河岸に運ばれる荷の多くは、すでに江戸時代から関東

図11　昭和初期の大根河岸（東京都中央区立京橋図書館蔵）

近郊をその生産地とし、荒川水系の川港や海運のための品川湊など、海や河川を軸とする綿密なネットワークによって江戸東京を支えてきた。このことは、都心部だけでなく、郊外や周囲の後背地をも含んで考察する手法で水都を再評価する必要があることを示している。

そして、一九六〇年代の高度成長期は、自然環境よりも経済が優先されて、人々を水辺から遠ざけた時代であり、東京の水には悪臭が漂った。その後すぐに下水道法が改正されて水質の改善に取り組み、近年ではかなり衛生的になったと言われる。その一方で、東京湾と隅田川沿いの護岸がきれいに整備されたことと引き換えに、多様なアクティビティが失われる。二〇〇三年、東京都は船の係留を厳格にする条例を制定して水面をコントロールし、「輝け、ウォーターフロント!」というスローガンのもと、壁の模様に江戸のモチーフをちりばめた護岸整備を実施した。まさにシンガポールで経験した自己オリエンタリズムが東京でも起きていたのである(図12)。

図12　隅田川西岸両国橋付近のなまこ壁とスカイツリー

二十一世紀の水都再生の戦略

一九六〇年代からの東京は、開発を西の方向に進め、その目玉は駅前の商業施設とマンション開発であった。そこには、リーダーシップを発揮してグランドビジョンを示す行政が不在で、ディベロッパーや建設業界も小規模で質の高い開発に関心を向けてこなかった。だが、いま人々の興味の方向は西から東に向いている。江東区だけなく、日本橋、隅田川、東京ベイエリアといった、かつて豊かだった東京の水辺に様々なアクションが起こりつつある。こうした動きは、日本のどの都市でも共通して起こっていると感じるし、東京の場合は再び水の都として復権できる可能性を秘めている（図13）。

東京は、アジアの水都とよく似て、各時代の歴史の層がいくつも重なり全体を組み立てている。それらは、統一された水際のデザインというにはほど遠く、むしろバラバラでときに雑然として評価しにくいケースが多い。だが、再生・活用の仕方によっては、かえって背景に多様で歴史の深みを持つダイナミックな空間として生まれ変わる可能性を持っている。水辺空間の時間をひとつの時代の様相に留めて現代に見せるのではなく、部分ごとに試行錯誤を繰り返しながら、時間の経過ごとに個々の条件に応じたプ

図13　「東都両国ばし夏景色」一八五九年（国立国会図書館蔵）

ロセス型開発を重視すれば、そのデザイン手法は十分に評価されるだろう。新旧の多様な重なりを空間的、機能的、景観的に、いかにスムーズな流れを持って全体の修景のなかに組み込んでいくか。このことが今後の大きな課題となる。

二十世紀の水都東京は、水の脅威を感じながらも、その空間が本来持っている多義性を十分に享受した時代から、次に水を積極的に利用して工業化を推し進めた時代を経て、いったん水から離れた後にその空間の豊かさを取り戻すための試みが蓄積されつつある時代へと変動を遂げてきた。そして、環境の時代といわれる二十一世紀に、自然の恵みとよりよい共生の関係をいかに保ちながら多彩に付き合うことができるか。本稿で示すことができた多彩なキーワードをもとに水都の価値を再評価し、それらを再生の哲学と戦略の中心に据える時代が確実に来ている。

セッションⅢ　討論

陣内秀信

水辺都市、ウォーターフロントの再生に関しては、一九七〇年代以後、世界各地で、それぞれの国、地域の事情を背景としながら、様々な動きが見られた。

アメリカは、そのなかでパイオニアの役割を果たしてきた国の一つで、一九七〇年代、八〇年代、ボストン、ニューヨーク、サンフランシスコ等、使われなくなり荒廃しかかった港湾空間の埠頭、倉庫などを保存活用し、新たな機能を入れて再生する事業に成功し、話題を集めた。その動きは、アムステルダム、ロンドンなど、世界の各地で見られ、それが日本でも小樽、函館、門司、そして横浜にも影響を与え、東京にもロフト文化として一時期、面白い動きが見られた。ただ、これらは主に商業、文化、観光の性格をもつ、都市のなかではいささか特殊な非日常的なゾーンであった。

ただ、その後、九〇年代、二〇〇〇年代以後、世界の動きに目をやると、明らかに大きな変化が見られた。港湾空間の本来の物流機能はコンテナ化の動向とともにすでに完全に失われ、その広大な土地が新たな時代のニーズを受け入れる場所へと転換を余儀なくされたのである。商業、文化に加え、住宅、オフィス、大学キャンパス、ミュージアムなど、多様な機能が複合化された、まさに、様々な営みをもつ新しい都市空間が水辺に登場している。ジェノヴァ、オスロ、コペンハーゲン、ブエノスアイレス等などはその典型的な成功例で、ボストンなど先駆的な都市も、そうした時代の趨勢を読んで複合的な都市づくりを港湾空間の再生事業として継続的に実現してきている。

ニューヨークでは、ハドソン・リバーに沿って並ぶ、コンテナー化で役割を終えた無数のピアー、その周辺の物流を担った大型倉庫が並ぶウォーターフロント・ゾーンで都市再生が展開し、広い河川沿いの水辺に快適なプロムナードが公共事業で整備されるとともに、その内側の機能を失った倉庫群が次々にリノベーションされ、新たな機能を受け入れ、現代アートのギャラリー、ファッション、さらには創造的産業の基地として、都市の最先端機能を担う場所となる状況が生まれている。廃線となり放置されていた高架の貨物鉄道の軌道、ハイラインが、市民の強い要望を受け入れたニューヨーク市の手で保存再生され、市民に開かれた魅力的な空中プロムナードとなったことで、周辺ゾーンの価値が急速に高まり、ニューヨークでも最大の人気地区となってきた。このように、都市に新たな経済活動の場を生み出す場としても、ウォーターフロントの役割が重要となっているように見える。

一方の、東京は、一九八〇年代後半の臨海都心計画がバブル崩壊に伴って頓挫し、以来、東京都はベイエリアに対する関心を失うとともに、大きな視野にたった都市ビジョンを描くことができなくなった。財政的にも厳しい状況が続いている。民間ディベロッパーの都市づくりへの関心も、水辺から遠のき、もっぱら大丸有、日本橋、六本木、渋谷といった内陸部へ再び集中することになり、ベイエリアの埋立地に広がる元の機能を失った物流、工業のゾーンの跡地には、民間ディベロッパーの経済論理にのみ従って、タワーマンションばかりが建ち並ぶという、東京だけのいささか特殊な風景が生まれる状況にある。

そうした背景のなかで、先ず、サンフランシスコ、ボストン、ニューヨーク等、アメリカのウォーターフロント事情に詳しいベンダー教授に、以上のような現状に関し、どういう見解をもっているかを尋ねた。

ベンダー氏が東京に初めてきた頃、ちょうど浦安の水辺にディズニーランドが建設中だったという。そして、今、サンフランシスコの古い街のウォーターフロント自体が、ディズニーランド化している、と切り出した。世界の大都市の多くで、同じような現象が起き、古い都市部の価値が商業的に高まって、そこに観光客が集中し、本来の機能、役割を失った特殊なゾーンに転じているというのである。

一方、ニューヨークについては、この都市と言えば人々は先ずマンハッタンを思い、近年では誰もがハイラインに行きたがるという。確かに再生事業の成功で、イメージが高まり、観光客にとっては素晴らしい場所であるし、このまわりの高級化した住宅にすむ富裕層には魅力的なゾーンだろう。しかし、あまりに特殊な地区になりつつある、とベンダー氏はいささかクリティカルな立場をとる。

水辺空間のイメージが好転し、価値が上がると、商業や観光の要素ばかりが強まり、まさにヴェネツィアで起きたようなディズニーランド化の現象が起こる、というベンダー氏の指摘は示唆に富む。

続いて、ボアッティ教授に、ミラノの水の都市復権への動きについて、より詳しく尋ねた。まず、市長の後押しで失われた運河再生の調査計画がなされるという、日本では考えられない状況について、さらに、二〇一五年開催のミラノ万博に合わせ、その直前に、運河（ナヴィリオ）からつながる歴史的に重要な水辺空間でありながら長い間、放置されていたダルセナ（船溜まり）を見事に復活再生できた背景について質問した。

市民が強い関心を示し、市長が環境や社会の問題に大きなセンシビリティを持っていれば、こうした水都復権再生への動きが可能となるといい、ダルセナ再生事業の財源としては、市、州の公共事業費に加え、クラウドファンディングによる民間からの投資の財源も大きな役割を果たしていた、とボアッティ氏は説明した。前例として、ミラノの地下鉄一号線の開設にも、民間投資が重要な役割をもったことが紹介された。

ダルセナ再生の場合、周辺の建物群、不動産の再生・再開発などから切り離し、公共空間である水面とその周辺の空地を対象とし、民間の資金も導入しながら公共事業として取り組んだことが功を奏したとも付け加えられた。このダルセナの成功事例は、公共と民間のそれぞれの役割、協同も含め、東京の水辺再生を考えるのに、おおいに参考になるはずである。

一方、アジア都市の水辺はどうか。前述のように一九八〇年代に日本でもウォーターフロント・ブームが到来した時に、各地で欧米型の再開発・再生をモデルにする取り組みばかりが広がった。それを疑問視し、アジアあるいは、日本固有の水辺再生があってよいのでは、という視点から広島で国際シンポジウムが開催されたことがある。西欧からは代表として、当時ヴェネツィア建築大学学長だったチェッカレッリ教授が招かれた。このシンポジウム全体の結論として、水辺の暮らしを大切にしてきたアジアには、「ウォーター・コミュニティ」が重要であるという独自の考え方を提唱した。そう見たときに、実際のアジアでの水辺再生が今日どうなっているのか、という問いに対し、高村氏がアジアの実情を説明した。

アジアの都市の水辺にはかつて人々の多様な機能、活動が集まり、賑わいに満ちていたのに、近年の大規模な水辺再開発により、例えばシンガポールの川沿いが象徴するように、立派で美しい水に面した都市空間が登場する反面、水辺に人がいないという状況が生まれているのが現実だという。ウォーター・コミュニティをめざすべき肝心のアジア、東京の水辺に人がいないという現象が強まっている。一方、元の物流・工業空間に多様な機能を入れ、複合的な都市空間を実現している欧米の水辺には新たなコミュニティが生まれている、という皮肉な逆転現象が起きていることを高村氏は指摘した。

一方、よく知られた蘇州では、水辺再生に熱心に取り組み始め、二〇〇〇年頃から、区の政府が介入し、運河沿いの建物に不法占拠して住んでいた住民を追い出し、修復してホテルやレストランに転換した。人口が多い国だけに膨大な観光客が押し寄せる現象が今、見られる。タイのアンパワーでも同じ現象が見られ、誰もいなかった水辺に今は観光客が殺到しているという。人口の多いアジアの観光で消費的な対象となったこうした水辺の街は、将来、人々に飽きられたと時には悲惨な事態になる、と悲観的な見通しを述べた。ディズニーランド化して都市の日常の生活の様相を失うことへの危惧という点で、図らずもベンダー氏の指摘と符号するものであった。

東京の水辺はまだ、価値が急激に上がり、大勢の客が集まるという弊害が生まれるところまで達していない。都市の諸機能がバランスよく複合化し、人々が暮らし、働き、楽しみ、交流する魅力ある場所が生まれ、その活動や営みが持続的に継続できるような水辺都市をどのように創っていけるのか、という点は世界の都市に共通の課題であることが確認できた。

あとがき

法政大学に、文部科学省私立大学研究ブランディング事業（平成二九年度選定「江戸東京研究の先端的・学際的拠点形成」）として「江戸東京研究センター」が昨年一月に設立され、それを記念する国際シンポジウム「新・江戸東京研究――近代を相対化する都市の未来」が、二月二十五日に法政大学薩埵ホールで開催された。本書はその成果をとりまとめたものである。

近年、東京に対する海外の人々の注目度は、ますます高まっているように見える。長い間、世界の都市モデルとされてきた西洋の都市自体が文明の限界を感じ、新たな生き方を求めている。自然と都市を対立するものと捉える志向性をもった西洋と異なり、水や緑を都市空間のなかにしなやかに取り込み、自然と共生する生活文化と美意識を育んできた江戸東京の都市の独特の姿、仕組みが再評価されている。

こうして世界からも注目を集める重要な都市であるにもかかわらず、この東京のもつ特徴、資質、そして抱える問題と近未来への可能性を正面から研究する機関、組織は存在していない。我々の法政大学江戸東京研究センターは、そうした役割を担う研究組織として誕生した。

その設立記念シンポジウムの実施にあたって、準備期間が限られていたが、国内外からこのテーマにふさわしい専門家、研究者を数多く招き、江戸東京研究の新たな枠組みやその可能性についてたくさんの示唆をいただき、活発な議論を展開することができた。

二部構成からなるその内容をごく簡単に振り返っておきたい。午前の第一部では、二人の基調講演が行われた。文理融合の学際的な討論の場らしく、また多面性をもつ東京の都市空間を考察するのにふさわしく、先ずは、世界的な建築家で山の手文化を代表する槇文彦氏が「ヒューマニズムの建築を目指して」と題し、次に、著名な文化人類学者で下町文化を象徴する川田順造氏が「『川向こう』をめぐる断想」と題して実に興味深い講演をされ、多様で奥深い江戸東京の都市としての魅力と特質が存分に描き出された。なお、この部分については、お二人の語りの臨場感を大切にし、講演録をもとに「です」「ます」調の表現をとることにした。

午後の第二部では、江戸東京を取り巻く三つの異なる主題を設定した。セッションⅠは、安孫子信氏をコーディネーターに「江戸東京のモデルニテの姿――自然・身体・文化」と題し、フランス人哲学者で日本、東京の文化状況に詳しいチェリー・オケ氏、日本の近代史が専門で東京の都市空間にも関心を深めるイタリア人のローザ・カーロリ氏を招き、様々な問題が議論された。日本の文化的特質から、西洋的概念の流入過程を再考することで、東京の近代化を相対化するためのビジョンが示された。

セッションⅡの主題は、北山恒氏をコーディネーターとする「江戸東京の巨視的コンセプト Post-Western/Non-Western」である。イタリアを代表する都市計画家で日本を含む非西洋世界にも詳しいパオロ・チェッカレッリ氏、比較的若い世代で東京の都市空間研究にも実践的に取り組むイタリア人のロレーナ・アレッシオ氏とスペイン人のホルヘ・アルマザン氏を招き、明治維新以降、東京を変貌させてきたモダニズムを振り返り、江戸から現代への連続性のなかでこの都市の文化状況を相対化することが試みられた。

最後のセッションⅢでは、陣内がコーディネーターをつとめ「水都の再評価と再生を可能にする哲学と戦略」

が主題とされた。米国を代表するアーバン・デザイナーで東京の都市開発に関してもしばしばアドバイザーを務めてきたリチャード・ベンダー氏、ミラノの運河再生にライフワークとして取り組むイタリア人のアントネッロ・ボアッティ氏、中国をはじめアジア各国の水の都市を研究する高村雅彦氏による米国、欧州、アジアと日本を比較するダイナミックな議論を通じて、都市の基盤構造としての水が都市形成やコミュニティ形成に果たしてきた役割を再確認するとともに、近代が喪失した水辺空間を復権する道筋が論じられ、江戸以来の歴史的経験を活かした東京の水都の再生へのビジョンが示された。

本書には以上の内容が収められている。なお、第二部については、各パネリストにシンポジウムでの発表内容にもとづき、文章として新たに書き起こしていただいた。

法政大学江戸東京研究センターとしては、様々な研究活動の一貫として、こうした国際シンポジウムを継続的に開催し、その成果を公表していくことを考えている。忌憚のないご意見、ご批判をいただければ幸いである。

この国際シンポジウムの開催、及び本書の刊行に際しては、多くの方々にお世話になった。先ずは、建築・都市論の分野で世界を舞台に活躍し、国際シンポジウムを数多く手がけてきた太田佳代子氏に企画段階から中心に入って協力いただき、プロクラムづくり、講師依頼、同時通訳の依頼、広報活動、シンポジウム当日の運営など、多岐にわたりご尽力いただき、また本書刊行に際しても多くの貴重なアドバイスをいただいた。厚くお礼申し上げる。そして、法政大学江戸東京研究センター事務室の倉本英治氏をはじめ多くのスタッフの方々に大変お世話になった。特に、鈴村裕輔氏には基調講演者、パネリストとのシンポジウムでの発表、及び書籍化に際しての様々なやり取りで多大なるご協力をいただいた。深く感謝したい。

最後に、本書の刊行を快くお引き受け下さった法政大学出版局の編集長、郷間雅俊氏、その編集作業を精力的かつ大変丁寧に担当して下さった高橋浩貴氏に心よりお礼申し上げたい。

陣内秀信

松井 久　Hisashi Matsui
1972年、大阪生まれ。専門は生命科学の哲学。パリ・ナンテール大学博士号取得（哲学）。法政大学兼任講師。主な翻訳書に、ベルクソン『創造的進化』（筑摩書房、合田正人と共訳）、バディウ『推移的存在論』（水声社、近藤和敬と共訳）などがある。

石渡崇文　Takafumi Ishiwatari
1984年生まれ、専門は哲学、ルートヴィヒ・ビンスヴァンガー研究。東京大学総合文化研究科、博士課程在籍。

大学で博士（工学）を取得。2011年以来、慶應義塾大学でStudiolabを主宰し、自らの建築事務所ホルヘ・アルマザン・アーキテクツでは社会的で包括的な空間の創出などに取り組む。主な編著書に『ポスト・スーヴァニア・シティ』（フリックスタジオ）がある。建築家としてもストリートファニチャーデザインコンペティション（2016年）などで最優秀賞を獲得し、2017年にはソウル都市建築ビエンナーレで最新の東京研究を展示発表した。

リチャード・ベンダー　Richard Bender
1930年、ニューヨーク生まれ。カリフォルニア大学バークレー校環境デザイン学部名誉学部長。ジュネーブのCERN（欧州原子核研究機構）、カリフォルニア大学、直島ベネッセ・アートサイトなどのマスタープランを指揮。日本では行政・民間の様々な都市開発計画にアドバイザーとして関わり、2004年日本都市計画学会国際交流賞を授賞。非営利団体BRIDGEハウジング・コーポレーションを創設、2012年には匿名寄付によりベンダー・コミュニティデザイン・住宅振興会が設立された。

アントネッロ・ボアッティ　Antonello Boatti
1948年、ミラノ生まれ。ミラノ工科大学都建築学部准教授。都市環境の保護と価値向上を専門とし、様々な規制計画や政府計画の策定、ミラノ県内の自治体公共事業の設計などを担当。建築雑誌*Domus*での論考や、著書多数。近著に*Abitare in Lombardia ai tempi della crisi*（Maggiolo）。2013年から2015年までミラノ市委託による運河再開のための研究グループ・コーディネーター。現在ミラノの運河再開に関する科学委員会を取りまとめている。

高村雅彦　Masahiko Takamura
1964年、北海道生まれ。法政大学大学院博士課程修了。2008年より法政大学デザイン工学部建築学科教授。専門はアジア都市史・建築史。1999年前田工学賞、2000年建築史学会賞を受賞。2013年上海同済大学客員教授。主な編著書に『水都学Ⅰ～Ⅴ』、『タイの水辺都市――天使の都を中心に』（法政大学出版局）、『中国江南の都市空間を読む』（山川出版社）、『アジア遊学No. 80 アジアの都市住宅』（勉誠出版）などがある。

訳者（掲載順）

木島泰三　Taizo Kijima
1969年生まれ。専門は近世哲学。法政大学大学院博士後期課程課程満期退学。博士（哲学）。法政大学非常勤講師。共著書に『主体の論理・概念の倫理』（以文社）、翻訳書にデネット『心の進化を解明する――バクテリアからバッハへ』（青土社）などがある。

る。沖縄研究にも携わり、2009年に第31回沖縄文化協会賞・比嘉春潮賞を受賞。近年では江戸東京の歴史研究も行い、*Fragile and Resilient Cities on Water: Perspectives from Venice and Tokyo*（Cambridge Scholars Publishing）、*Tokyo segreta. Storie di Waseda e dintorni*（Edizioni Ca'Foscari, 2012）などの著書・論文がある。

チエリー・オケ　Thierry Hoquet
1973年生まれ。リヨン第3大学を経て2016年よりパリ・ナンテール大学教授。生物学の哲学を出発点として文明の諸領域に及ぶ批判活動を行い、近年はロボットやサイボーグと人間との関わりや、科学技術と都市の関係についても研究している。近著に*Des sexes innombrables. Le genre à l'épreuve de la biologie*（Seuil）、*Cyborg philosophie: Penser contre les dualisms*（Seuil）がある。

北山 恒　Koh Kitayama
1950年、香川県生まれ。建築家。横浜国立大学大学院修士課程修了。1978年ワークショップ設立（共同主宰）1995年architecture WORKSHOP設立主宰。横浜国立大学大学院Y-GSA教授を経て、2016年法政大学建築学科教授。代表作に「洗足の連結住棟」「祐天寺の連結住棟」など。日本建築学会賞、日本建築学会作品選奨、日本建築家協会賞などを受賞。主な著書に『TOKYO METABOLIZING』『都市のエージェントはだれなのか』（TOTO出版）、『in-between』（ADP）、『モダニズムの臨界』（NTT出版）など。2018年2月、「続・TOKYO METABOLIZING」展を開催。

パオロ・チェッカレッリ　Paolo Ceccarelli
フェラーラ大学名誉教授、ユネスコ持続可能な発展のための都市・地域計画議長、地中海ユネスコ議長ネットワーク・コーディネーター、ILAUD（国際建築都市研究所）所長。マサチューセッツ工科大学、カリフォルニア大学バークレー校などで客員教授、ハーヴァード大学、早稲田大学ほかで客員研究員を歴任。オーストラリア、中国、インド、ラテンアメリカ諸国などで都市計画に携わる。また、国連環境計画やユネスコ世界遺産などのコンサルタントやアドバイザーを務めるとともに、様々な国際機関で指導的な役割を果たしている。

ロレーナ・アレッシオ　Lorena Alessio
建築家、ロレーナ・アレッシオ・アルキテッティ代表。トリノ工科大学卒業後にプラット・インスティテュートと日本大学で学び、1998年に日本大学で博士（工学）の学位を取得。これまでにトリノ工科大学のほか、日本、韓国、台湾の大学で教鞭を取り、国際的なワークショップを企画・運営している。現代建築と都市設計に関する論考なども発表。建築家として数々の賞を受賞するとともに、イタリア、日本、台湾で都市設計の基本計画策定などに携わり、近年では2016年のイタリア中部地震の復興計画にも参画している。

ホルヘ・アルマザン　Joege Almazán
建築家、慶應義塾大学准教授。マドリード工科大学を卒業後、2007年に東京工業

監修者

陣内秀信　Hidenobu Jinnai
1947年、福岡県生まれ。東京大学大学院工学系研究科博士課程修了。イタリア政府給費留学生としてヴェネツィア建築大学に留学、ユネスコのローマ・センターで研修。法政大学工学部助教授、法政大学デザイン工学部教授を経て、法政大学特任教授。専門はイタリア建築史・都市史。地中海学会会長、都市史学会会長を歴任。中央区立郷土天文館館長、国交省都市景観大賞審査委員長。著書に『東京の空間人類学』（筑摩書房)、『ヴェネツィア――水上の迷宮都市』（講談社）など。サントリー学芸賞、イタリア共和国功労勲章、ローマ大学名誉学士号などを受賞。

執筆者（掲載順）

槇 文彦　Fumihiko Maki
1928年、東京生まれ。建築家。1952年、東京大学工学部建築学科卒業。アメリカのクランブルック美術学院及びハーヴァード大学大学院修士課程修了。スキッドモア・オーウィングス・アンド・メリル及びセルト・ジャクソン建築設計事務所に勤務。ワシントン大学とハーヴァード大学で都市デザインの准教授も務める。1965年帰国、株式会社槇総合計画事務所設立。1989年まで東京大学教授。1993年プリツカー賞、2011年AIAアメリカ建築家協会ゴールドメダル受賞。著書に『記憶の形象』(筑摩書房)、『漂うモダニズム』（左右社)、*Nurturing Dreams*（MIT Press）などがある。

川田順造　Junzo Kawada
1934年、東京生まれ。東京大学教養学部教養学科（文化人類学分科）卒業、パリ第5大学民族学博士。東京外国大学アジア・アフリカ言語文化研究所教授などを経て、現在、神奈川大学特別招聘教授、日本常民文化研究所客員研究員、法政大学国際日本学研究所客員所員。近著に『人類学者への道』（青土社）がある。1994年フランス文化功労章、2001年紫綬褒章、2009年文化功労者、2010年瑞宝重光章、同年ブルキナファソ文化功労章などを受章。

安孫子 信　Shin Abiko
1951年、北海道生まれ。専門はフランス哲学、フランス思想史。京都大学大学院修了。1996年より法政大学文学部教授。主な編著書に『ベルクソン『物質と記憶』を診断する』（書肆心水)、『ベルクソン『物質と記憶』を解剖する』（書肆心水）*Bergson, le Japon, la catastrophe*（PUF)、『デカルトをめぐる論戦』（京都大学出版会)、『ベルクソン読本』（法政大学出版局）などがある。

ローザ・カーロリ　Rosa Caroli
ヴェネツィア大学言語・比較文化学部教授。専門は日本近現代史で、日本の近代国家の進化を国家とその周辺に関するアイデンティティ主義の議論から研究す

［ETоS叢書 1］
新・江戸東京研究　近代を相対化する都市の未来

2019年 3月 29日　初版第 1 刷発行

監修者　陣内秀信
編　者　法政大学江戸東京研究センター
発行所　一般財団法人　法政大学出版局
〒102-0071 東京都千代田区富士見2-17-1
電話03（5214）5540　振替00160-6-95814
組版：HUP　印刷・製本：日経印刷

Printed in Japan

ISBN978-4-588-78011-0